从零开始 快速入门 Unity 3D 游戏开发

康远英 / 编著

人 民 邮 电 出 版 社
北 京

图书在版编目（CIP）数据

从零开始 ：快速入门Unity 3D游戏开发 / 康远英编著. -- 北京 ：人民邮电出版社，2022.4
ISBN 978-7-115-57354-4

Ⅰ. ①从… Ⅱ. ①康… Ⅲ. ①游戏程序－程序设计 Ⅳ. ①TP317.6

中国版本图书馆CIP数据核字(2021)第188375号

内 容 提 要

本书是指导初学者学习Unity 3D游戏开发的入门图书，书中详细讲解了场景搭建、脚本、物理系统、Mecanim动画系统、UI（用户界面）系统等初学者必须具备的Unity 3D游戏开发基础知识，并演示了如何将这些知识运用到实际的游戏开发中。

全书共分为11章。第1章和第2章为Unity 3D的基础认识；第3章讲解场景搭建；第4章和第5章讲解游戏开发所需的编程知识；第6章讲解控制游戏中对象的位置、位移和旋转角度的3D数学；第7章讲解用于在游戏中进行检测的物理系统；第8章讲解制作游戏动画片段，以及控制动画片段过渡的Mecanim动画系统；第9章讲解游戏UI系统；第10章讲解运用脚本、物理系统、Mecanim动画系统、UI系统等知识点制作一款2D平台跳跃游戏；第11章讲解如何把游戏发布到不同的平台上，并让游戏能够运行。

本书适合想从事游戏行业，但苦于没有相关经历，需要从零开始学习的游戏爱好者，也可以作为游戏培训班或游戏开发专业学生的参考用书。

◆ 编　　著　康远英
责任编辑　张天怡
责任印制　王　郁　陈　犇
◆ 人民邮电出版社出版发行　　北京市丰台区成寿寺路 11 号
邮编　100164　　电子邮件　315@ptpress.com.cn
网址　https://www.ptpress.com.cn
三河市祥达印刷包装有限公司印刷
◆ 开本：787×1092　1/16
印张：15.75　　2022 年 4 月第 1 版
字数：385 千字　　2022 年 4 月河北第 1 次印刷

定价：69.90 元

读者服务热线：(010)81055410　印装质量热线：(010)81055316
反盗版热线：(010)81055315
广告经营许可证：京东市监广登字 20170147 号

前 言 | PREFACE

Unity 3D 是由 Unity Technologies 公司推出的一款游戏开发工具，是一款功能涵盖面非常广的专业游戏引擎。为了降低游戏开发的门槛，引擎的内部设置了许多功能强大的组件。使用这些组件，开发者可以轻松实现自己的游戏创意。Unity 3D 还为不具备绘画、建模等功底的开发者提供了拥有海量素材的 Unity 商店，开发者可以将这些素材运用到自己的游戏中。

本书是基于 Unity 3D 2019 版本编写的，建议读者使用和本书相同版本的软件。当然，使用其他版本的 Unity 3D 也可以正常学习本书的所有内容。

内容介绍

第 1 章“初识 Unity 3D”通过讲解使用 Unity 3D 开发的游戏、为什么要选择 Unity 3D 以及 Unity 3D 和市面上其他主流引擎的区别，让读者了解使用 Unity 3D 进行游戏开发的优势。

第 2 章“Unity 3D 基础的窗口、常识和组件”通过讲解 Unity 3D 的基础窗口、游戏开发的基本常识以及 Unity 3D 常用的组件，帮助读者快速上手 Unity 3D。

第 3 章“场景搭建”讲解 Unity 3D 用于搭建 2D 场景的 Tilemap，帮助读者掌握使用 Tilemap 搭建 2D 场景的方法。

第 4 章“脚本和 C# 的基础语法”通过讲解脚本的概念以及 C# 的基础语法，帮助读者掌握使用 Unity 3D 进行游戏开发所必需的编程知识。

第 5 章“脚本的工作机制与 Unity 3D 常用的函数和变量”在第 4 章的基础上做进一步的拓展，引入有关“面向过程”和“面向对象”的编程概念，帮助读者深入学习 Unity 3D 游戏开发的编程知识。

第 6 章“3D 数学”讲解 3D 数学中的笛卡儿坐标系、向量以及三角函数的知识，帮助读者掌握在游戏开发过程中控制游戏对象位置、位移和旋转角度的方法。

第 7 章“物理系统”讲解 Unity 3D 物理系统的碰撞检测、触发检测、Tag（标签）、使用刚体组件控制位移的方法以及射线检测等知识点，帮助读者掌握游戏中的各种物理检测方法，最后通过制作一个 3D 滚动球的案例帮助读者巩固这些知识点。

第 8 章“Mecanim 动画系统”讲解 Unity 3D 的 Mecanim 动画系统，帮助读者掌握制作动画片段，以及控制动画片段过渡的方法。

第 9 章“UI 系统”讲解 Unity 3D 的 UI 系统 UGUI，帮助读者掌握制作游戏 UI 的方法，并且运用 Mecanim 动画系统制作 UI 的过渡动画，让玩家在游戏 UI 中操作时可以过渡得更加顺畅。

第 10 章“2D 平台跳跃游戏”讲解如何使用前面讲解的知识点制作一款 2D 平台跳跃游戏，帮助读者掌握知识点的综合运用。

第 11 章“游戏发布”讲解将游戏发布到不同平台的方法，帮助读者掌握如何让开发出的游戏在不同的平台上发布并运行。

本书特色

（1）从零开始的讲解。在学习 Unity 3D 游戏开发的过程中，C# 是初学者的一道门槛，许多初学者因为 C# 基础不扎实而导致入门 Unity 3D 非常艰难。因此，本书将从零开始讲解 Unity 3D 游戏开发中常用的 C# 知识，让零基础的读者也能无障碍地学习 Unity 3D 游戏开发。

（2）核心内容讲解。为了避免出现学习某项功能以后完全用不上的情况，本书挑选了 Unity 3D 游戏开发中最常用的核心功能进行讲解，提高本书整体的实用性。

（3）理论与实践相结合。书中介绍了大量的游戏案例，并结合案例来讲解每一项功能，让初学者在学习了一项新功能后，可以快速地联想到这项功能在游戏开发中如何运用，逐步完善自己的游戏，真正做到学以致用。

（4）详细的操作视频。本书在读者的学习体验方面进行了精心设计，读者在理解了书中的内容后，还可以观看详细的案例操作视频。

本书资源及增值服务

本书配套资源丰富，包括案例中涉及的素材资源和讲解视频。读者可以通过 QQ 群获取，群号为 749204746，欢迎各位加入。除此之外，读者还可以下载每日设计 App，打开 App，搜索书号“57354”，即可进入本书页面获得更多的增值服务。

● 图书导读

① 图书导读音频：由作者讲解，了解全书的精华所在。

② 全书思维导图：统览全书讲解逻辑，明确学习目标。

● 软件学习

案例的素材资源：让实践之路畅通无阻。

案例的详细讲解视频：由作者录制，手把手教学。在“每日设计”App 本书页面“配套视频”栏目，读者可以在线观看。

● 拓展学习

热文推荐：了解 Unity 3D 最新资讯和操作技巧。

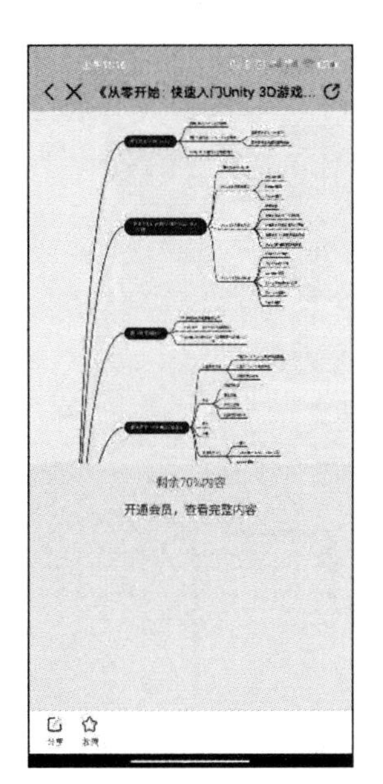

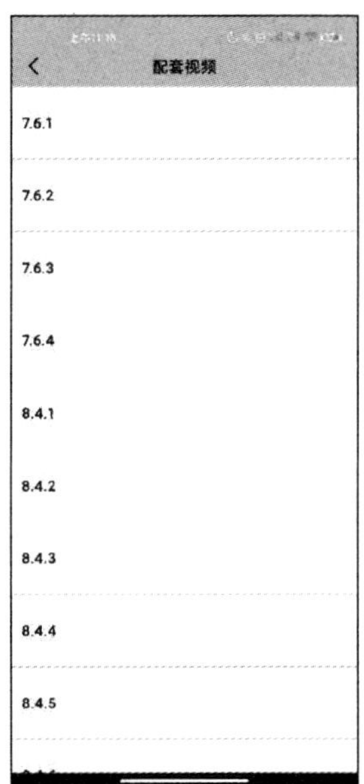

笔者在创作本书的过程中查阅了大量的资料来验证讲解内容的准确性，但书中仍难免存在疏漏之处，欢迎广大读者批评指正。

康远英
2022 年 2 月

目 录 | CONTENTS

第 5 章　脚本的工作机制与 Unity 3D 常用的函数和变量

第 6 章　3D 数学

第 7 章　物理系统

第 8 章 Mecanim动画系统

第 9 章 UI 系统

第10章 2D平台跳跃游戏

第11章 游戏发布

初识 Unity 3D

Unity 3D 是由 Unity Technologies 公司开发的一款游戏引擎，因为引擎界面简洁、友好，功能丰富，所以深受广大独立游戏开发者和游戏开发团队的青睐。本章将对用 Unity 3D 开发的游戏、选择 Unity 3D 的理由，以及 Unity 3D 和其他主流游戏引擎的区别进行讲解，帮助读者快速认识 Unity 3D 这款游戏引擎。

1.1 使用 Unity 3D 开发的游戏

Unity 3D 是国内目前使用最多的游戏引擎之一，特别是在手游领域，许多知名游戏都是使用 Unity 3D 开发的，例如《崩坏 3》《王者荣耀》《炉石传说》等。

《崩坏 3》是上海米哈游公司开发的动作类角色扮演游戏，因炫酷的打斗技能、完善的养成系统，以及丰富的二次元要素而深受广大玩家的喜爱。

《王者荣耀》是深圳腾讯公司开发的 MOBA（Multiplayer Online Battle Arena，多人在线战术竞技）游戏。该游戏于 2015 年一经推出，就因易上手、可玩性强等特点吸引了许多从未接触过 MOBA 游戏的玩家。

《炉石传说》是暴雪娱乐开发的集换式卡牌游戏，由于极具趣味性的玩法和海量可供玩家收集的卡牌，吸引了众多喜欢卡牌类游戏的玩家。

1.2 为什么要选择 Unity 3D 开发游戏

在游戏开发过程中，获取开发时所需要的素材资源和选择游戏发布平台是至关重要的。前者决定了游戏画面的整体风格；后者决定了游戏制作完毕后，开发者如何通过游戏获取收益。因此，本节将针对这两点分别介绍 Unity 商店和 Unity 3D 支持的游戏发布平台。

1.2.1 拥有海量素材的 Unity 商店

在游戏开发过程中，模型、UI（User Interface，用户界面）图标、音乐等素材是必不可少的，但对于不具备相关能力的独立开发者和团队而言，获取这些素材是十分困难的。为此，Unity 3D 提供了拥有海量素材的 Unity 商店，开发者可以从该商店获取游戏开发所需要的素材，如图 1-1 所示。

除了 Unity 商店，开发者还可以去其他的第三方网站获取游戏开发所需的素材。但是有一点需要注意，无论是从 Unity 商店还是第三方网站下载的免费（或付费）素材，通常情况下仅可用于个人练习，如果需要用在商业作品中，则需要注意素材的版权问题。

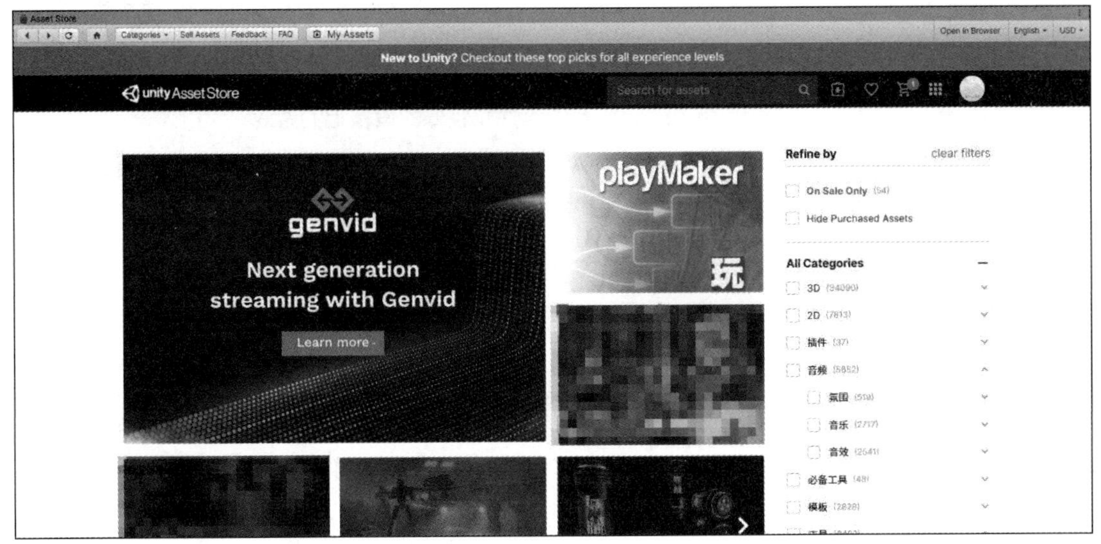

图 1-1

1.2.2 支持多种主流游戏发布平台

Unity 3D 支持多种主流游戏发布平台，包括 Windows、macOS、iOS、Android 等。开发者可以将游戏发布到多个平台的应用商店中，从而让游戏获取的收益最大化。通过 Unity 3D 将游戏发布到各个平台的流程都非常简单，开发者无须进行过多的操作，如图 1-2 所示。

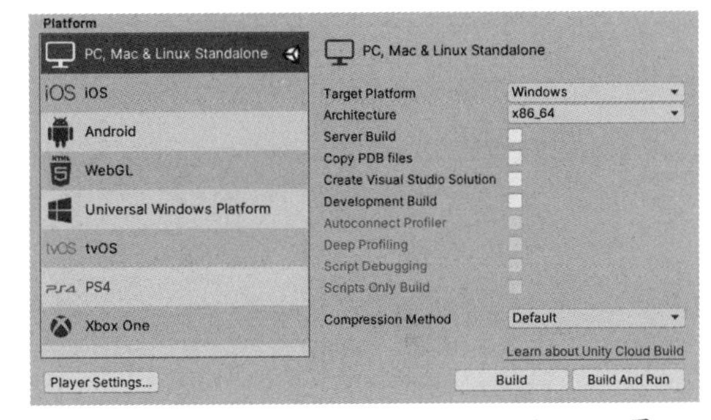

图 1-2

1.3 Unity 3D 和虚幻 4 引擎的对比

目前市面上主流的游戏引擎有 Unity 3D 和虚幻 4，这两款引擎都有各自的特点。本节将从 3 个方面对比这两款引擎，说明为什么要选择 Unity 3D 开发游戏。

从收费方面来看，Unity 3D 有 3 个版本，分别是个人版、加强版、专业版，其中个人版是免费使用的，加强版和专业版需要每月支付一定的费用，但是相应地也将获得更多的功能。虚幻 4 则没有收费的版本，所有功能均可免费使用，但是游戏发布后，如果游戏在运营期间盈利超过一定数额，Epic Games 公司（虚幻 4 开发方）将会从游戏的总收入中抽取 5% 的分成。

游戏开发离不开编程语言，游戏中大大小小的功能都需要使用编程语言来实现。从所使用的编程语言来看，Unity 3D 使用的编程语言是 C#，虚幻 4 使用的编程语言是 C++。从两者的学习难度来看，由于 C++ 涉及使用指针管理内存，因此其学习难度要高于 C#。

从制作的游戏画面来看，使用虚幻 4 制作的游戏画面更加精美，但是制作出来的游戏对运行设备的要求也更高，因此虚幻 4 适合开发运行在 PC、PS4 和 Xbox One 等性能较高的设备上的游戏。相较于虚幻 4，Unity 3D 制作出来的游戏画面会差一些，但对设备的要求也相对更低，因此 Unity 3D 适合开发运行在安装了 iOS 和 Android 等系统且性能较低的设备上的游戏。

经过上述对比后，下面可对两款引擎适用的对象进行一个简单的总结：Unity 3D 适合开发经验不足，且开发经费不多的独立游戏开发者和小型团队使用；虚幻 4 则适合拥有丰富开发经验，且开发经费相对充足的大团队和大公司使用。

1.4 本章总结

本章主要对 Unity 3D 的应用领域进行了介绍，并解释了为什么要选择 Unity 3D，以及 Unity 3D 和其他主流游戏引擎的区别，帮助读者快速地认识了 Unity 3D 这款游戏引擎。下一章将讲解 Unity 3D 基础的窗口、组件，以及使用 Unity 3D 进行游戏开发的一些基本常识，为读者学习 Unity 3D 打下基础，让读者能够轻松地学习本书的内容。

Unity 3D 基础的窗口、常识和组件

Unity 3D 是一款具有丰富功能的游戏引擎，开发者只需熟练使用这些功能就可以轻松制作出一款游戏。在对这些功能进行深入讲解前，本章将先讲解使用 Unity 3D 进行游戏开发需要用到的窗口、常识和组件，让读者为后续的学习打下基础。

2.1 下载和安装 Unity 3D

在开始本章的学习前，读者需要先在计算机上安装 Unity 3D。读者可以在 Unity 官网下载并安装 Unity 3D 的客户端 Unity Hub，然后在 Unity Hub 中选择一个版本的 Unity 3D 进行安装。

进入 Unity 官网，在官网的底部单击“所有版本”按钮，进入 Unity 3D 的版本选择界面，如图 2-1 所示。

图 2-1

在版本选择界面中单击任意一个版本后的“下载 Unity Hub”按钮，即可下载并安装 Unity 3D 的客户端 Unity Hub，如图 2-2 所示。

下载并打开 Unity Hub 后，在 Unity Hub 的安装界面中单击“安装”按钮，如图 2-3 所示。

在弹出的“添加 Unity 版本”对话框中选择想要安装的版本，推荐选择最新的版本。单击“下一步”按钮，Unity Hub 会自动下载并安装，开发者无须进行任何操作，如图 2-4 所示。

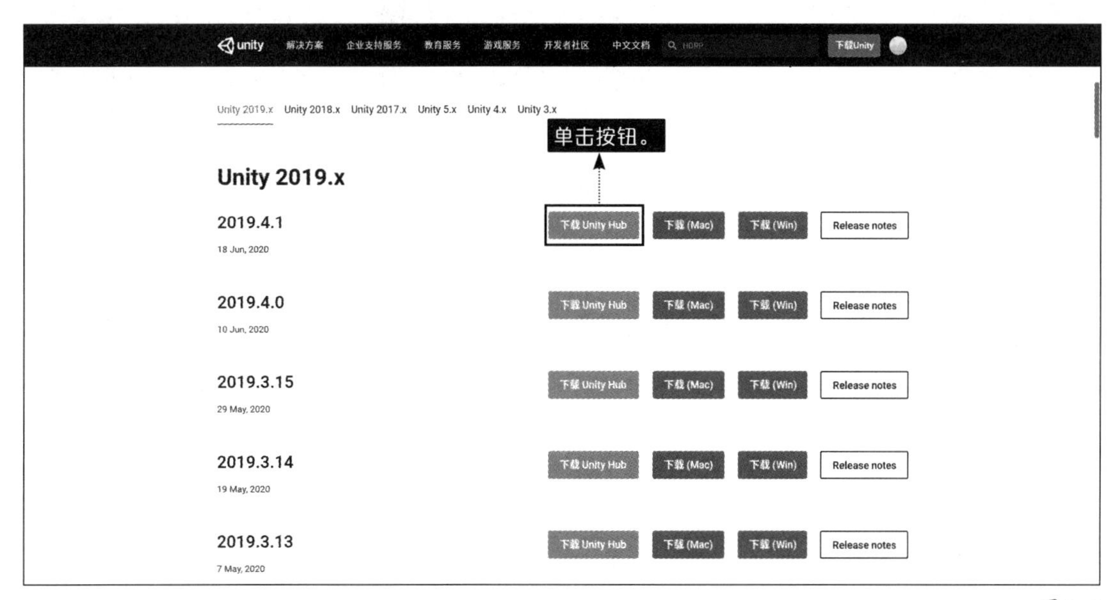
unity
解决方案
企业支持服务
教育服务
游戏服务
开发者社区
中文文档
下载Unity
Unity 2019.x
Unity 2018.x
Unity 2017.x
Unity 5.x
Unity 4.x
Unity 3.x
单击按钮。
Unity 2019.x
2019.4.1
18 Jun, 2020
下载 Unity Hub
下载 (Mac)
下载 (Win)
Release notes
2019.4.0
10 Jun, 2020
2019.3.15
29 May, 2020
2019.3.14
19 May, 2020
2019.3.13
7 May, 2020

图 2-2

Unity Hub 2.3.5
unity
Hub 2.3.6 可下载
周文
社区
项目
学习
安装
安装
添加已安装版本
安装
2019.4.1f1
LTS
iOS
2. 单击按钮。
1. 单击按钮。

图 2-3

图 2-4

提示

本书在写作过程中使用的是 Unity 2019.4.1f1（LTS）版本，因为下载时计算机上已安装了该版本的 Unity，所以图 2-3 所示的是下载之后的效果，图 2-4 中无法选择该版本，读者在操作过程中可根据实际情况选择版本进行下载。

Unity 3D 安装完毕后，在 Unity Hub 的项目界面中单击“新建”按钮，此时会弹出 Unity 3D 项目工程文件的设置界面，如图 2-5 所示。

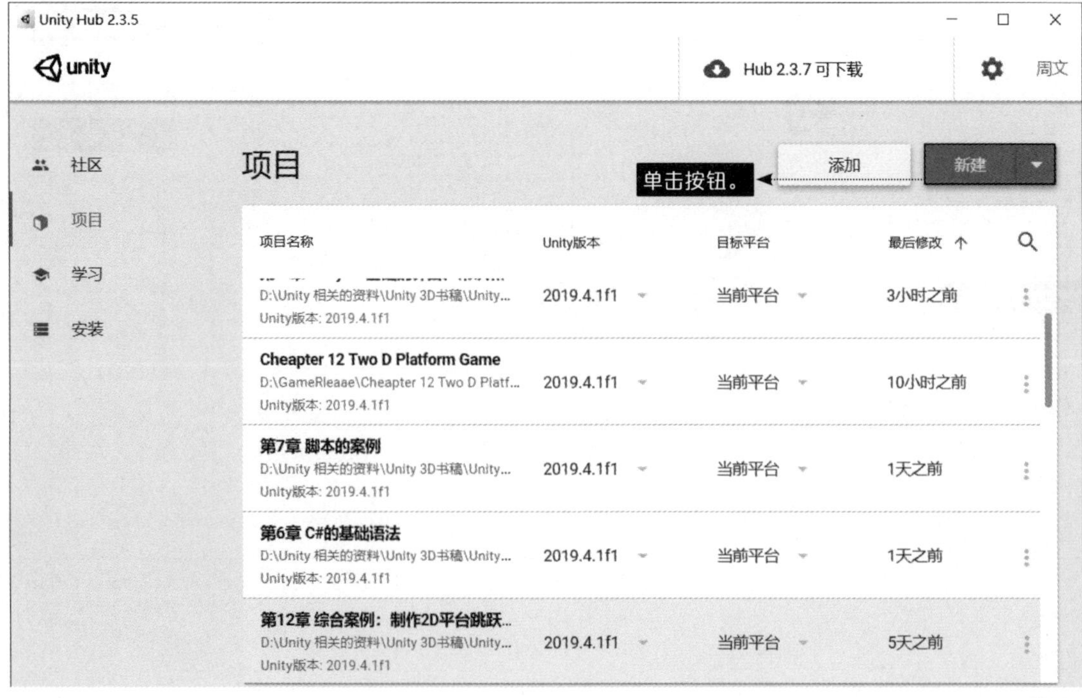

图 2-5

在 Unity 3D 项目工程文件的设置界面中，开发者需要根据要开发的游戏的类型，对项目工程文件的类型进行设置。目前市面上的游戏基本分为 2D 和 3D 两种类型，因此开发者需要对项目工程文件是属于 2D 还是 3D 类型进行选择。

选择项目工程文件的类型后，开发者需要对项目工程文件的名称和存储路径进行设置。设置完毕后，单击“创建”按钮即可新建一个项目工程文件，如图 2-6 所示。

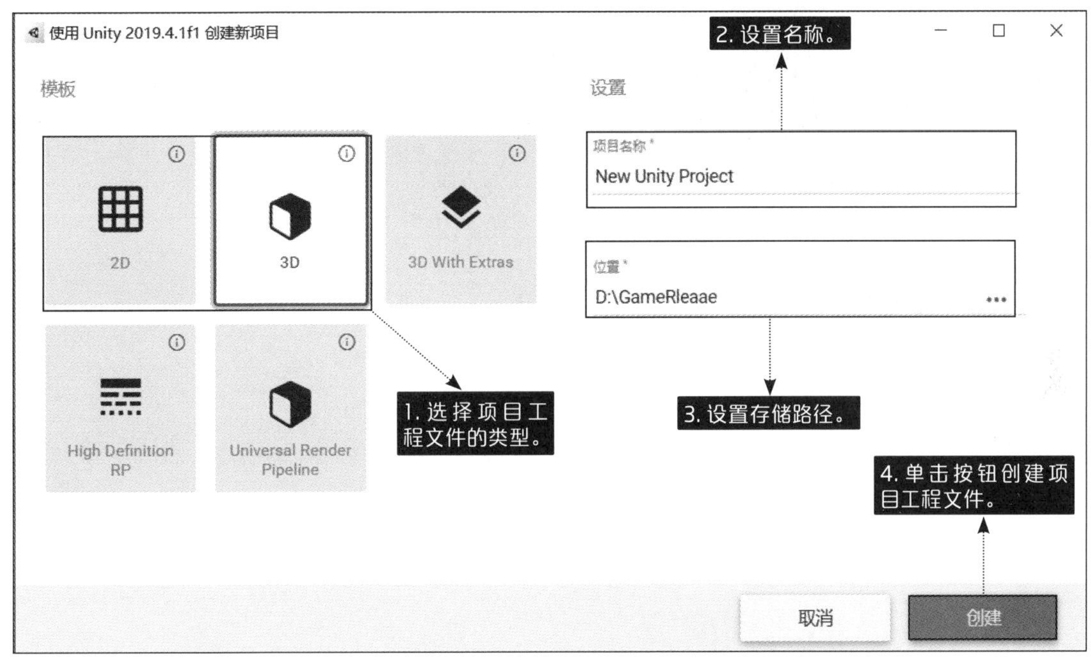

图 2-6

创建完毕后的效果如图 2-7 和图 2-8 所示。其中图 2-7 所示为 3D 游戏项目，此时 Unity 3D 显示的是具有一定深度的画面，并且画面中具有一个类似天空的背景。

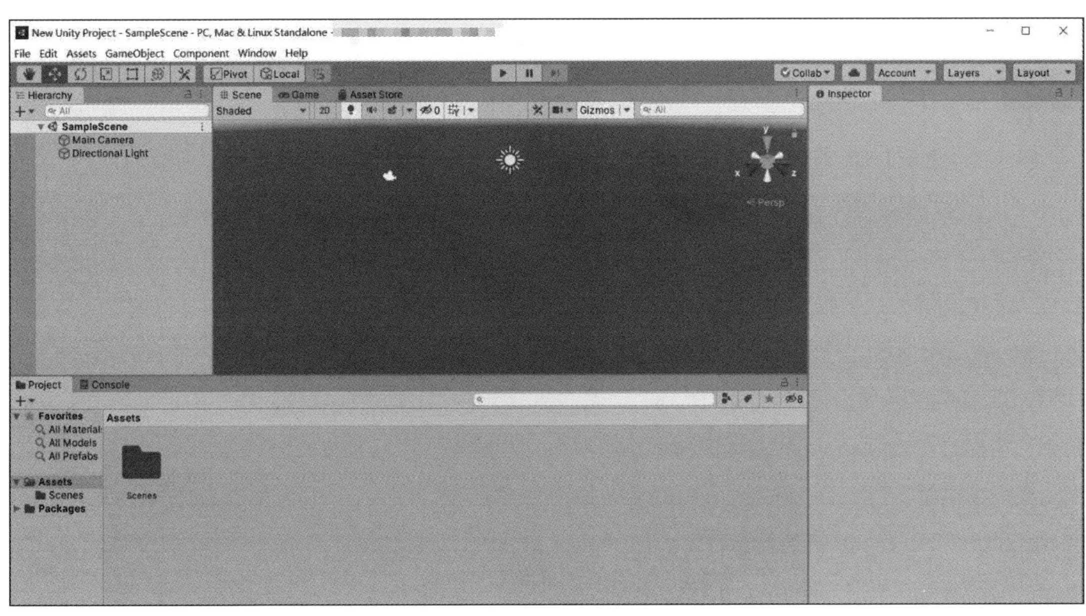

图 2-7

图 2-8 所示为 2D 游戏项目，此时 Unity 3D 显示的画面是没有深度的，只是一个平面画面，并且画面的背景为灰色。

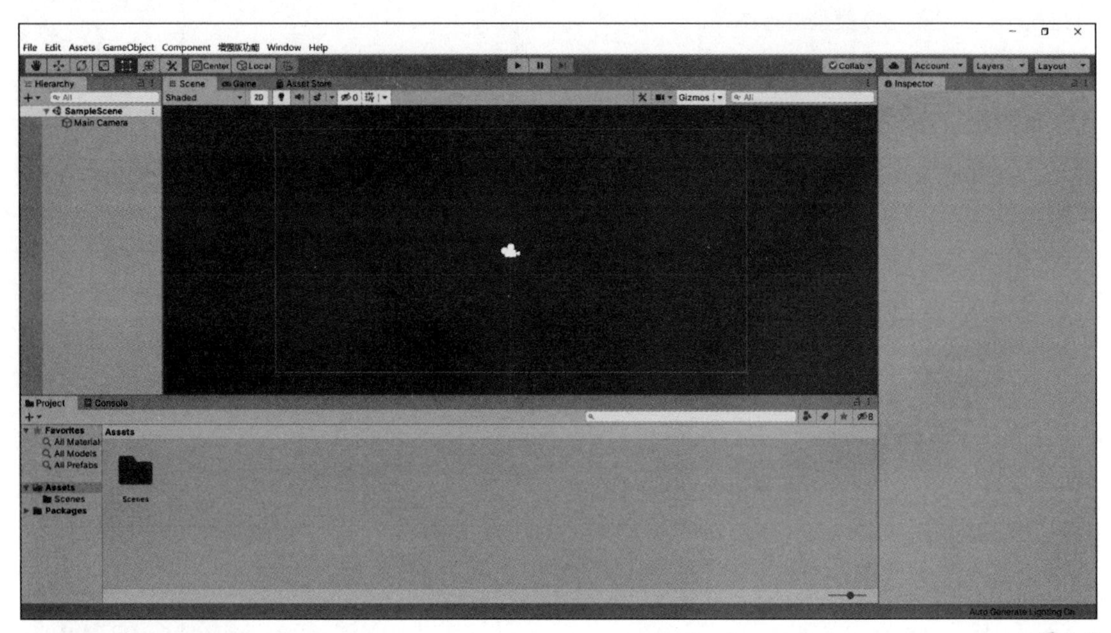

图 2-8

2.2 Unity 3D 的基础窗口

游戏开发的工作是在 Unity 3D 的窗口中开展的，例如存储游戏素材需要用到 Project 窗口，搭建游戏场景需要用到 Scene 窗口，预览游戏实际运行效果则需要用到 Game 窗口。本节会对这些窗口的功能进行详细的讲解。

2.2.1 Project 窗口

Project 窗口的功能是存储游戏开发中会用到的模型、UI 图标、BGM（Background Music，背景音乐）。开发者从 Unity 商店下载的素材都会在 Project 窗口中显示。开发者进入创建的 Unity 3D 工程文件后，可在 Unity 3D 的菜单栏中执行“Window>Asset Store”命令或按快捷键“Ctrl+9”进入 Unity 商店，如图 2-9 所示。

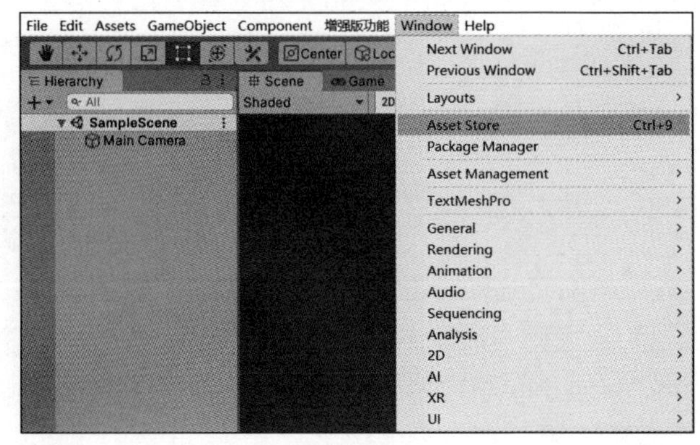

图 2-9

默认状态下，Unity 商店显示在 Asset Store 窗口中，如图 2-10 所示。在这个显示模式下，浏览 Unity 商店并不是很方便。

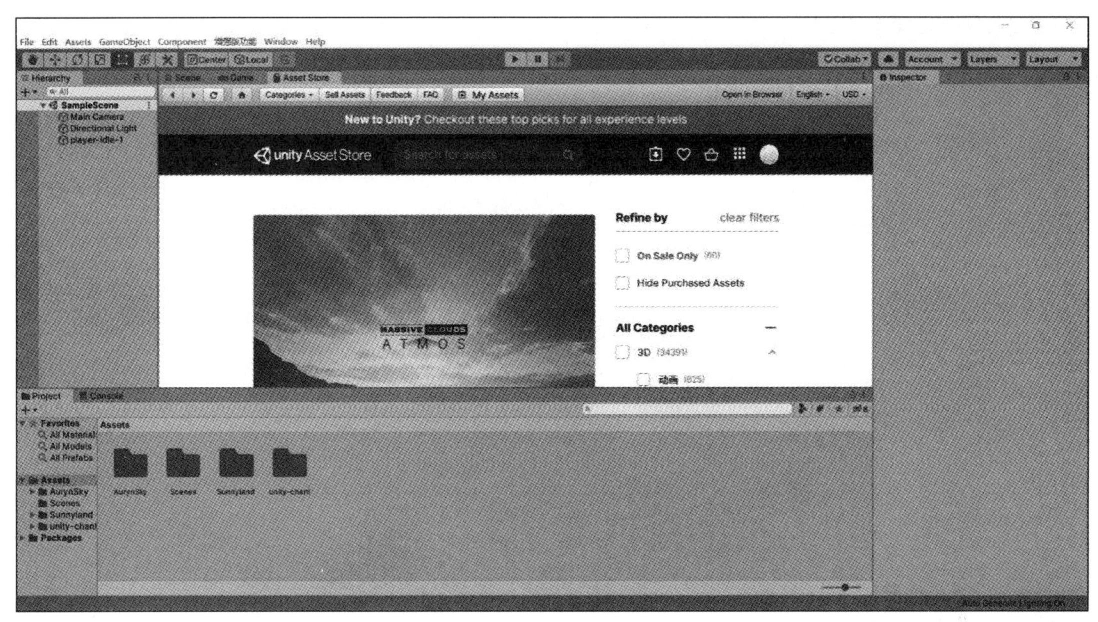

图 2-10

为此，开发者可以在 Unity 商店窗口的 Asset Store 标签上单击鼠标右键（或称右击），在弹出的快捷菜单中执行“Maximize”命令，如图 2-11 所示，将 Unity 商店以最大化的模式显示。

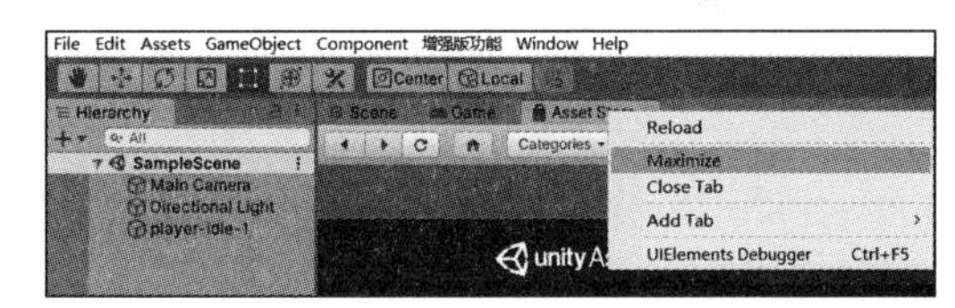

图 2-11

在 Unity 商店窗口的搜索框中输入素材的关键词即可搜索相关素材，例如搜索“unitychan”，搜索结果如图 2-12 所示。单击素材预览图，即可进入素材的详情窗口。

图 2-12

在素材的详情窗口中单击“Import”按钮，即可将素材导入当前打开项目的 Project 窗口中，如图 2-13 所示。

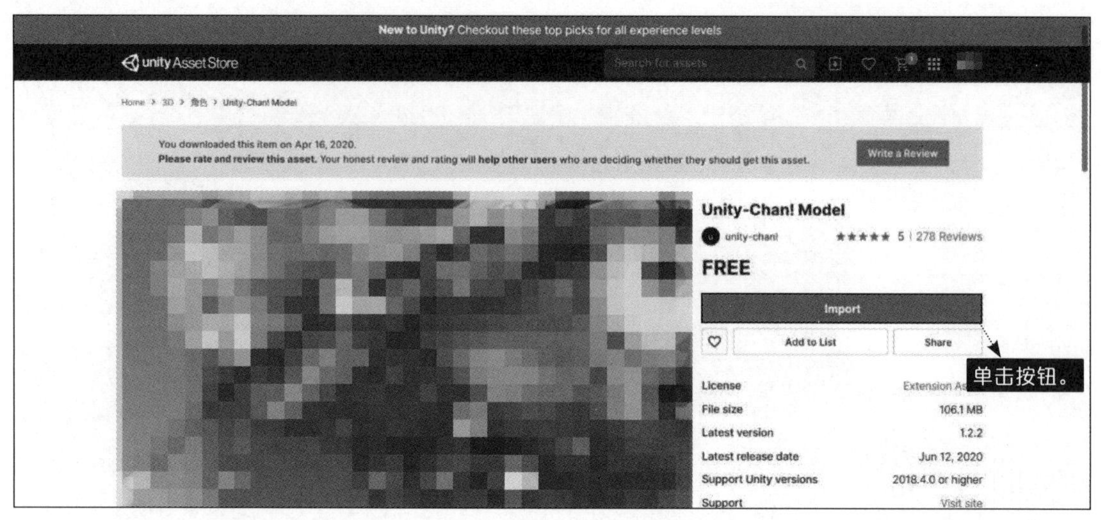

图 2-13

2.2.2 Scene 窗口

Scene 窗口的功能为搭建游戏场景。通常情况下，游戏开发都是从搭建场景开始的，开发者可以向 Scene 窗口中添加各种游戏素材以丰富场景的内容。如果开发者想在游戏场景中应用这些素材，则需要从 Project 窗口中将这些素材拖曳到 Scene 窗口中，并且开发者可以通过单击 Unity 3D 窗口左上角的按钮，或按"Q"键、"W"键、"E"键、"R"键对平移工具、变换工具、旋转工具、缩放工具进行选择，分别对 Scene 窗口画面显示的位置和游戏素材在场景中的位置、旋转角度、缩放比例进行调整，如图 2-14 所示。

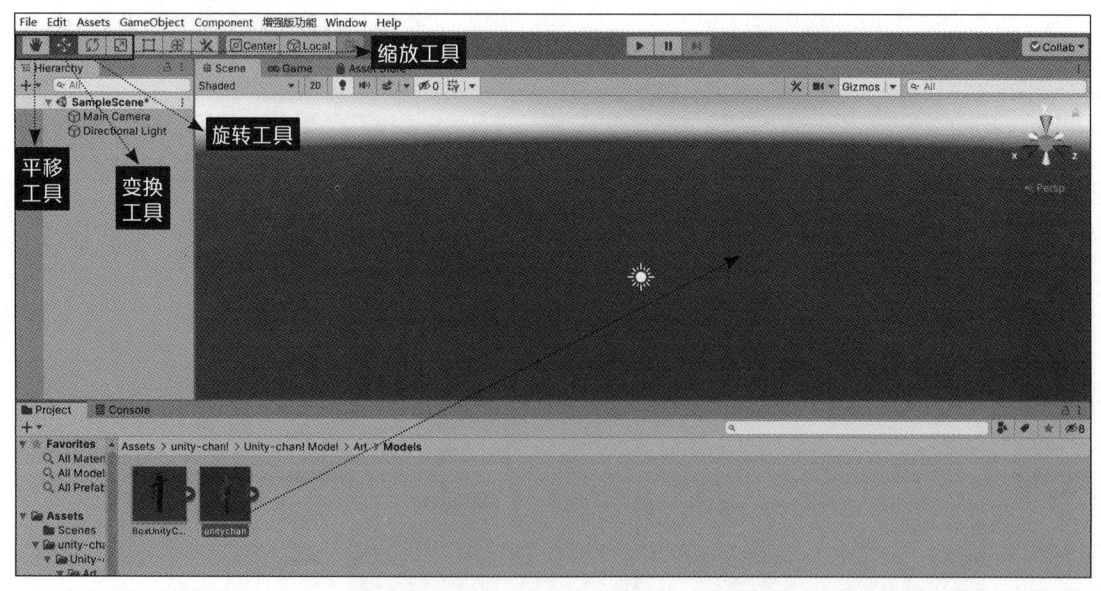

图 2-14

在这里可以对平移工具、变换工具、旋转工具、缩放工具的作用对象进行简单的分类。平移工具的作用对象为 Scene 窗口中显示的画面，变换工具、旋转工具和缩放工具的作用对象为 Scene 窗口中显示的素材。

如图 2-15 所示，在选择平移工具后，鼠标指针会变为“手掌”的形状。此时开发者按住鼠标左键并拖动鼠标指针，可以从不同的位置浏览场景；如果在拖动鼠标的同时按住“Alt”键，则可以调整浏览的角度。

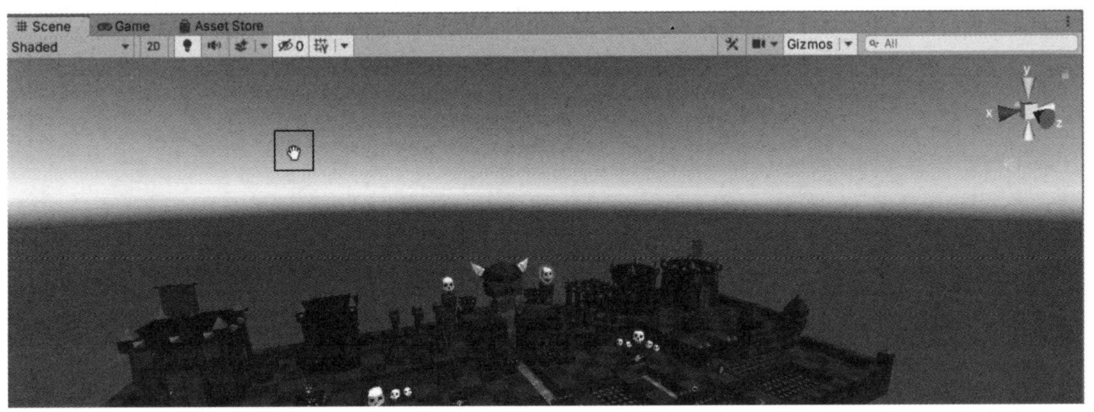

图 2-15

开发者在选中 Scene 窗口显示的素材后，再选择变换工具、旋转工具或缩放工具，即可调整选中素材的位置、旋转角度和缩放比例，如图 2-16 至图 2-18 所示。

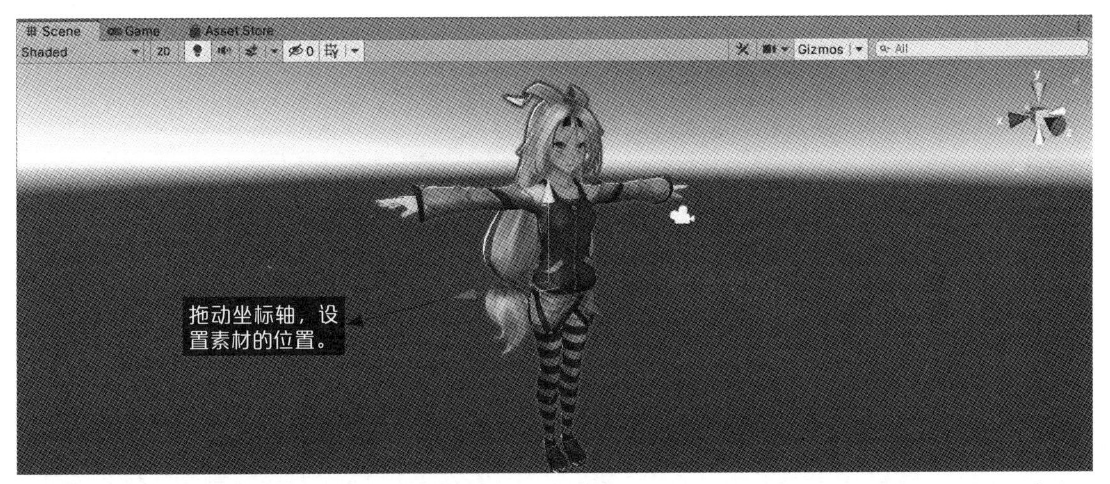

图 2-16

图 2-17

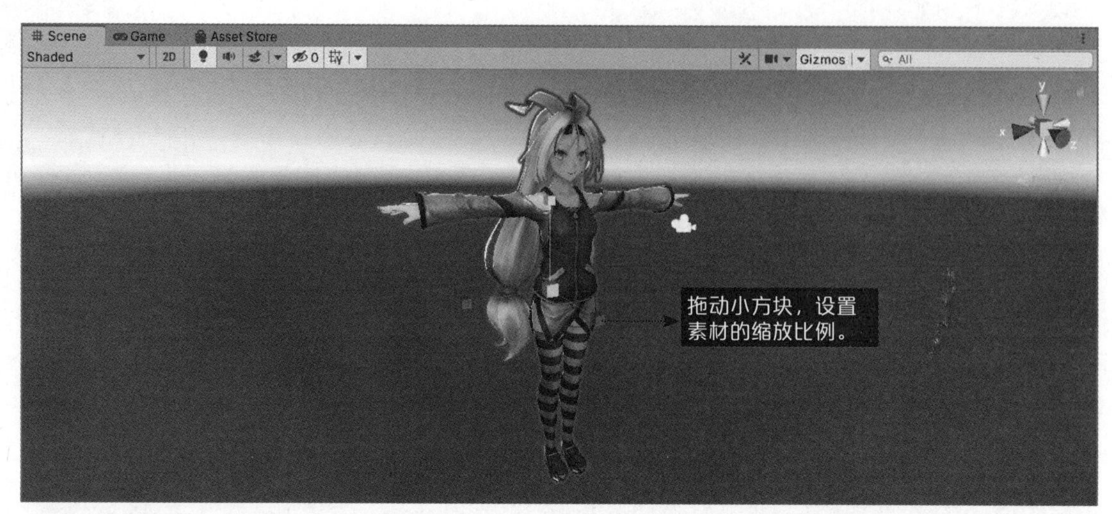

图 2-18

2.2.3 Game 窗口

Game 窗口的功能为显示游戏运行后的效果。当开发者需要测试游戏的新功能时，可以通过单击 Unity 3D 窗口上方的▶按钮运行游戏，此时 Unity 3D 显示的画面会自动切换到 Game 窗口，开发者可在该窗口中查看新功能的实际运行效果，如图 2-19 所示。

图 2-19

2.3 Unity 3D 的基本常识

通常情况下，游戏开发是一项需要多人合作的工作，为了方便开发团队成员之间的沟通和交流，初学者需要掌握一些使用 Unity 3D 进行游戏开发所需的基本常识，本节将对这些基本常识进行详细的讲解。

2.3.1 游戏对象

Unity 3D 把在 Scene 窗口中出现的所有事物统称为“游戏对象”，例如 Scene 窗口中出现的房子、人物模型、角色使用的武器等都被称作游戏对象。这些游戏对象的名称会显示在 Hierarchy 窗口中，当开发者按“F2”键时就可以对这些游戏对象的名称进行修改，如图 2-20 所示。

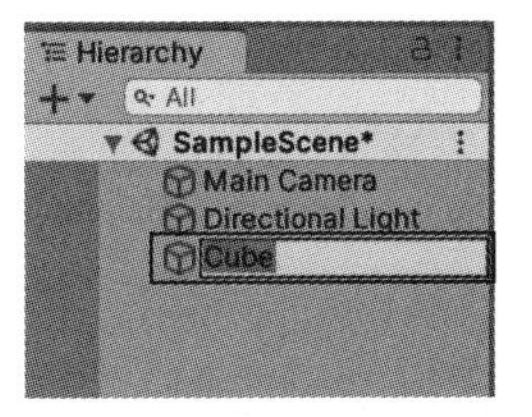

图 2-20

这些游戏对象都拥有属于自己的功能，而这些功能的来源则是 Unity 3D 中的组件，开发者在 Scene 或 Hierarchy 窗口中选择游戏对象或游戏对象的名称后，就能在游戏对象的 Inspector 窗口中看到游戏对象上各个组件的属性面板。每个组件代表一项功能，开发者需要通过修改不同的组件属性面板上的属性，让这些功能有序地结合在一起，以此来实现游戏中的某项功能。

例如在场景中显示一个方块，就需要在不同组件的属性面板上进行设置，如图 2-21 所示。

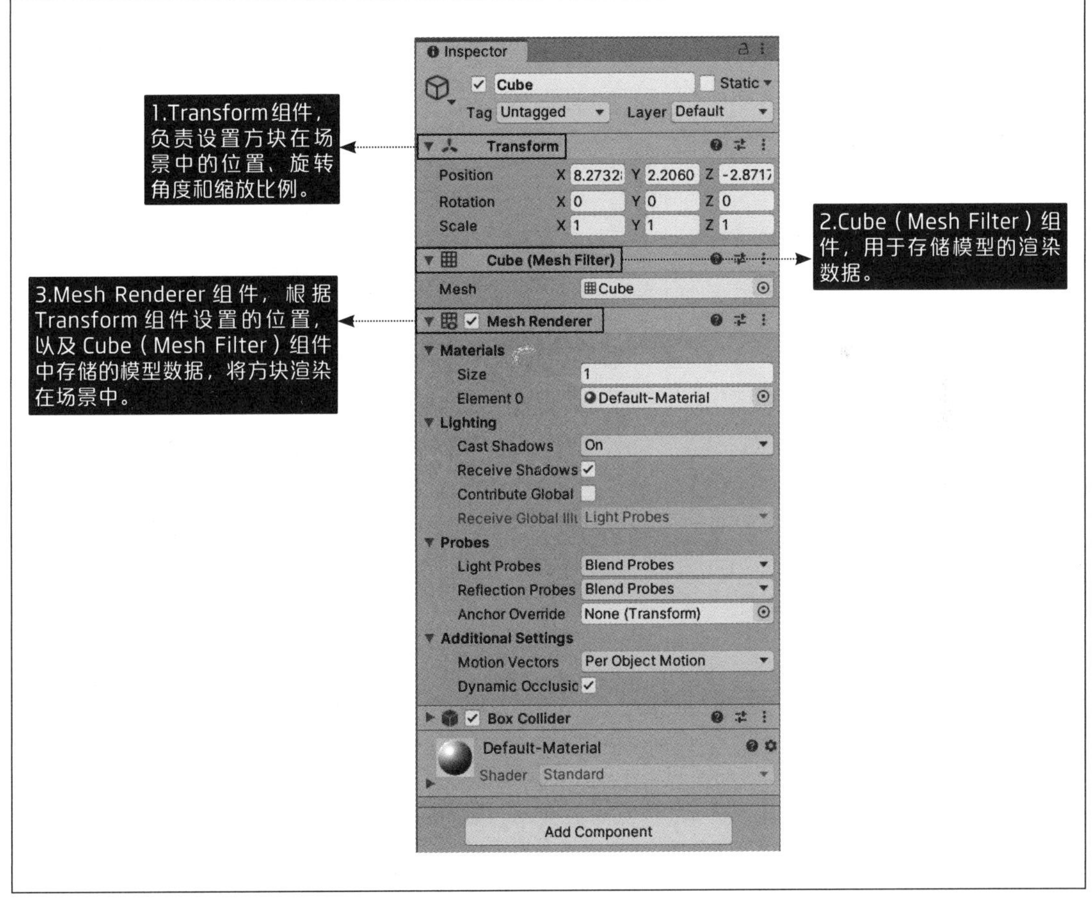

图 2-21

方块在场景中的显示效果如图 2-22 所示。

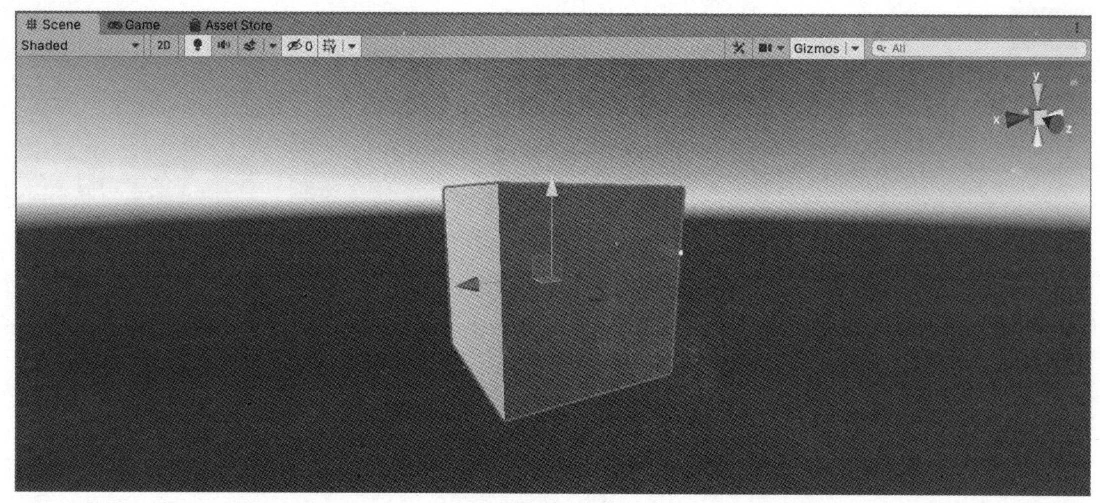

图 2-22

开发者可在游戏对象的 Inspector 窗口中单击“Add Component”按钮，然后在弹出的搜索框中输入组件的名称来添加各种新的组件，为游戏对象增加更多新的功能，如图 2-23 所示。更多常用的组件会在 2.4 节中进行详细的讲解。

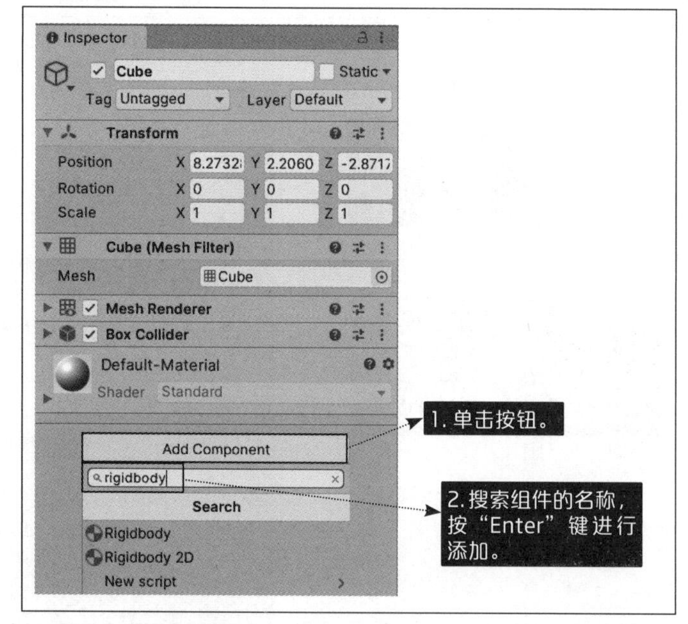

图 2-23

2.3.2 游戏对象的父子关系结构

随着开发进度的推进，Scene 窗口显示的游戏对象会越来越多，在 Hierarchy 窗口中显示的名称也会增加，开发者想要在 Hierarchy 窗口中找到指定的游戏对象也会变得越来越困难。为此，开发者可以在 Hierarchy 窗口中将某个游戏对象拖曳到另一个游戏对象上，由此建立游戏对象之间的父子关系结构来对游戏对象进行管理，图 2-24 所示即选择 Sphere 游戏对象并将其拖曳到 Cube 游戏对象上。

拖曳完毕后，就建立了 Sphere 游戏对象和 Cube 游戏对象之间的父子关系。其中 Sphere 游戏对象为子对象，Cube 游戏对象为父对象，并且在 Cube 游戏对象的左侧会新增一个“下三角”按钮。通过单击“下三角”按钮，开发者可以控制子游戏对象（Sphere 游戏对象）名称的显示和隐藏，如图 2-25 所示。

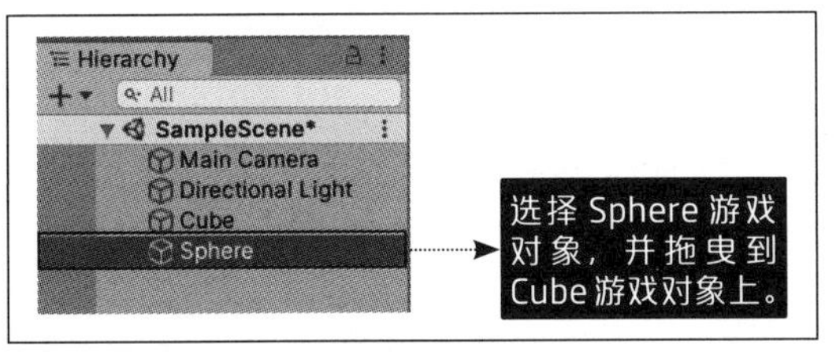

图 2-24

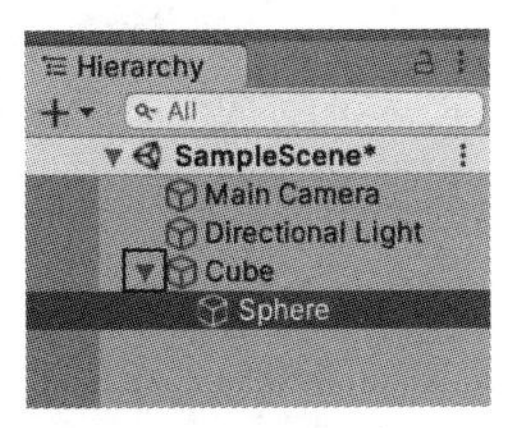

图 2-25

当两个游戏对象建立起父子关系结构后，如果开发者选择变换工具、旋转工具或缩放工具改变了父对象在场景中的位置、旋转角度或缩放比例，那么子对象在场景中的位置、旋转角度或缩放比例会受到父对象的影响一同改变。

利用这个特点，开发者可以在游戏中实现一些具有“跟随”特征的效果。例如在一款 2D 像素风格的角色扮演类游戏中，生命值展示条通常会跟随角色在场景中一同移动，此时开发者就可以通过将生命值展示条设置为角色的子对象的方式实现上述的效果。

2.3.3 游戏素材资源的导入和导出

除了从 Unity 商店下载并导入游戏开发需要用到的素材外，开发者还可以在 Project 窗口中通过单击鼠标右键，在弹出的快捷菜单中执行“Import New Asset”命令（见图 2-26），打开本地素材的存储路径。选择素材后，可单击“Import”按钮将其导入当前的工程文件中，如图 2-27 所示。

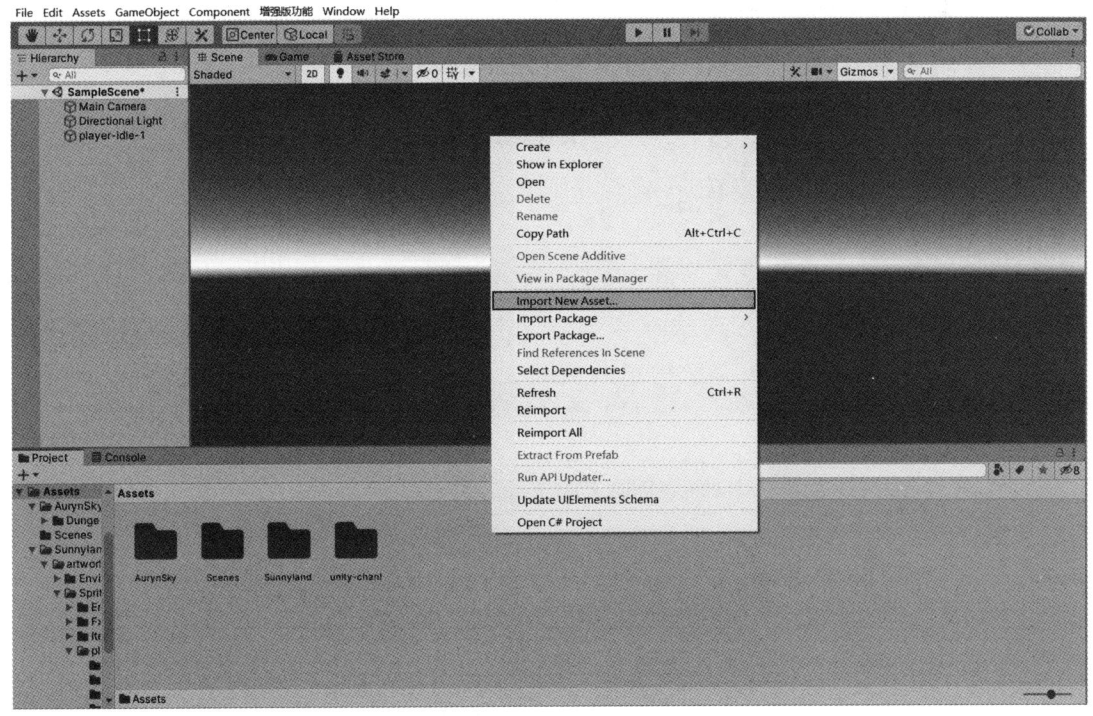

图 2-26

图 2-27

除了通过 Import New Asset 命令导入素材外，开发者还可以直接打开素材所在存储路径，选择素材并拖曳到 Project 窗口，将素材导入当前工程文件中，如图 2-28 所示。

图 2-28

在游戏开发过程中，为了方便素材在团队之间流通，开发者通常会把 Project 窗口中存储的素材导出为素材包，并将该素材包交给团队的成员。其他成员在拿到素材包后，只需在 Unity 3D 项目工程文件处于运行的状态下双击素材包，即可将里面存储的素材导入当前的项目中。

为此，开发者需要在 Project 窗口中选择需要导出为素材包的素材，然后单击鼠标右键，在弹出的快捷菜单中执行“Export Package”命令（见图 2-29），并在弹出的对话框中选择素材包的存储路径。

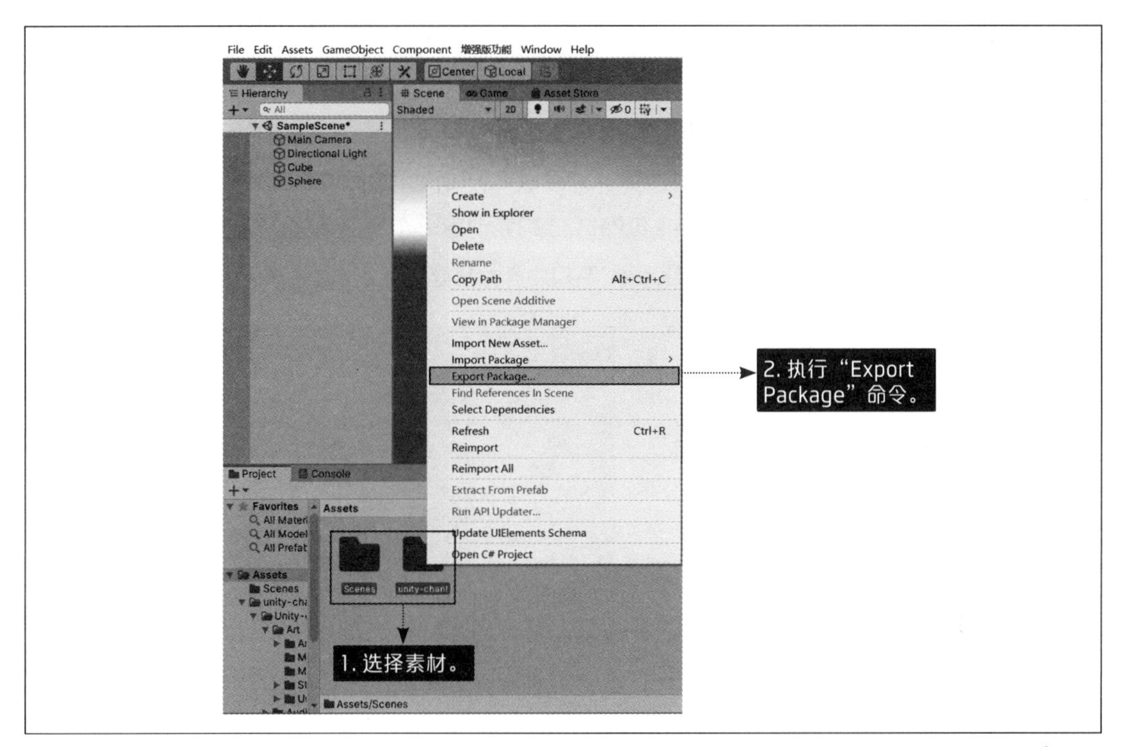

图 2-29

导出完毕后的素材包如图 2-30 所示。

图 2-30

2.3.4 场景文件——场景的基本单位

场景文件是 Unity 3D 中用于存储场景的文件，一个场景文件对应一个场景。开发者创建工程文件后，Unity 3D 会自动在 Project 窗口中创建并打开一个场景文件，如图 2-31 所示。

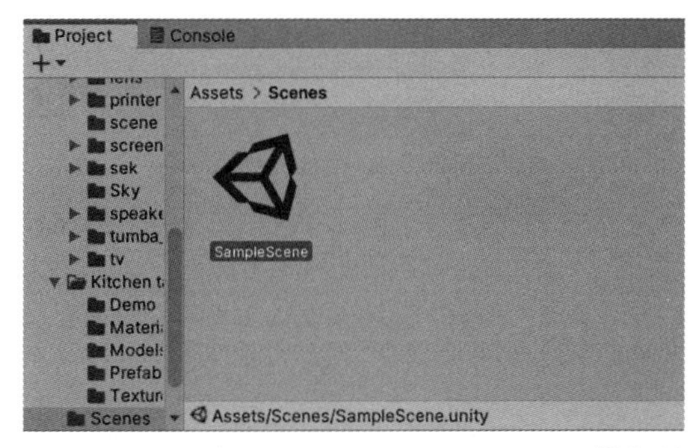

图 2-31

当 Scene 窗口中的游戏对象发生变化时，如将 Project 窗口中用于搭建场景的素材拖曳到 Scene 窗口，或者在 Scene 窗口中，对现有物体对象的位置、缩放比例、旋转角度等参数进行修改，Hierarchy 窗口中都会显示一个“*”，提示开发者需要将变化后的场景进行保存，如图 2-32 所示。

此时，开发者可以按“Ctrl+S”组合键，将变化后的场景保存到当前打开的场景文件中。

如果开发者需要在游戏中搭建更多的场景，则可以在 Project 窗口中单击鼠标右键，在弹出的快捷菜单中执行“Create>Scene”命令（见图 2-33），创建一个新的场景文件。创建场景文件后，开发者可以双击打开该场景文件，并在 Scene 窗口中开始搭建新的场景。

图 2-32

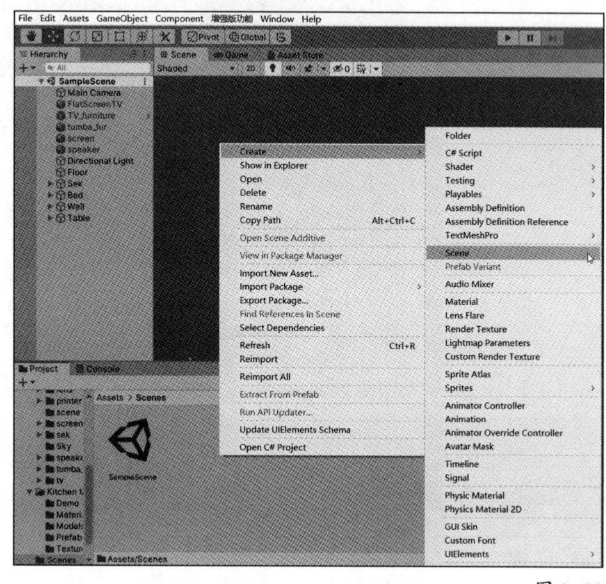

图 2-33

提示

场景文件与导入 Unity 工程文件的素材一样，都被视为用于制作游戏的素材。

2.3.5 Unity 3D 基础的游戏对象

在游戏开发的过程中，开发者经常需要使用一些结构简单的游戏对象来测试新的功能。为此，Unity 3D 提供了几种用于测试新功能的游戏对象。开发者可在 Hierarchy 窗口中单击鼠标右键，在弹出的快捷菜单中执行“3D Object”命令，并在子菜单中选择不同类型的游戏对象进行创建。其中较为常用的游戏对象有 Cube（立方体）、Sphere（球体）、Capsule（胶囊）、Cylinder（圆柱体）、Plane（矩形平面），这里以创建 Capsule 游戏对象为例，如图 2-34 所示。

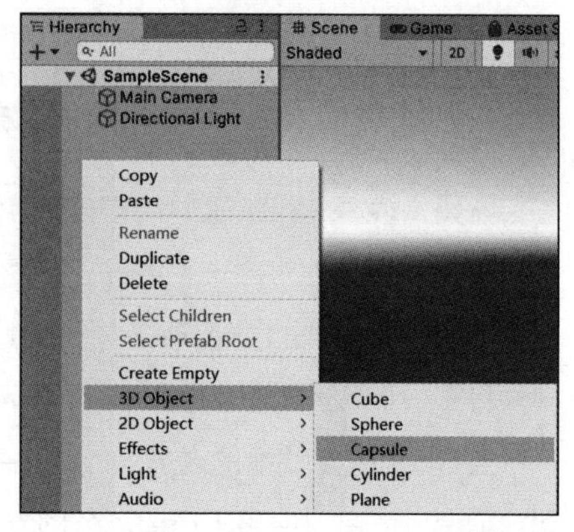

图 2-34

创建完毕后的效果如图 2-35 所示。

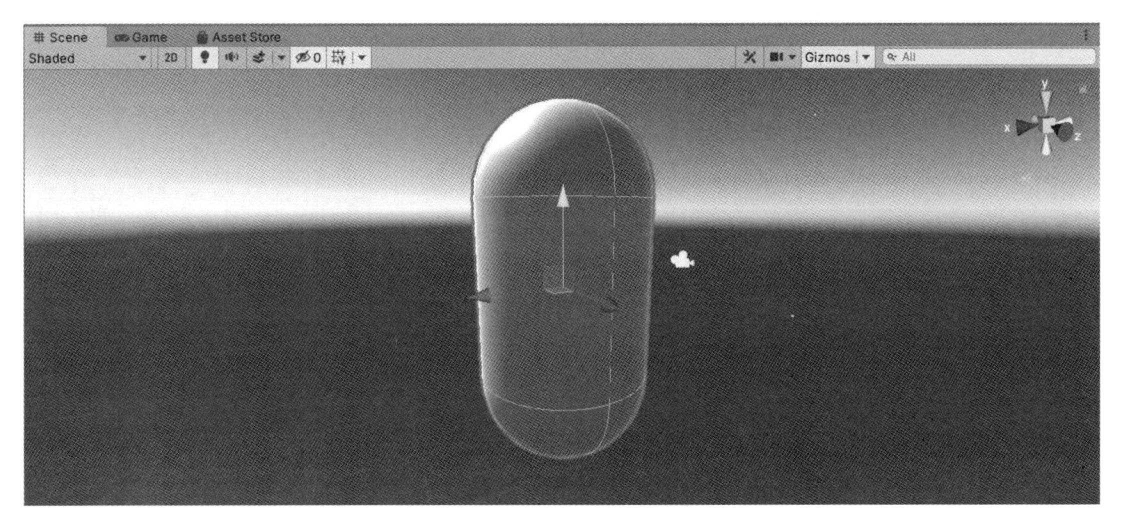

图 2-35

2.4 Unity 3D 的常用组件

组件是 Unity 3D 实现游戏功能的一个基本要素，为了确保读者能够实现本书后续案例中的游戏功能，本节将会讲解 Unity 3D 游戏开发过程中常用的几种组件的功能。

2.4.1 Transform 组件

通过 Transform（变换）组件可以设置游戏对象在场景中的位置、旋转角度和缩放比例。场景中的每个游戏对象都会默认添加一个 Transform 组件。Transform 组件位于 Inspector 窗口的属性面板中，如图 2-36 所示。

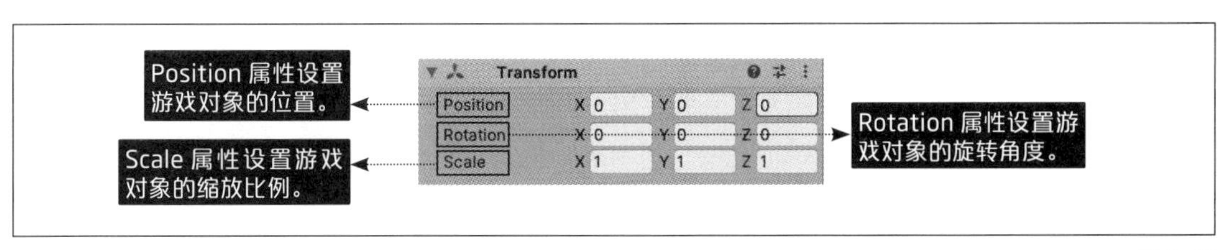

图 2-36

2.4.2 Rigidbody 组件

Rigidbody（刚体）组件的功能是让游戏对象具有受力后的物理特性。例如，开发者为游戏对象添加了 Rigidbody 组件，并且在 Unity 3D 的窗口上方单击▶按钮运行游戏后，游戏对象会受到重力的影响而下落。根据游戏的类型，Rigidbody 组件可分为 Rigidbody（3D 游戏使用的刚体组件）和 Rigidbody 2D（2D 游戏使用的刚体组件）。Rigidbody 组件的属性面板如图 2-37 所示。

Rigidbody 2D 组件在 Inspector 窗口中的属性面板如图 2-38 所示。

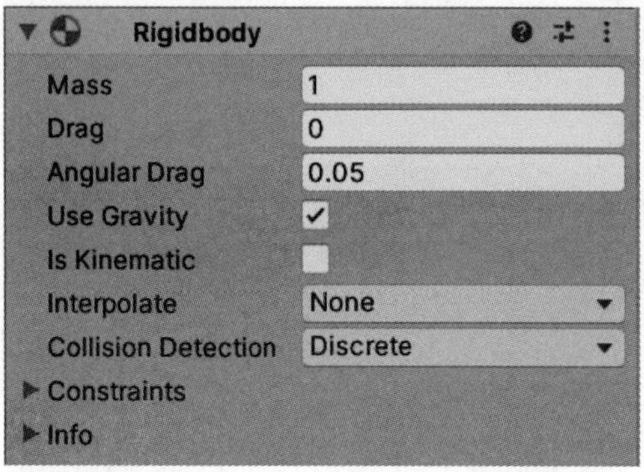

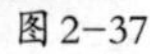

图 2-37

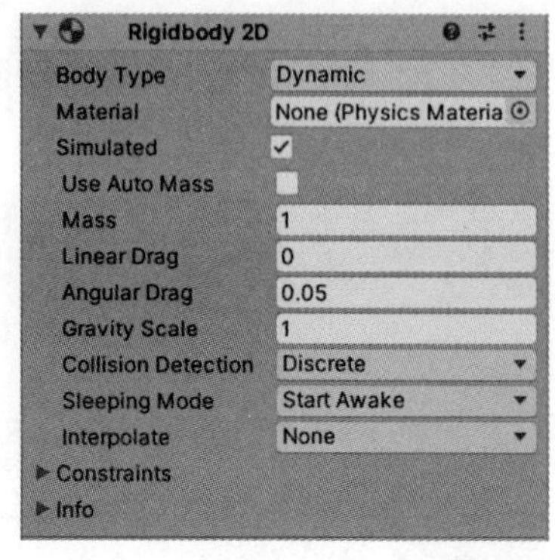

图 2-38

这两种 Rigidbody 组件常用的属性讲解如下。

Rigidbody 组件的常用属性如下。

- Mass：设置 3D 游戏对象的质量。
- Drag：设置 3D 游戏对象进行位移运动时受到的阻力。
- Angular Drag：设置 3D 游戏对象进行旋转运动时受到的阻力。
- Use Gravity：设置 3D 游戏对象是否受到重力的影响。

Rigidbody 2D 组件的常用属性如下。

- Mass：设置 2D 游戏对象的质量。
- Linear Drag：设置 2D 游戏对象进行位移运动时受到的阻力。
- Angular Drag：设置 2D 游戏对象进行旋转运动时受到的阻力。
- Gravity Scale：设置 2D 游戏对象受到的重力百分比。

2.4.3 Collider 组件

Collider（碰撞器）组件的功能为实现两个游戏对象的碰撞效果。只有在两个游戏对象上都添加了 Collider 组件的情况下才会有碰撞的效果，否则两个游戏对象会穿过彼此，如图 2-39 所示。

根据游戏的类型，Collider 组件被分为 Collider（3D 游戏使用的 Collider 组件）和 Collider 2D（2D 游戏使用的 Collider 组件）两种。根据不同形状的游戏对象，Collider 组件还分为 Box（盒型）Collider 组件、Capsule（胶囊体）Collider 组件等，各种 Collider 组件属性的差别并不大。这里以 2D 和 3D 游戏使用的 Box Collider 组件为例进行讲解。3D 游戏使用的 Box Collider 组件的属性面板如图 2-40 所示。2D 游戏使用的 Box Collider 组件的属性面板如图 2-41 所示。

开发者可以在单击 2D 或 3D 的 Collider 组件的“Edit Collider”按钮后，拖曳 Collider 组件上的小点（见图 2-42），或设置 Size 属性的数值来设置 Collider 组件的尺寸。

图 2-39

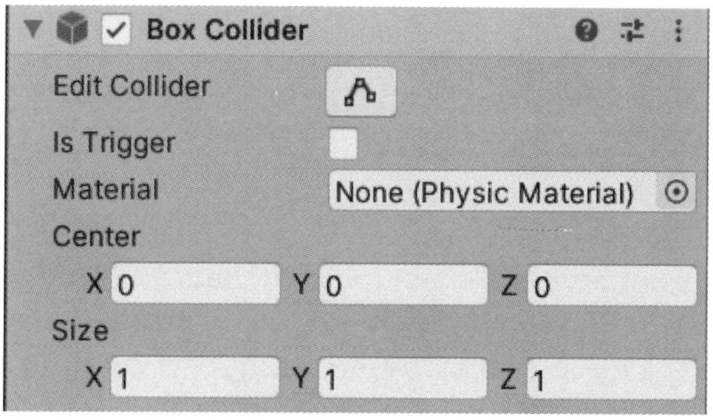

Box Collider
Edit Collider
Is Trigger
Material None (Physic Material)
Center
X 0 Y 0 Z 0
Size
X 1 Y 1 Z 1

图 2-40

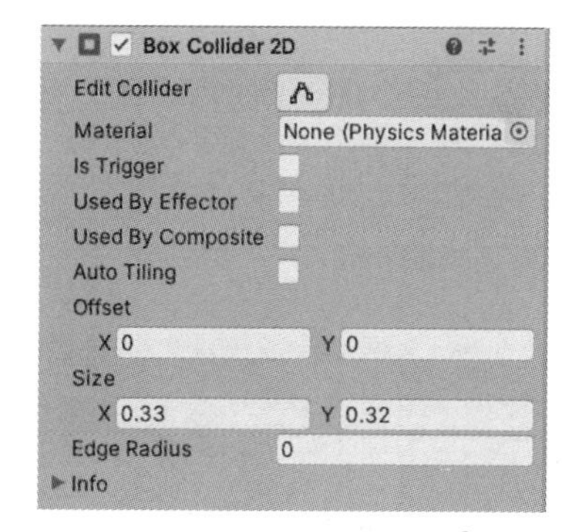

图 2-41

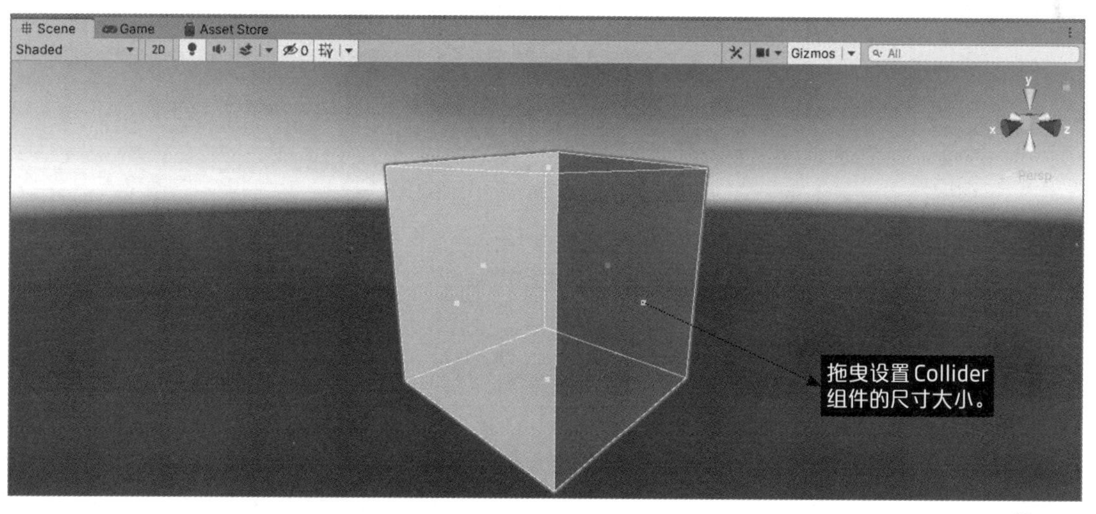

图 2-42

设置 2D 的 Collider 组件尺寸的方法如图 2-43 所示。

除了设置 Collider 组件的尺寸大小外，开发者还可以通过修改 2D 和 3D 的 Collider 组件的 Offset 属性的数值来设置 Collider 组件在游戏对象上的位置。

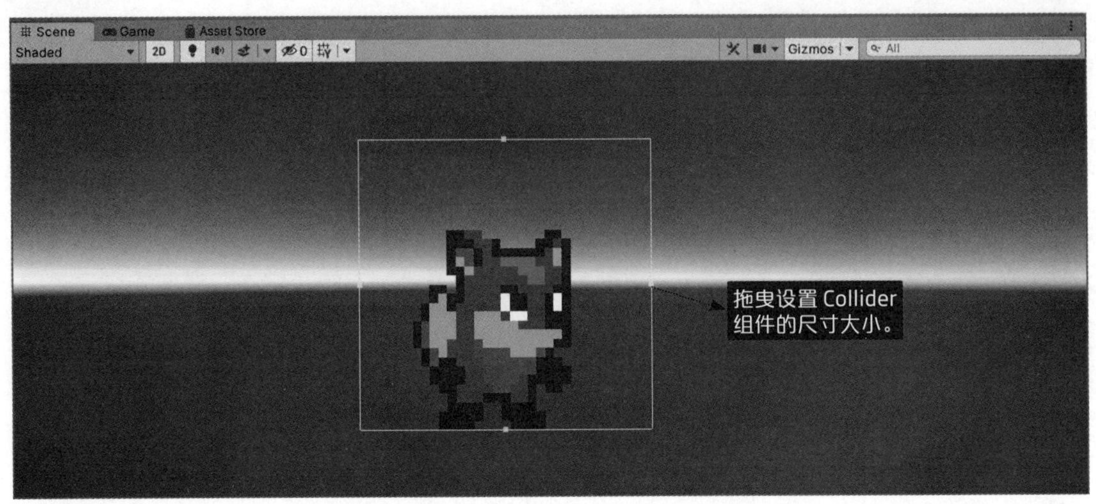

图 2-43

2.4.4 Sprite Renderer 组件

Sprite Renderer（图片渲染）组件的功能为显示 2D 游戏的角色和场景中的各种物品，如图 2-44 所示。

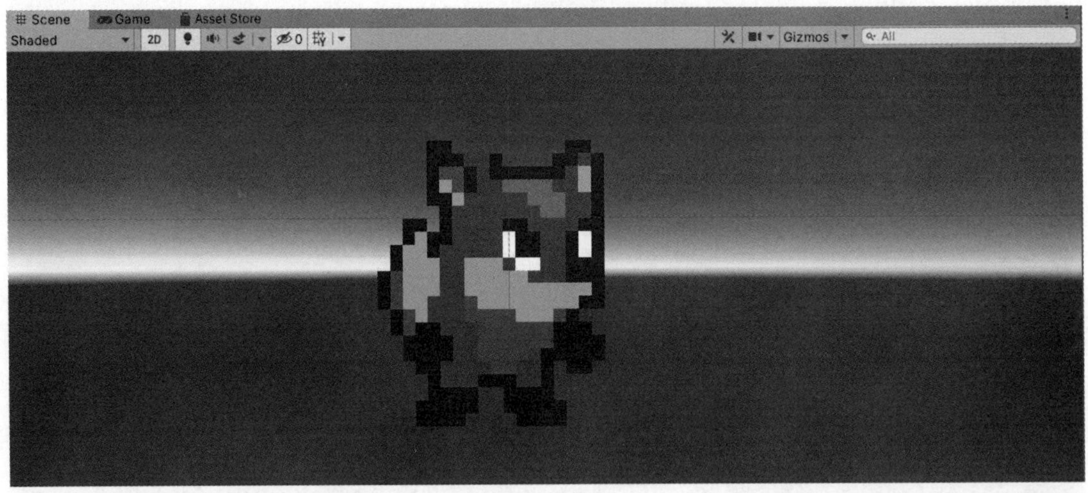

图 2-44

Sprite Renderer 组件在 Inspector 窗口中的属性面板如图 2-45 所示。开发者可将角色和物品的图片素材从 Project 窗口拖曳到 Sprite Renderer 组件属性面板的 Sprite 属性中，然后对组件显示的图片进行设置。

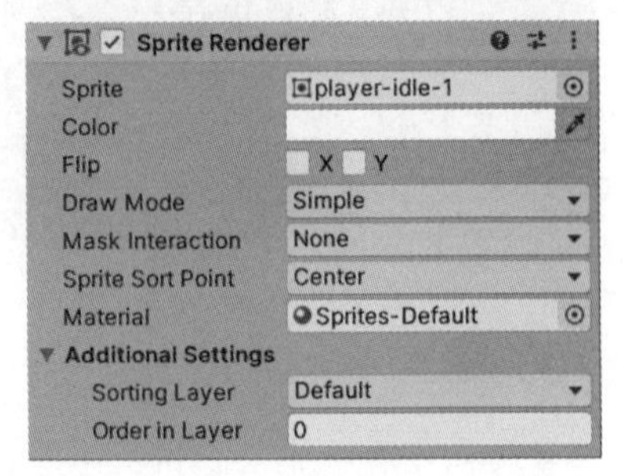

图 2-45

Sprite Renderer 组件常用的属性如下。

Color：设置图片的颜色。开发者可以单击 Color 属性右侧的颜色条调出设置颜色的窗口，并在窗口下设置显示图片颜色的 RGB 值。

Flip：设置图片是否翻转。当开发者勾选 Flip 属性的 X 复选框，图片会沿水平方向进行翻转；勾选 Y 复选框，则会沿垂直方向进行翻转。

Order in Layer：设置不同图片之间的渲染顺序，渲染顺序数值大的图片会显示在渲染顺序数值小的图片之前。

2.4.5 Camera 组件

Camera（相机）组件的功能是在 Game 窗口中显示游戏的画面。开发者创建工程文件后，Unity 3D 会自动创建一个带有 Camera 组件的游戏对象，如图 2-46 所示。

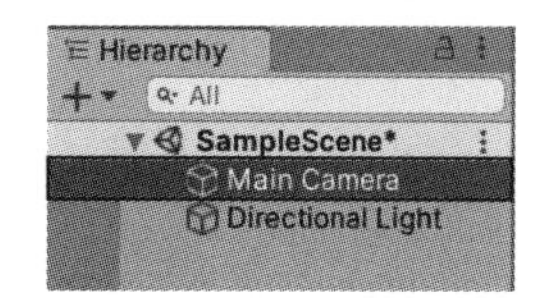

图 2-46

Camera 组件会根据自身在场景中的位置，对 Game 窗口中的游戏画面进行显示。并且只有场景中的某个游戏对象添加了 Camera 组件后，Game 窗口中才会显示游戏的画面，否则 Game 窗口中将会提示场景中未设置添加了 Camera 组件的游戏对象，如图 2-47 所示。

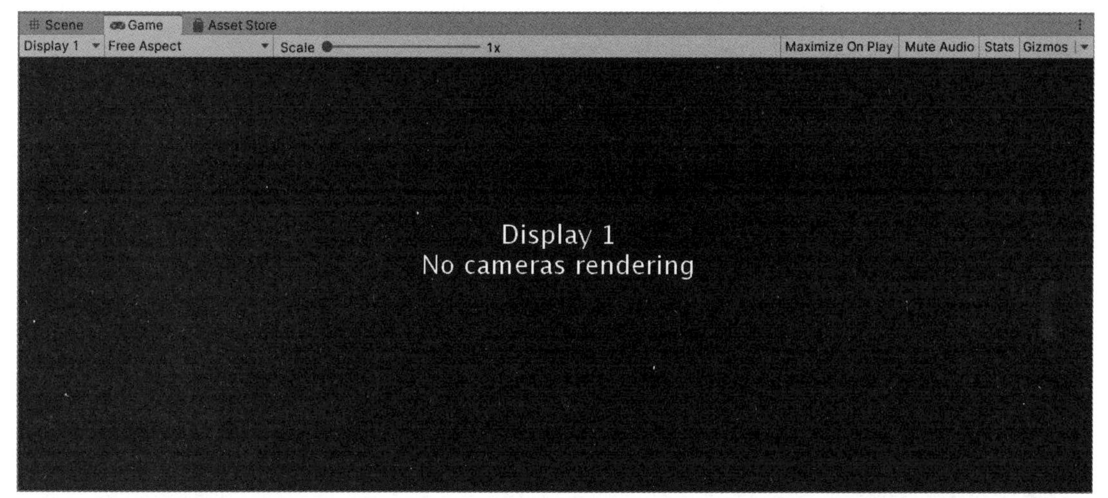

图 2-47

Camera 组件在 Inspector 窗口中的属性面板如图 2-48 所示。

图 2-48

Camera 组件的常用属性为 Projection，该属性的作用为设置相机的显示方式。开发者在单击 Projection 属性右侧的“下三角”按钮后，在展开的下拉列表中可以设置相机的显示方式。不同的显示方式会对 Game 窗口中显示的游戏画面产生不同的影响。如图 2-49 所示，相机可选的显示方式分为 Perspective 和 Orthographic 两种。

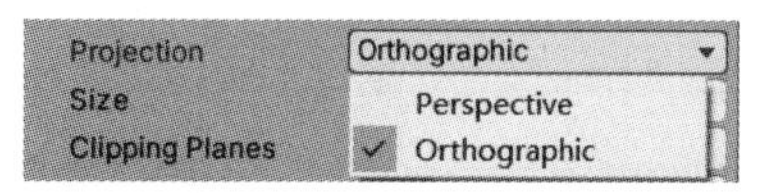

图 2-49

Perspective 是以透视投影的方式显示 Game 窗口的游戏画面，在这种显示方式下游戏画面会具有一定的深度，常用在

3D 游戏中。Orthographic 则是以正交投影的方式显示 Game 窗口的游戏画面，在这种显示方式下的游戏画面是平面的，常用在 2D 游戏中。

2.4.6 Light 组件

Light 组件的作用是为游戏场景添加光照。开发者在新建一个 Unity 3D 项目工程文件后，Unity 3D 会在 Hierarchy 窗口中自动创建一个添加有 Light 组件的游戏对象 Directional Light。开发者选择这个游戏对象后，即可在 Inspector 窗口中浏览到 Light 组件的属性面板，如图 2-50 所示。

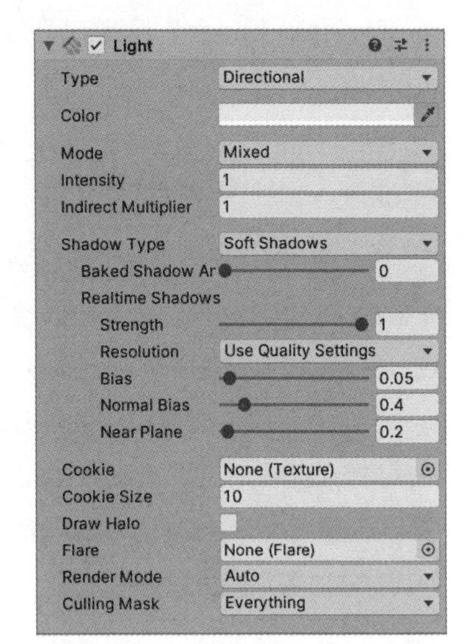

图 2-50

在 Light 组件中，光照被分为 Spot、Directional、Point、Area（baked only）4 种类型。开发者可以在 Light 组件的属性面板中单击 Type 属性右侧的“下三角”按钮，在展开的下拉列表中进行光照类型的切换，如图 2-51 所示。

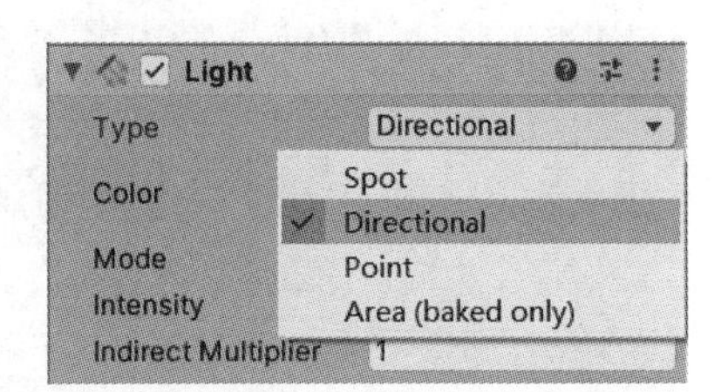

图 2-51

每种光照类型的效果都各不相同，这里挑选较为常用的 Directional、Spot 和 Point 类型进行讲解。其中 Directional 类型的光照效果类似太阳，它提供的是一个全局光照。当 Light 组件的光照类型为 Directional 时，无论游戏对象在场景中的什么位置，它们都会受到来自 Light 组件的光照，如图 2-52 所示。

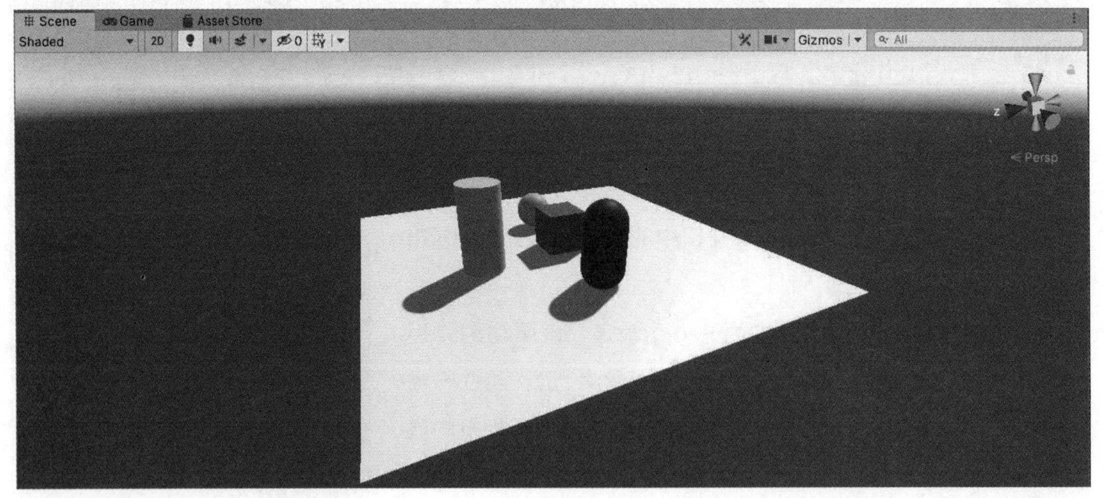

图 2-52

Spot 类型的光照效果类似聚光灯，当 Light 组件的光照类型为 Spot 时，光线会全部射向一个区域。因此 Spot 类型的光照通常会运用在场景中具有特殊作用的游戏对象上，例如宝箱和角色等，以强调该游戏对象在游戏中的存在感，如图 2-53 所示。

图 2-53

Point 的光照效果和蜡烛类似。当 Light 组件的光照类型为 Point 时，光照会集中在一个范围内并向四周发散，只有游戏对象处在光照的范围内才会获得光照的效果，如图 2-54 所示。

图 2-54

值得一提的是，开发者可以在Light组件属性面板中修改Color与Intensity属性来设置光照的颜色和亮度。在设置光照的颜色时，开发者需要单击 Color 属性右侧的颜色条，然后在弹出的调色窗口中设置光照颜色的 RGB 数值。而设置光照亮度时，开发者需要在 Intensity 属性右侧输入光照亮度的数值。

2.5 本章总结

本章主要讲解了如何下载和安装 Unity 3D，以及 Unity 3D 中基础的窗口、组件和一些开发过程中需要具备的基本常识，为后续使用 Unity 3D 进行游戏开发打下基础。下一章将会运用本章的知识点，讲解如何搭建出游戏的场景。

场景搭建

场景是构成一款游戏的重要元素，玩家可以通过控制游戏角色与场景互动来实现许多玩法，例如在 RPG（Role-Playing Game，角色扮演类游戏）中玩家可以通过收集散落在场景中的各种物品让角色升级；在 MOBA 游戏中玩家可以钻入场景中的草丛里，达到隐身的效果。本章将会以 Unity 3D 中用于搭建 2D 场景的 Tilemap（地图编辑器）为例对场景搭建进行讲解。

3.1 2D 游戏场景搭建的准备工作

在开始搭建场景前，开发者首先需要在 Unity 3D 的菜单栏中执行“Window>Package Manager”命令（见图 3-1），调出 Package Manager 窗口。

然后下载并安装 Tilemap 的工具包。在 Package Manager 窗口左侧的列表中选择“2D Tilemap Editor”，单击“Install”按钮进行下载和安装，如图 3-2 所示。

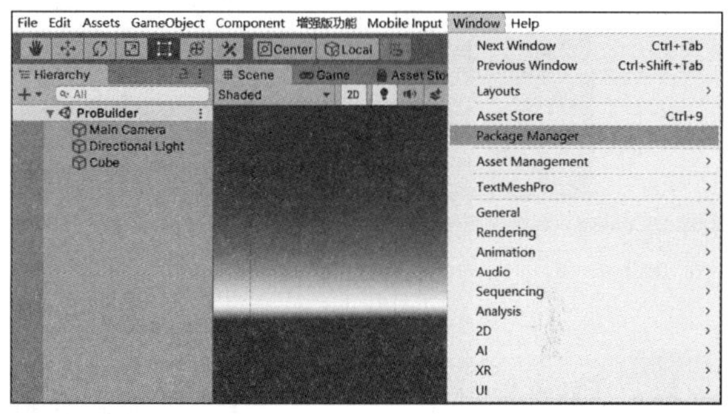

图 3-1

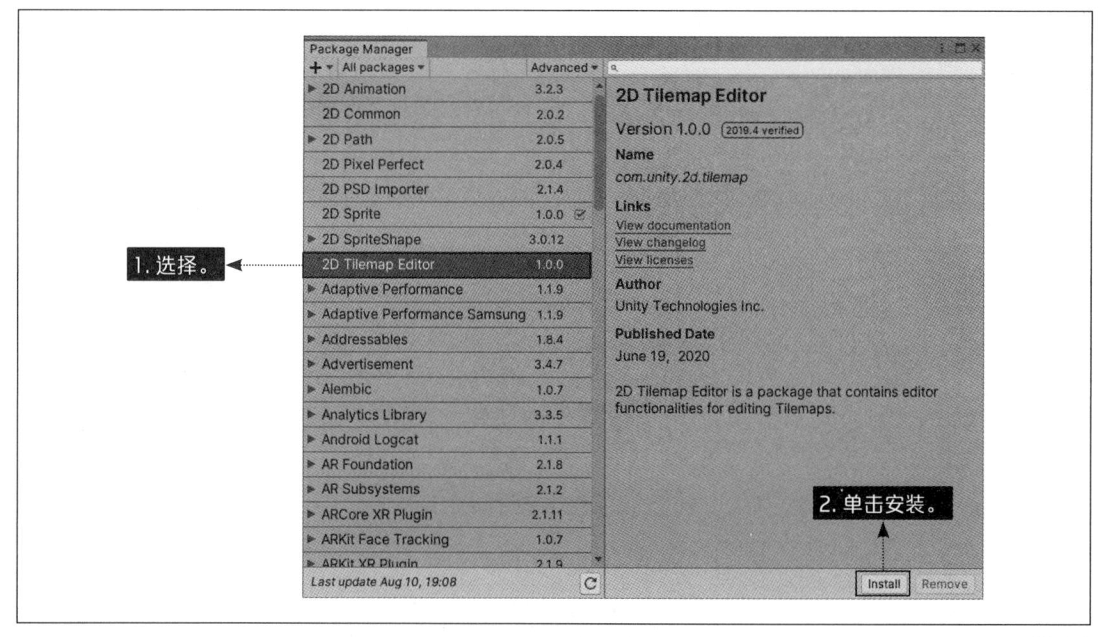

图 3-2

再从 Unity 商店下载场景搭建所需的图片素材。执行“Window>Asset Store”命令进入 Unity 商店。Unity 3D 把搭建 2D 游戏场景所需的图片素材称为“Pixel Tile”（像素瓦片），开发者可在 Unity 商店中搜索“pixel tile”关键字查找相关的图片素材，如图 3-3 所示。

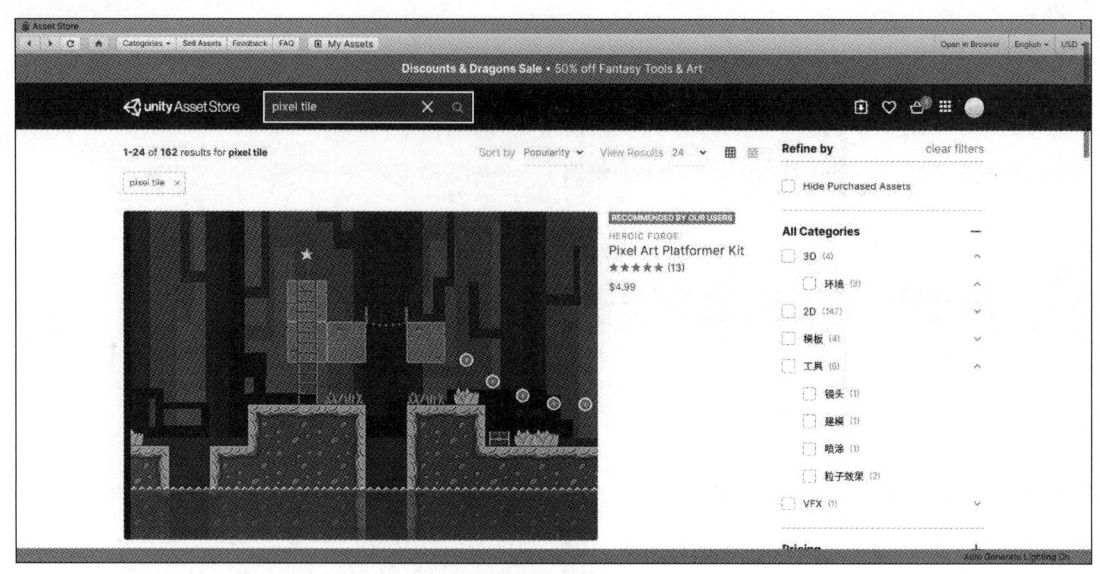

图 3-3

3.2 Tile Palette——Tilemap 的功能窗口

在完成搭建场景的准备工作后，开发者需要在 Unity 3D 的菜单栏中执行“Window>2D>Tile Palette”命令（见图 3-4），调出 Tilemap 的功能窗口 Tile Palette。

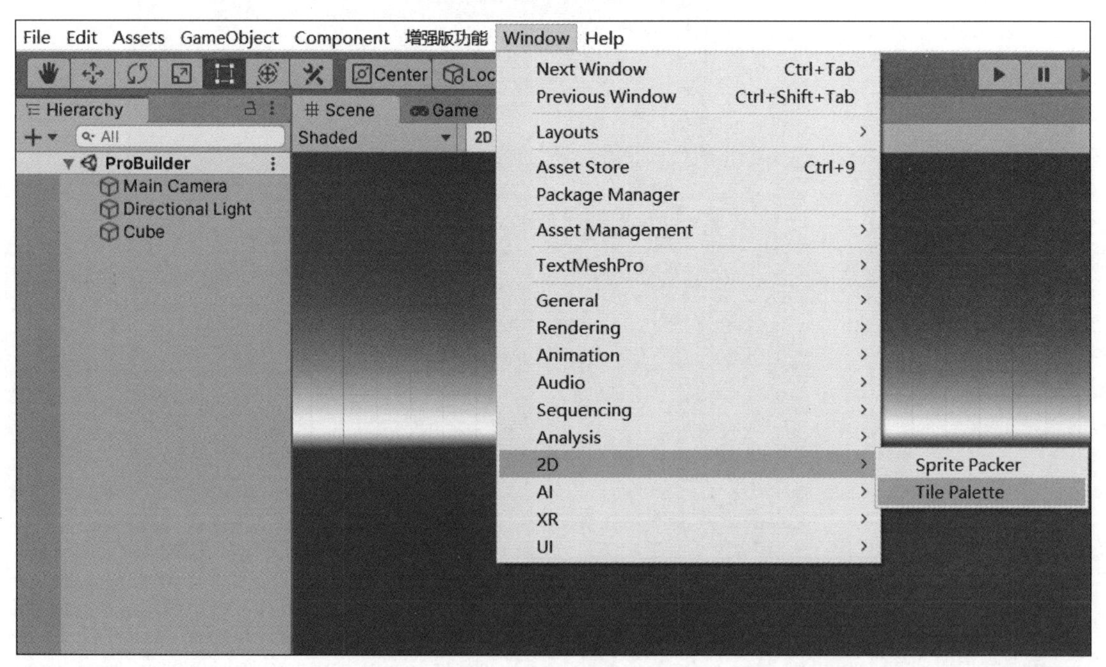

图 3-4

调出 Tile Palette 窗口后，创建一个存储图片素材的 Palette 文件夹。单击 Tile Palette 窗口左上角的“Create New Palette”按钮，调出 Create New Palette 面板，对新建的 Palette 文件夹进行命名并单击“Create”按钮，如图 3-5 所示。

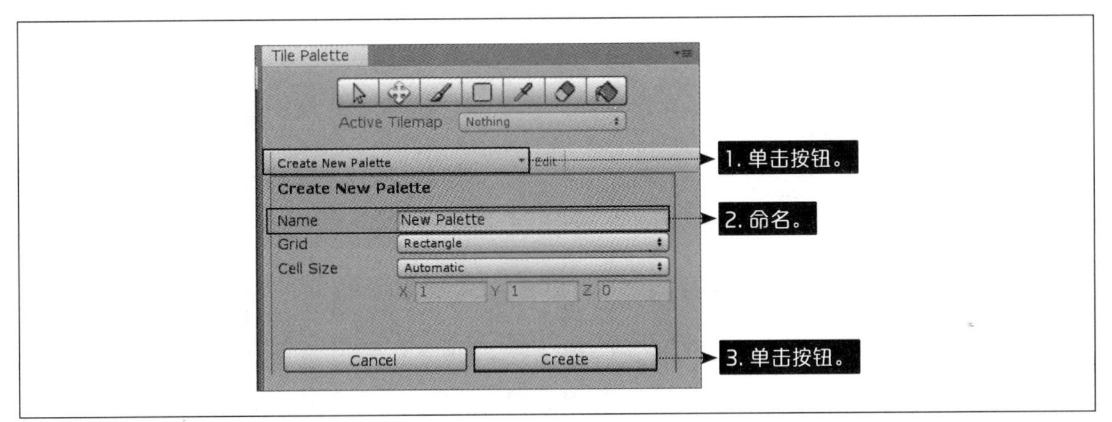

图 3-5

在弹出的窗口中选择存储路径后，单击“选择文件夹”按钮即可创建 Palette 文件夹，如图 3-6 所示。

图 3-6

创建完毕后，从 Project 窗口中把图片素材拖曳到 Tile Palette 窗口中，使用 Palette 文件夹对图片素材进行存储，存储的图片素材会显示在 Tile Palette 窗口中，如图 3-7 所示。

存储完毕后，开发者需要在 Hierarchy 窗口中单击鼠标右键，在弹出的快捷菜单中执行“2D Object>Tilemap”命令创建一个 Tilemap 游戏对象。该游戏对象会自动添加 Tilemap 和 Tilemap Renderer 组件（见图 3-8），这两个组件是搭建 2D 场景的关键。

Tilemap 组件的作用是存储图片素材的数据，开发者在 Hierarchy 窗口中选择了 Tilemap 游戏对象后，Scene 窗口中会显示出许多大小相等的网格，如图 3-9 所示。

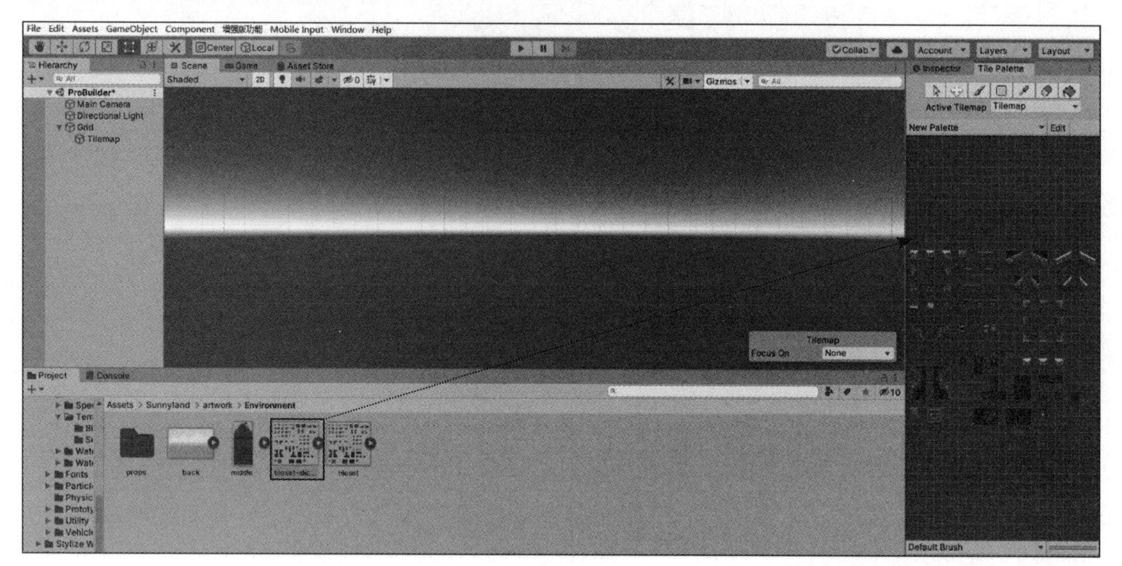

图 3-7

这时，开发者可以使用 Tile Palette 窗口提供的工具选择 Palette 文件夹中存储的图片素材，将这些图片素材绘制于图 3-9 所示的网格中，以搭建出 2D 场景。绘制的过程实质上是将图片素材的数据存储到 Tilemap 游戏对象中。而 Tilemap Renderer 组件会根据 Tilemap 组件存储的这些数据，将图片渲染在 Scene 窗口中，以此呈现出场景搭建后的效果。Tile Palette 窗口中提供的工具如图 3-10 所示，开发者可以单击工具按钮进行选择。

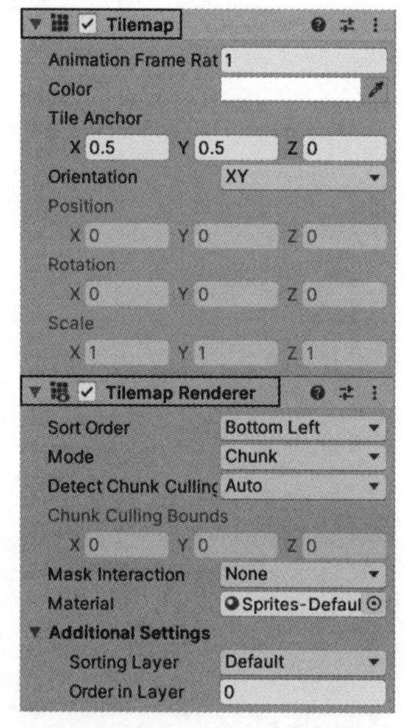

图 3-8

这里选择最为常用的笔刷工具和橡皮工具进行讲解。笔刷工具的作用是搭建场景。单击 Tile Palette 窗口中的按钮选择笔刷工具，在 Tile Palette 窗口中选择图片素材，然后在 Scene 窗口中通过按住鼠标左键并拖曳的方式将图片素材绘制到场景中，如图 3-11 所示。

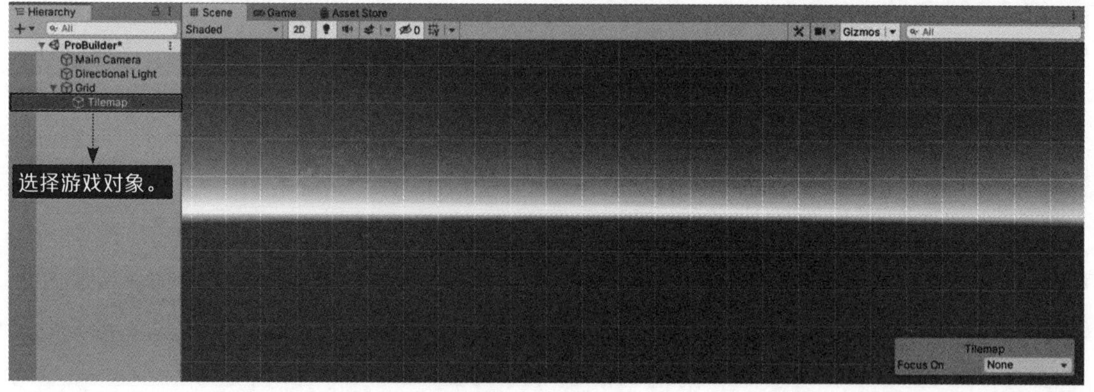

图 3-9

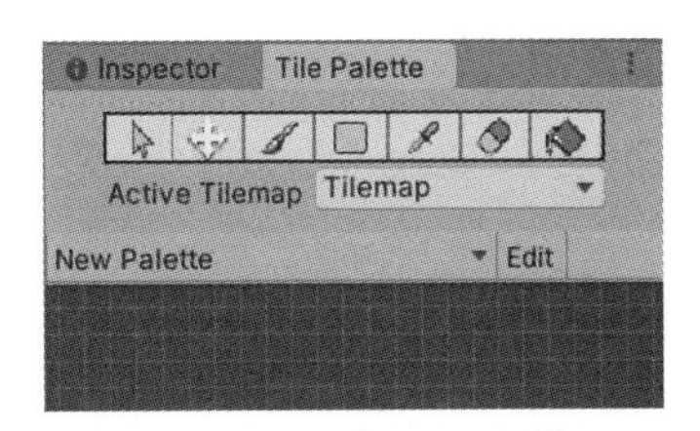

图 3-10

这里有一点需要注意，在使用笔刷工具绘制图片素材的过程中，可能会出现图片素材无法完全贴合网格的现象，这会引起图片素材之间无法贴合在一起的问题，如图 3-12 所示。

出现这种问题的原因是开发者没有在图片素材的 Inspector 窗口中正确地设置 Pixels Per Unit 属性，如图 3-13 所示。

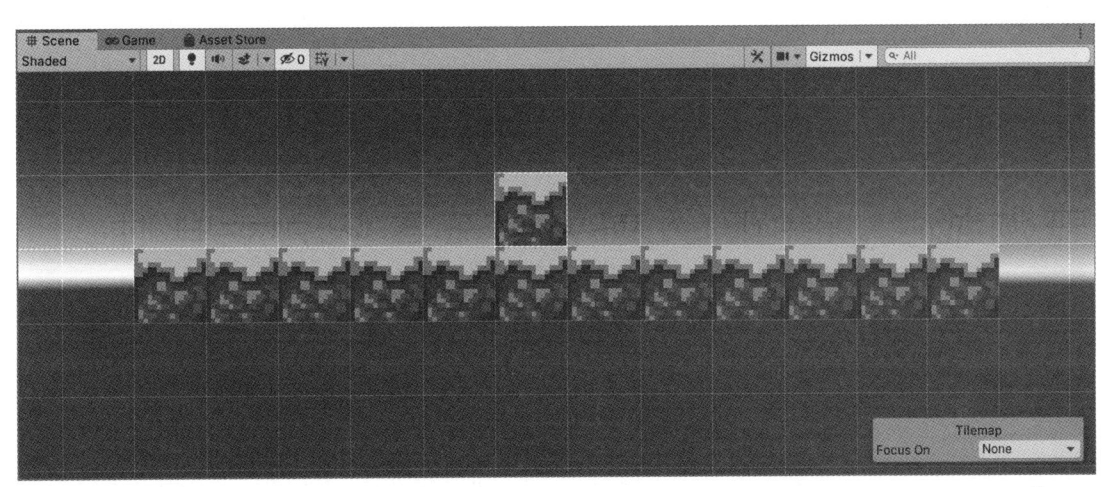

图 3-11

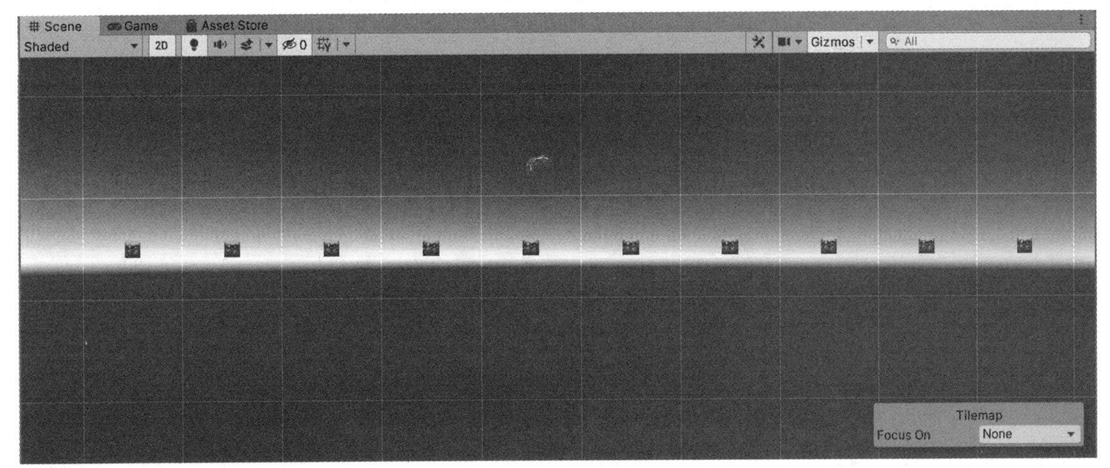

图 3-12

Pixels Per Unit 属性表示图片素材在 Unity 3D 中的长度单位换算，在 Unity 3D 中游戏对象长度的单位为 unit，而图片素材中长度的单位为 pixel（像素）。Pixels Per Unit 属性的作用是将图片素材的长度单位从 pixel 转换为 unit，当 Pixels Per Unit 属性的数值等于 100 时，表示图片素材的 100pixel 等于 1unit 的长度，属性的数值等于 50 时，表示图片素材的 50pixel 等于 1unit 的长度，以此类推，开发者需要根据图片素材的实际像素来对 Pixels Per Unit 属性的数值进行设置。

为此，开发者可以在图片素材的 Inspector 窗口中单击“Sprite Editor”，进入 Sprite Editor 窗口查看图片素材的像素值，如图 3-14 所示。

值得一提的是，用于搭建 2D 场景的图片素材实质上是由一个个方形的图片组成的，因此开发者在查看图片素材的像素时，只需挑选这些小方块中的一个进行查看即可。查看的方法是在小方块显示的位置按住鼠标左键并拖曳，使用一个矩形将小方块完全包住（注意，矩形需要“贴住”小方块，即矩形的内部不可以有多余空间）。在包住小方块后，Sprite Editor 窗口的右下角会自动显示一个 Sprite 窗口，该窗口中的 W 和 H 属性会显示小方块的像素值，其中 W 属性代表小方块的宽度为多少像素，H 属性则代表小方块的高度为多少像素，如图 3-15 所示。

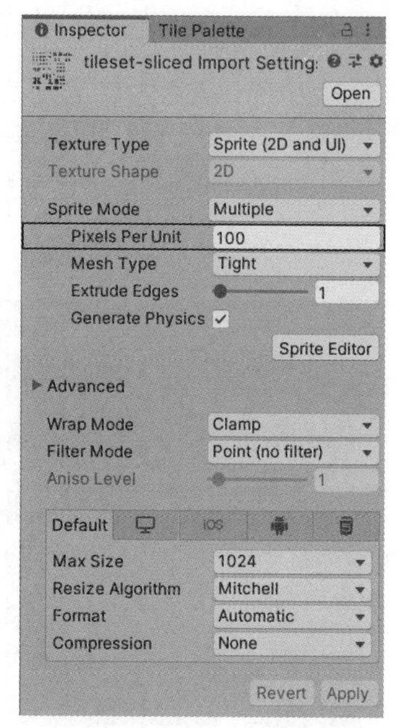

图 3-13

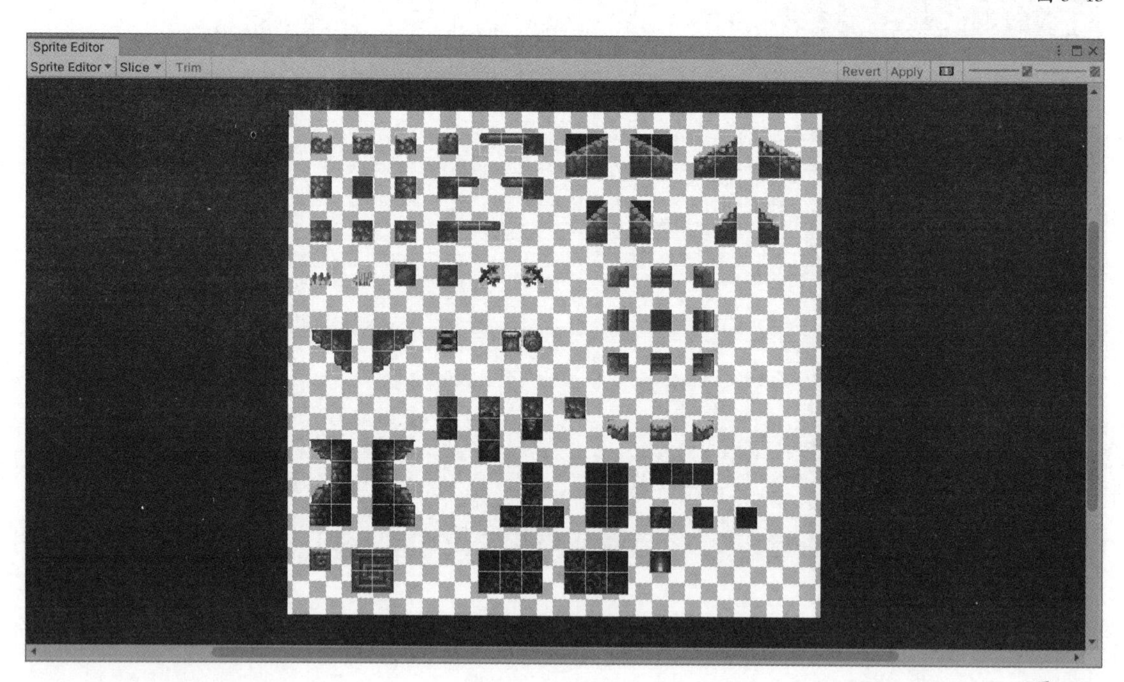

图 3-14

W 和 H 属性的数值一般相同，开发者只需将其中一个设置到 Pixel Per Unit 属性中，并单击 Inspector 窗口底部的“Apply”按钮确认应用，即可解决图片素材无法贴合在一起的问题。

橡皮工具的作用是删除 Scene 窗口中的图片素材，开发者在 Tile Palette 窗口中单击按钮选择橡皮工具后，在 Scene 窗口中按住鼠标左键并拖曳出矩形选框，即可删除被选中的图片素材。

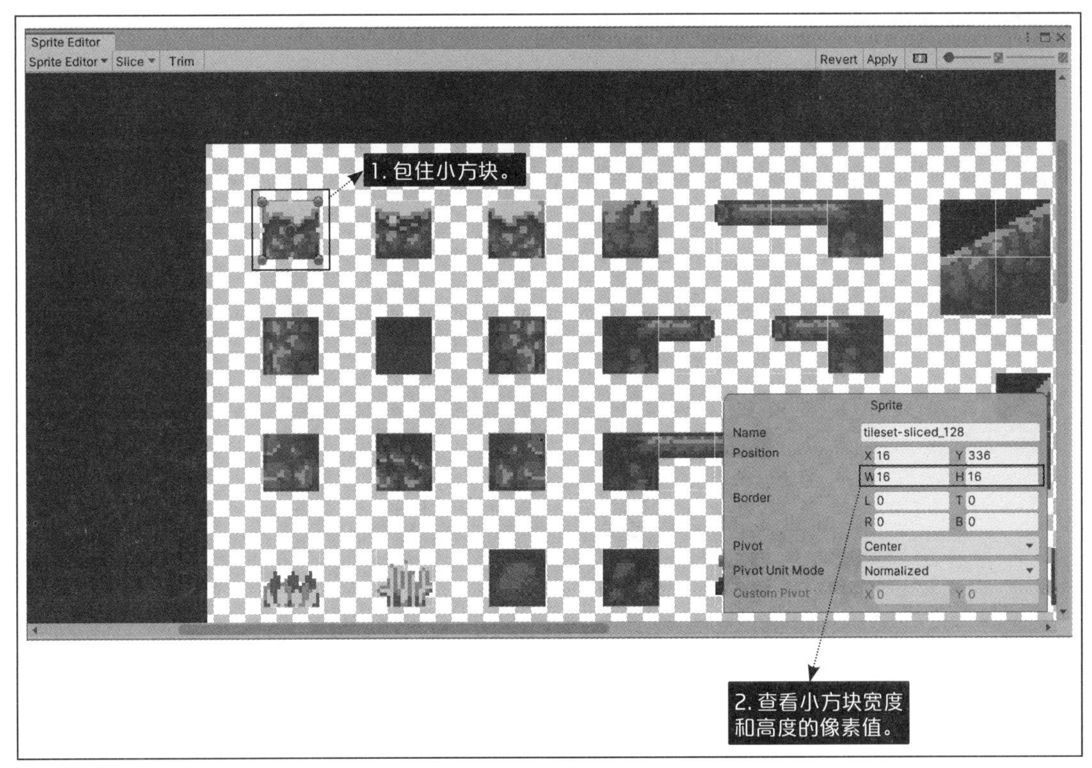

图 3-15

3.3 Tilemap Collider 2D——2D 场景的 Collider 组件

Tilemap Collider 2D 是 2D 场景专用的 Collider 组件，它的作用和 2D 与 3D Collider 组件相似，不同之处在于 Tilemap Collider 2D 组件能够防止 2D 游戏的游戏对象（下文简称为 2D 游戏对象）从 2D 场景中穿过。开发者在搭建完场景后，可以在 Hierarchy 窗口中选择 Tilemap 游戏对象，并为其添加 Tilemap Collider 2D 组件，Tilemap Collider 2D 组件的属性面板如图 3-16 所示。

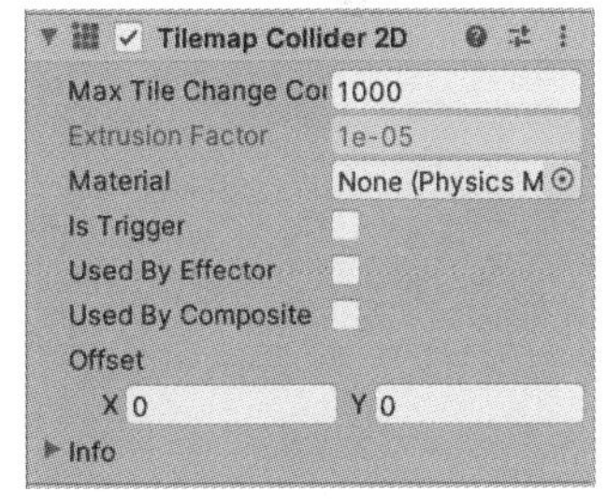

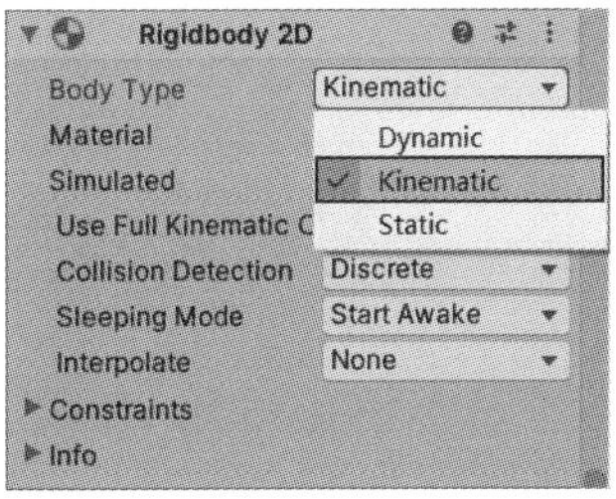

图 3-16

在向 Tilemap 游戏对象添加 Tilemap Collider 2D 组件后，有一点需要开发者注意，Unity 3D 会自动为 Tilemap 游戏对象添加 Rigidbody 2D 组件，在运行游戏后，2D 游戏对象就会因为 Rigidbody 2D 组件的作用而受到重力影响。为了避免这种情况，开发者需要单击 Rigidbody 2D 组件属性面板中 Body Type 属性（设置 2D 组件的类型）右侧的“下三角”按钮，然后在展开的下拉列表中选择 Kinematic，如图 3-17 所示。

图 3-17

3.4 本章总结

本章主要讲解了 Unity 3D 用于搭建 2D 场景的 Tilemap，并演示了 Tilemap 的常用工具。下一章将讲解脚本和 C# 的基础语法。

脚本和 C# 的基础语法

脚本是 Unity 3D 的一种可调用的资源文件，开发者可在这个资源文件中通过编写代码实现游戏的功能。但是在此之前，开发者需要先掌握 C# 这门编程语言。为此，本章会详细讲解游戏开发中常用的 C# 基础语法。

4.1 设置开发环境

在学习 C# 的基础语法前，开发者需要先设置用于编写 C# 代码的编辑器，Unity 3D 常用的编辑器有 Mono Develop 和 Visual Studio 两种。本节将以 Visual Studio 为例，讲解如何设置 Unity 3D 在编写代码时使用的编辑器。

4.1.1 下载 Visual Studio 和开发工具包

Visual Studio 是一款多功能的编辑器，开发者不仅可以用在 Unity 3D 中进行游戏开发，还可以用在 .Net、Linux 和 Web 等平台上进行开发。通常情况下，开发者并不需要在这么多的平台上进行开发，为此 Visual Studio 将自身的功能拆分成了不同的开发工具包，开发者可以根据自身需求选择相应的工具包进行下载。本小节将讲解如何下载 Visual Studio 的安装程序和 Unity 3D 的开发工具包。

1. 下载 Visual Studio 安装程序

进入 Visual Studio 官网后，在官网 Visual Studio 界面单击“下载 Visual Studio”按钮，然后在弹出的下拉列表中选择“Community 2019”选项，即可下载 Visual Studio 安装程序，如图 4-1 所示。

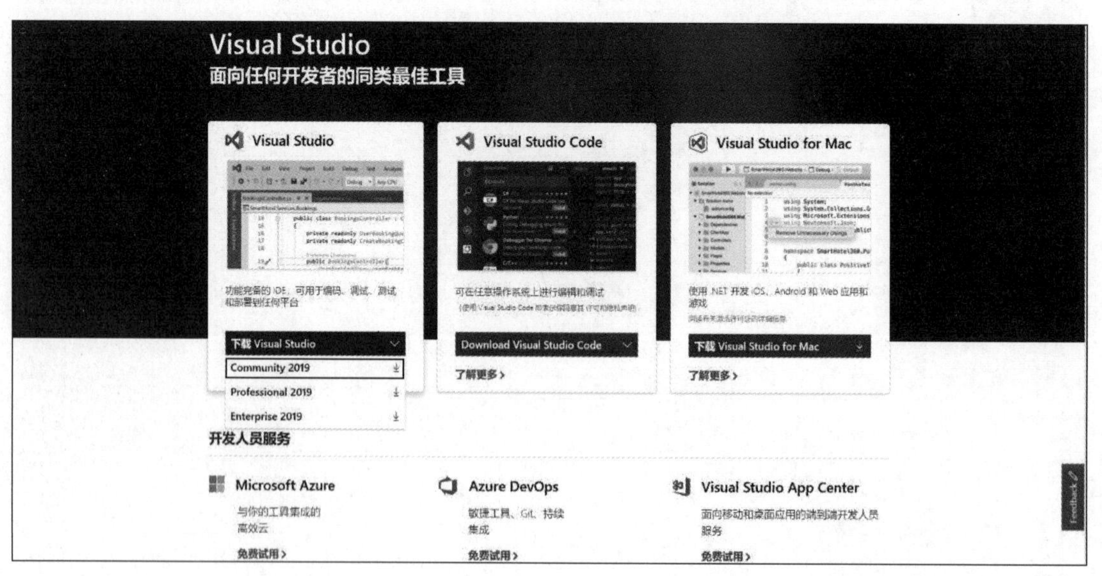

图 4-1

2. 下载 Unity 3D 开发工具包

Visual Studio 安装程序下载完毕后，双击运行 Visual Studio 的安装程序进入程序安装界面。单击“更多”按钮，在展开的下拉列表中单击“修改”选项进入修改界面，如图 4-2 所示。

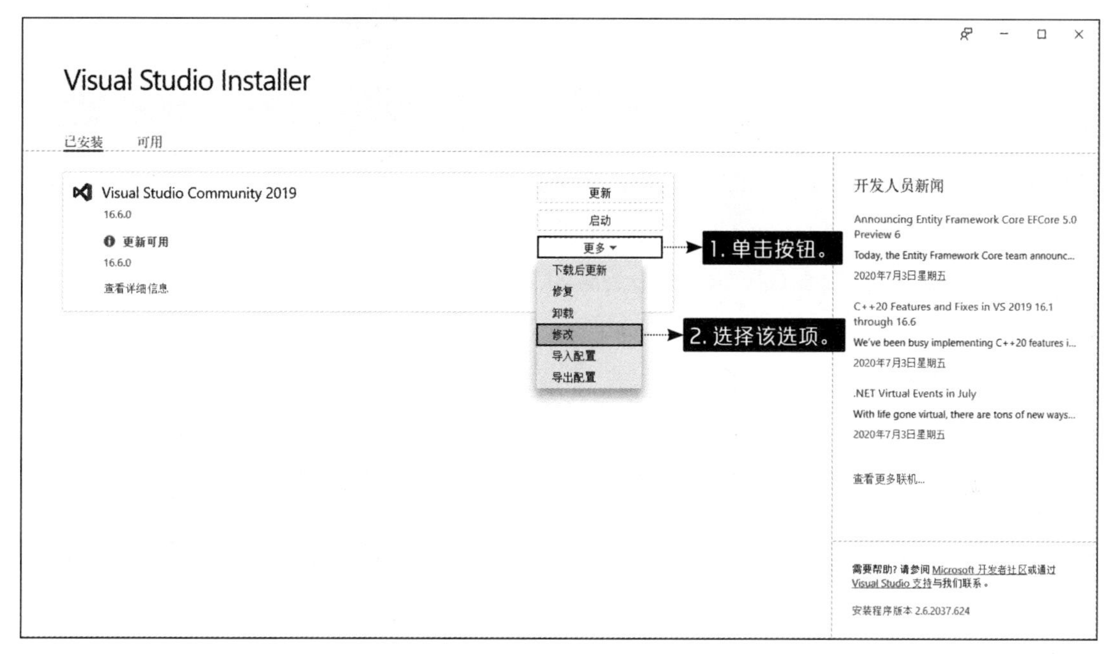

图 4-2

进入修改界面后，在界面中选择“使用 Unity 的游戏开发”工具包，并单击“修改”按钮即可下载和安装 Unity 3D 游戏开发所需的工具包，如图 4-3 所示。这里需要注意，工具包的下载和安装路径为默认路径，开发者无法进行修改。

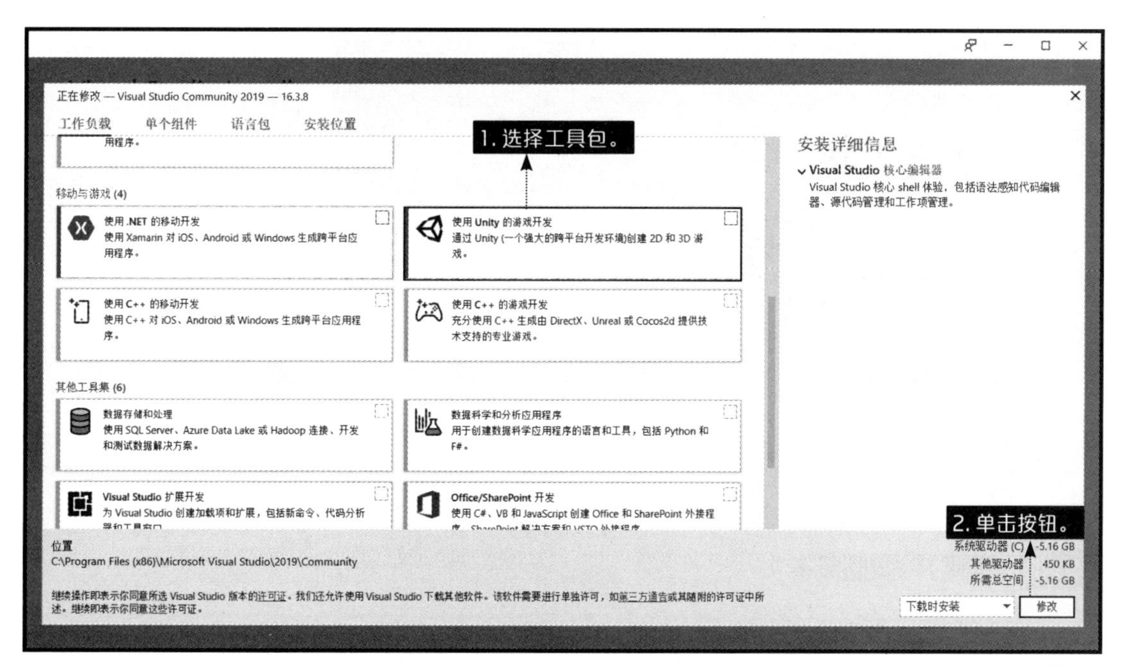

图 4-3

4.1.2 设置 Unity 3D 的编辑器

Visual Studio 安装完毕后，需要在 Unity 3D 的菜单栏中执行“Edit>Preferences”命令（见图 4-4），调出 Preferences 窗口。

调出 Preferences 窗口后，选择窗口中的“External Tools”选项，在 External Tools 菜单项中的 External Script Editor 属性旁单击“下三角”按钮，并在弹出的下拉列表中选择“Visual Studio 2019（Community）”选项（见图 4-5），即可将 Visual Studio 2019 设置为 Unity 3D 的编辑器。

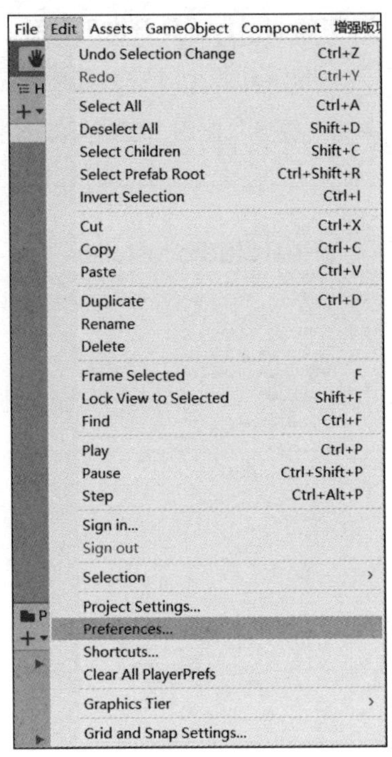

图 4-4

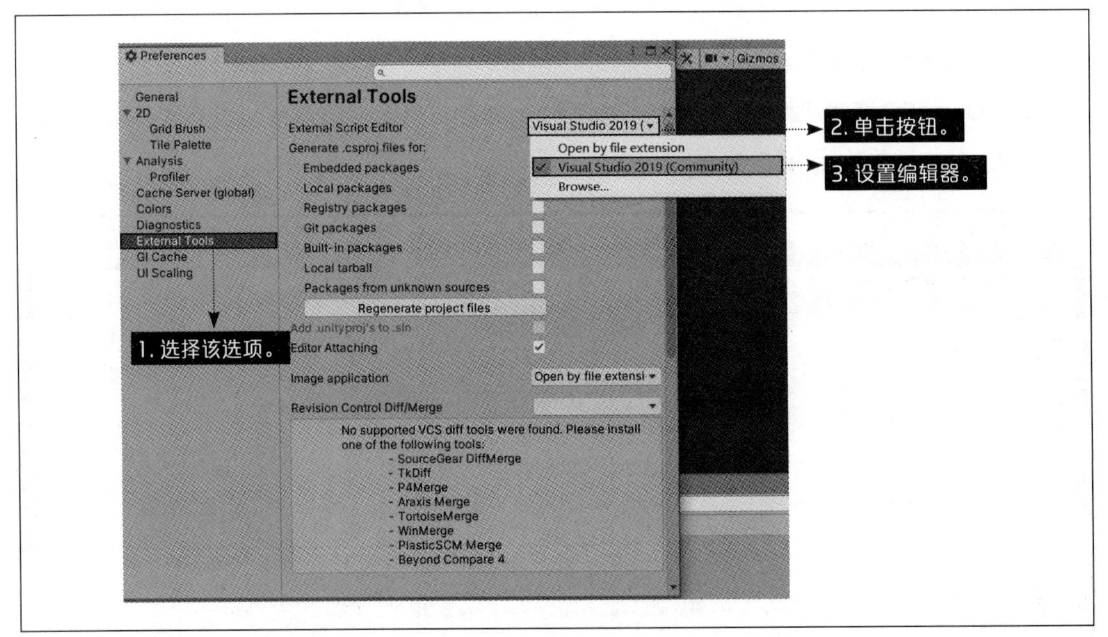

图 4-5

4.1.3 创建并添加脚本

设置编辑器后，在 Project 窗口中单击鼠标右键，然后在弹出的快捷菜单中执行“Create>C# Script”命令即可创建一个脚本，如图 4-6 所示。

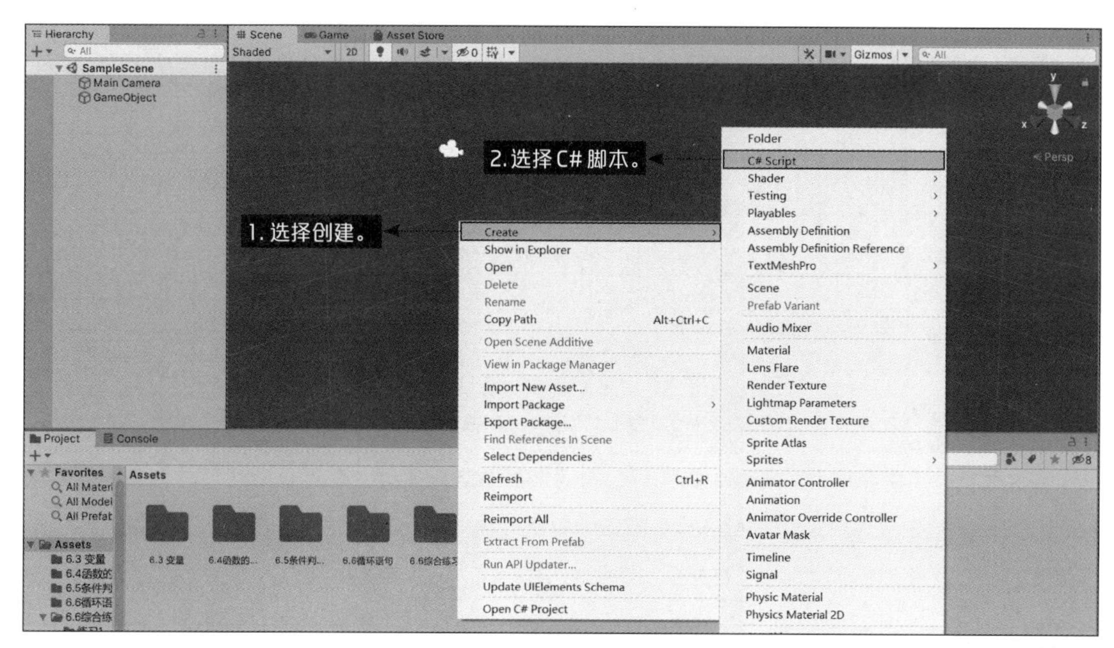

图 4-6

脚本创建完毕后，开发者可以在 Project 窗口中对脚本进行命名，如图 4-7 所示。

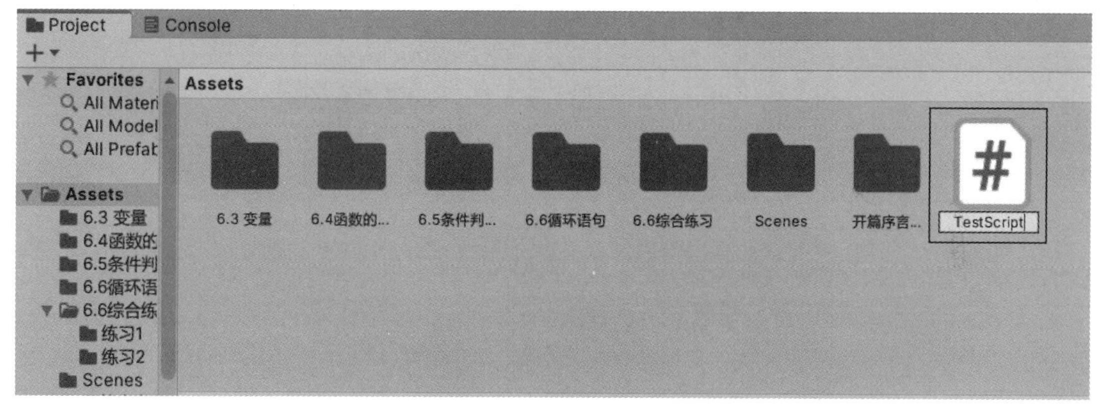

图 4-7

在 Project 窗口中双击创建完毕的脚本，即可进入 Visual Studio 编写 C# 代码。具体的代码如代码清单 1 所示。

代码清单 1

```
01. using System.Collections;
02. using System.Collections.Generic;
03. using UnityEngine;
04.
05. public class NewBehaviourScript : MonoBehaviour
06. {
07.     // Start is called before the first frame update
08.     void Start()
```

```
09.     {
10.
11.     }
12.
13.     // Update is called once per frame
14.     void Update()
15.     {
16.
17.     }
18. }
```

在这里有一点需要注意，脚本中的代码只有添加到游戏对象上，在运行游戏后才会被执行。因此，开发者需要在游戏对象的 Inspector 窗口中单击“Add Component”按钮，并在搜索栏中输入脚本的名称，将脚本添加到游戏对象上，如图 4-8 所示。

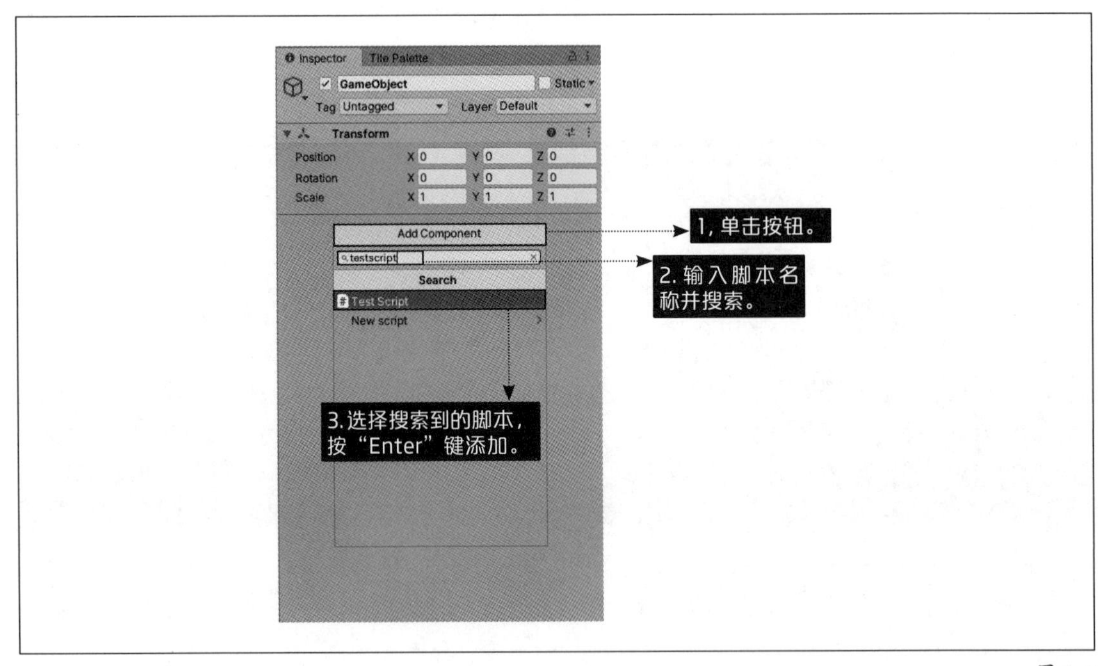

图 4-8

4.2 变量

在游戏中存在各种类型的数值，例如角色的生命数值、装备的攻击力数值、技能的伤害数值等。这些数值是游戏的重要组成因素，为了能够使用这些数值，开发者需要找一个容器将它们存储起来，这个容器在 C# 的基础语法中被称为“变量”。

4.2.1 变量的类型

在 C# 的语法中，不同类型的数值需要使用相应类型的变量进行存储，C# 中常用的数值类型有 int、float、string 这 3 种，每种类型的具体讲解如下。

int：整型，例如 1、3、6 等，用于存储整型数值的变量被称为“int 变量”或“整型变量”。

float：浮点型，例如 3.14、0.4、1.24 等，用于存储浮点型数值的变量被称为“float 变量”或“浮点型变量”。

string：字符串型，例如 abc、xyz、wasd 等，用于存储字符串型数值的变量被称为“string 变量”或“字符串型变量”。

4.2.2 定义变量

在使用变量存储数值前，开发者需要根据存储数值的类型定义变量的类型和变量的名称，并使用“=”运算符对变量的数值进行初始化（即将相应类型的数值存储到变量中），最后再使用分号结束变量的定义。具体的代码如代码清单 2 所示。

代码清单 2

```
01. int Power = 5;
```

在定义变量时，有 4 点需要开发者注意，具体的内容如下。

第一，在初始化 float 和 string 类型变量的数值时，数值的书写格式和 int 类型的变量会有所不同。初始化 float 变量的数值时，需要在数值的末尾添加一个小写的字母“f”。具体的代码如代码清单 3 所示。

代码清单 3

```
01. public class Script_06_2 : MonoBehaviour
02. {
03.         float Time = 20.5f;
04. }
```

初始化 string 变量的数值时，需要为数值添加上英文输入法状态下的双引号。具体的代码如代码清单 4 所示。

代码清单 4

```
01. public class Script_06_3 : MonoBehaviour
02. {
03.       string PlayerName = "Tony Jackman";
04. }
```

第二，无论是定义变量还是编写 C# 其他的代码，在编写完一行代码后，代码的末尾必须要加上英文输入法状态下的分号，否则 Unity 3D 会报错，导致脚本中的代码无法正常运行。

第三，在脚本中编写代码时，脚本中的符号必须在英文输入法状态下输入，否则 Unity 3D 同样会报错，影响代码的正常运行。例如定义变量的分号，必须是在英文输入法状态下输入的分号。

第四，对变量进行命名时，变量名只可以出现英文字母、阿拉伯数字和下划线，并且变量名的开头必须为英文字母或下划线。

提示

在定义变量时，开发者也可以不对变量的数值进行初始化，直接在变量名的右侧使用分号结束变量的定义。

4.2.3 算术运算符

变量之间经常需要进行加、减、乘、除等数学运算来实现游戏中不同的功能，为此开发者需要使用算术运算符。C# 语法中常用的算术运算符介绍如下。

+：两变量相加，计算两变量数值之和。当游戏中的某项数值需要增加时，一般会使用“+”运算符。例如，角色在装备新武器后，攻击力数值需要增加，这时开发者就需要使用“+”运算符计算数值增加后的结果。

-：两变量相减，计算两变量之间的差值。当游戏中的某项数值减少时，一般会使用“-”运算符。例如，角色受到敌人攻击后，生命值减少一些，这时开发者就需要使用“-”运算符计算数值减小后的结果。

：两变量相乘，计算两变量的积。当游戏中的某项数值成倍增加时，一般会使用“”运算符。例如，角色使用了特效药，生命值和魔力值都需要增加到原来的两倍，这时开发者就需要使用“*”运算符计算数值增加后的结果。

/：两变量相除，计算变量的商，并且只取商的整数部分。当游戏中的某项数值按比例（小于 1）减小时，一般会使用“/”运算符。例如，敌人释放了削弱角色攻击力的技能，角色的攻击力需要减少到原来的一半，这时开发者就需要使用“/”运算符计算数值减小后的结果。

%：两变量相除，计算变量的商，并且只取商的余数部分。在游戏中，开发者为了鼓励玩家努力击败更多的敌人，会在玩家完成当前关卡时，使用“%”运算符对玩家本关击败的敌人数量与本关敌人总数相除，然后取相除结果的余数部分作为额外的经验值奖励给玩家。

由于每种运算符的使用方法大同小异，因此这里以“+”运算符为例进行讲解。首先开发者需要选择一个运算符，然后把需要进行数学运算的变量分别放在运算符的左右两边，最后定义一个与运算变量相同类型的变量，并使用“=”运算符将结果存储到该变量中。具体的代码如代码清单 5 所示。

代码清单 5

```
01. public class Script_06_4 : MonoBehaviour
02. {
03.     int MikeMP=10;
04.     int JackMP=4;
```

```
05.     int Shier;
06.     private void Start()
07.     {
08.       Shier= MikeMP + JackMP;
09.     }
10. }
```

第 3 到第 5 行代码：定义变量。

第 8 行代码：进行加法运算，并将运算结果存储到 Shier 变量中。

提示

除了使用“+”和“-”运算符外，开发者还可以使用“+=”和“-=”运算符来计算两变量的数值之和，以及两值之差。它们的不同之处在于，“+”和“-”运算符需要使用“=”运算符将两变量的计算结果赋值给另一个变量，“+=”和“-=”运算符会自动将运算结果赋值给参与运算的第一个变量。例如“X+=2”与“X-=2”就相当于“X=X+2”和“X=X-2”。由于“+=”和“-=”的运用方法相似，这里以“+=”运算符为例进行讲解。具体的代码如代码清单 6 所示。

代码清单 6

```
01. private int a=5;
02. private void Start()
03. {
04.       a += 10;
05. }
```

第 1 行代码：定义一个 int 类型的变量 a，将变量的数值初始化为 5。

第 2 到第 5 行代码：使用“+=”运算符进行加法计算，计算的结果会默认赋值给第一个变量 a，赋值完毕后变量 a 的数值为 15。

4.2.4 变量的访问权限

在 Unity 3D 中，每个脚本可以看作一个独立的个体，而在脚本里定义的变量则可看作这些个体拥有的“财产”，并且脚本可以设置自己“财产”的访问权限，即其他的脚本是否可以使用在自己内部定义的变量。在 C# 的基础语法中，用于设置变量访问权限的关键字（又称关键词）为 private 和 public，开发者可以使用这两个关键字将变量定义为私有或公有。具体的代码如代码清单 7 所示。

代码清单 7

```
01. private int MagicPoint;
02. public int PowerPoint;
```

其中 private 关键字的作用是把变量定义为私有，即只有定义这个变量的脚本才可以使用该变量，其他的脚本则不行；public 关键字的作用是将变量定义为公有，即定义这个变量的脚本和其他的脚本都可以使用这个变量。脚本使用变量的具体方法会在第 5 章“脚本的工作机制与 Unity 3D 常用的函数和变量”中进行详细讲解。

提示

如果开发者在定义变量的时候没有使用 private 或 public 关键字对变量的访问权限进行定义，那么变量的访问权限将会默认为 private（即私有）。

除此之外，开发者为游戏对象添加了脚本后，还可在 Inspector 窗口中设置访问权限为 public 的变量的数值，按“Enter”键即可确认数值，访问权限为 private 的变量则不行，如图 4-9 所示。

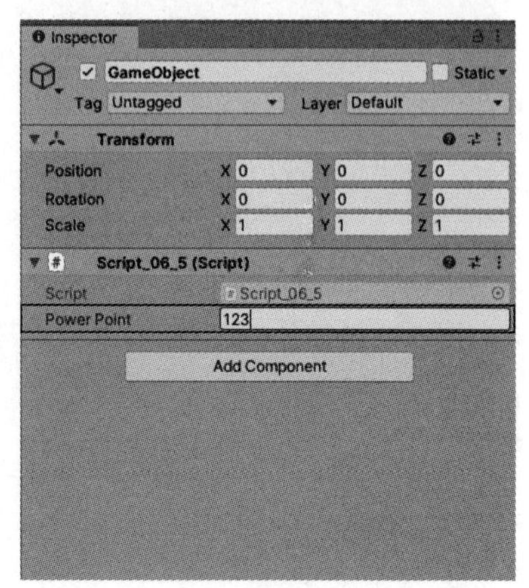

图 4-9

4.3 数组

数组是指同类型数据的集合。通常情况下，开发者会将游戏中的多个相同类型的数据存储在对应类型的数组中，然后通过这些数据在数组中的编号来访问对应的数据，以此来实现对同类型数据的统一管理。在 C# 中，常用的数组类型有 int、float、string，这里以存储 int 类型的数据为例进行讲解。具体的代码如代码清单 8 所示。

代码清单 8

```
01. private int[] a=new int[3];
02. private void Start()
03. {
04.     a[0] = 1;
05.     a[1] = 2;
06.     a[2] = 3;
07.     Debug.Log(a[2]);
08. }
```

第 1 行代码：使用数组前，开发者需要对数组进行定义，具体的方法是：在数组的类型符号前使用“[]”符号定义数组的名称；使用“=”运算符，在运算符的右边使用 new 关键字、数组的类型符号、“[]”运算符；在“[]”运算符中定义数组的长度，来决定数组最多可容纳的数据数量，这里定义的数组长度是 3，因此数组最多可容纳 3 个 int 类型的数据。

第 4 到第 6 行代码：在访问数组中的数据前，开发者需要决定数据在数组中存储的位置，数据在数组中的存储位置通常是从 0 开始编号的。在决定数据在数组中的存储位置时，开发者需要在数组名的后面使用“[]”符号，在“[]”符号中设置数据存储的位置，最后再使用“=”运算符将数据存储到数组中。

第 7 行代码：数据存储完毕后，开发者即可在数组名的后面使用“[]”符号，在“[]”符号中指定数据在数组中的位置，来访问相应位置的数据。这里访问了数组中位于第 2 个位置的数据，使用了 Debug.Log 函数，在 Console 窗口中输出了数据的数值，输出结果如图 4-10 所示。

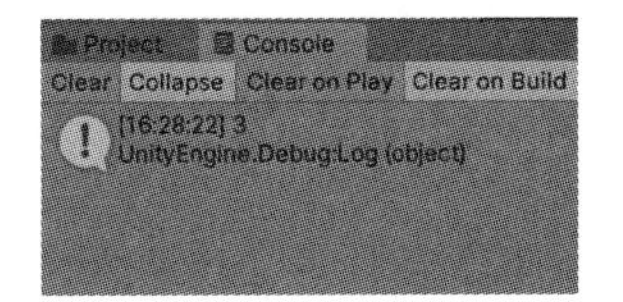

图 4-10

除了定义 int、float、string 类型的数组外，开发者还可以定义和 Unity 组件同类型、访问权限为 public 的数组，来批量地在脚本中获取组件。使用这种方法获取到的组件，可以在不使用 GetComponent 函数对对象进行初始化的情况下，直接调用对象中存储的函数和变量。例如定义一个 Rigidbody 类型、访问权限为 public 的数组，用于在脚本中批量获取组件。具体的代码如代码清单 9 所示。

代码清单 9

```
01. public Rigidbody[] rig;
```

第 1 行代码：访问权限为 public 的数组，可以不使用“=”运算符、new 关键字、“[]”运算符在脚本中对数组的长度进行设置，而是将脚本添加到游戏对象后，直接在脚本的属性面板中设置数组的长度。

定义完毕后，将脚本添加到游戏对象上。开发者可以在脚本中输入一个数值来设置数组的长度。设置完毕后数组会出现相应数量的属性，开发者可以将添加有刚体组件的游戏对象拖曳到属性中，来获取游戏对象上的刚体组件。开发者拖曳的顺序，决定了刚体组件在数组中的存储位置。例如将 ObjectA 游戏对象拖曳到 Element0 属性中，此时 ObjectA 游戏对象上的刚体组件在数组中的存储位置为 0，如图 4-11 所示。

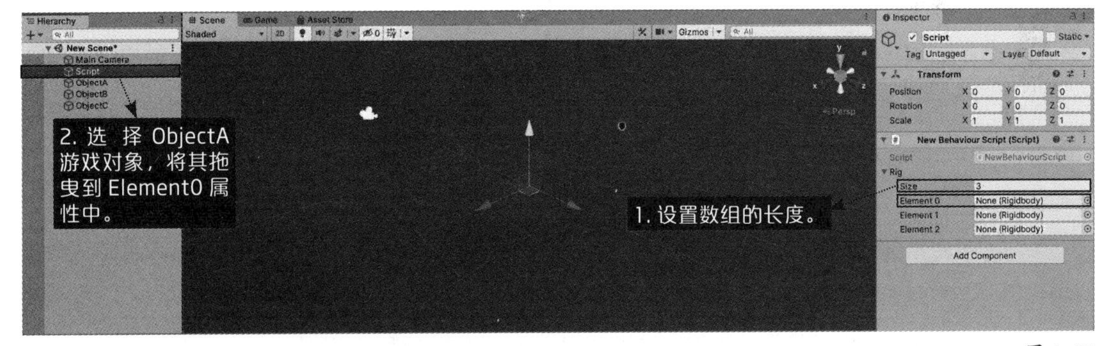

图 4-11

获取到刚体组件后，开发者可以在脚本中使用“[]”符号访问数组中存储的刚体组件，使用“.”运算符访问刚体组件中存储的函数或变量。具体的代码如代码清单 10 所示。

代码清单 10

```
01. public Rigidbody[] rig;
02. private void Start()
03. {
04.     rig[0].mass = 10f;
05. }
```

第 1 行代码：定义一个 Rigidbody 类型的数组。

第 4 行代码：调用数组名 rig；使用“[]”符号访问存储在第 0 个位置的刚体组件；使用“.”符号访问变量 mass；对变量进行赋值，以此来设置刚体组件的质量（俗称重量）。

4.4 函数

在 C# 的语法中，函数是表示一项功能的代码，游戏中执行的每一项功能对应的是脚本中的每一个函数。函数之所以能够用来执行功能，依靠的是不同 C# 语句之间的相互配合，开发者需要在函数的内部灵活地运用这些语句才可以实现游戏的功能。为此，本节将讲解如何定义和调用函数。

在调用函数实现游戏的功能前，需要在脚本中对函数进行定义。具体的代码如代码清单 11 所示。

代码清单 11

```
01. int AddMethod(int a, int b)
02. {
03.     int temp = a + b;
04.     return temp;
05. }
```

第 1 行代码：定义函数的返回值类型、函数名和函数的参数。

第 3 到第 4 行代码：运用不同的 C# 语句定义函数的功能。

定义函数的关键可分为以下 5 点。

第一，定义函数的返回值类型。每个函数的结尾都会返回一种类型的数值或变量，返回的数值或变量的类型由返回值的类型决定。C# 中常见的返回值类型有 int、float、string 和 void 4 种，其中 int、float 和 string 都是 C# 常见变量的类型，而 void 则代表没有返回值，即函数的结尾不返回任何数值。

第二，对函数进行命名。每个函数都需要有一个名称，函数名只可以由英文字母、阿拉伯数字和下划线组成，并且函数名的开头只能是英文字母和下划线。

第三，定义参数。参数是函数中的一种可调用资源，开发者可以在调用函数时，向函数中传入相应数量和类型的数值或变量作为函数的参数，传入数值或变量的数量和类型由开发者定义的参数数量和类型决定。例如，AddMethod 函数中定义了两个 int 类型的参数，那么在调用 AddMethod 函数时就需要传入两个 int 类型的数值或变量，在传入完毕后，函数就可以通过使用不同的 C# 语句调用这些参数来实现不同的功能。在此之前，开发者需要在函数名右侧的小括号中定义参数，定义的方法和定义变量相同，使用 int、float、string 等变量类型再加上参数的名称即可，参数的名称需要遵守变量的命名规则，每个参数之间需要用逗号隔开，如果只定义了一个参数则不需要使用逗号。这里值得一提的是，开发者也可以不定义参数的类型，让函数名右侧的括号保持为空。

第四，定义函数的功能。在函数名的下方使用一对大括号，开发者需要在大括号中灵活运用不同的 C# 语句定义函数的功能。例如，在代码清单 11 所示的 AddMethod 函数中，就使用“+”运算符对函数中定义的两个 int 类型的参数 a 和 b 进行了加法运算。

第五，返回数值。每个函数的结尾都会根据函数定义的返回值类型，返回相同类型的数值或变量。开发者需要用到表示返回函数数值的 return 关键字，并根据返回值的类型在 return 关键字的后面跟上相应类型的数值或变量，以及表示代码编写完毕的分号。例如代码清单 11 所示的 AddMethod 函数的返回值类型为 int，因此定义了一个 int 变量 temp，在存储了变量 a 和变量 b 进行加法运算的结果后，return 关键字返回了变量 temp。

函数定义完毕后，开发者即可调用函数执行功能。对于函数的调用，Unity 3D 有统一的规范，即无论是调用开发者自己定义的函数还是 Unity 3D 定义的函数，都需要把它们放在 Unity 3D 的生命周期函数的大括号内，脚本才会执行这些函数。根据游戏中不同的功能需求，这些生命周期函数会被分为几种不同的类型，在这里用生命周期函数中的 Start 函数作为示例，更多类型的生命周期函数将在第 5 章“脚本的工作机制与 Unity 3D 常用的函数和变量”中进行讲解。具体的代码如代码清单 12 所示。

代码清单 12

```
01. private int PowerA=15;
02. private int PowerB=12;
03.
04. void Start()
05. {
06.  AddMethod(PowerA, PowerB);
07. }
```

第 1 到第 2 行代码：定义变量。

第 4 到第 7 行代码：调用函数。

上述代码在 Start 函数的大括号内，将两个定义的 int 类型的变量作为参数传入了 AddMethod 函数中进行调用。有关调用函数的公式可以总结为“函数名 (参数 A，参数 B)”，开发者需要根据这个公式，将函数各部分的信息填入公式中，以此对函数进行调用。

其中值得一提的是，公式中的参数 A 和参数 B 分别代表传入 AddMethod 函数中的数值或变量。这些数值或变量将作为函数的参数，每个数值或变量之间需要使用逗号隔开。传入的数值或变量的数量和类型，由开发者定义的参数数量和类型决定。如果函数没有定义的参数，那么在调用函数时就不需要传入任何的数值或变量，让函数名右侧的小括号为空即可。

如果函数的返回值类型不是 void，那么开发者可以定义一个和函数返回值类型相同的变量，例如 int、float、string 等，并使用“=”运算符对函数的返回值进行存储，利用这种方法开发者可以实现一些功能。例如，定义一个 int 类型的变量 FinalPower 用来存储 AddMethod 函数返回的数值，并调用 Unity 3D 定义的 Debug.Log 函数。该函数的作用是在 Console 窗口中根据传入的参数来输出相应的语句，当传入的参数是一个数值或变量时，在 Console 窗口中输出的就是相应的数值，以及相应变量中存储的数值。例如，将存储有函数返回值的变量 FinalPower 作为参数传入 Debug.Log 函数中，那么在 Console 窗口中输出的语句则是变量 FinalPower 存储的数值。具体的代码如代码清单 13 所示。

代码清单 13

```
01. private int FinalPower;
02. private void Start()
03. {
04.     FinalPower = AddMethod(PowerA, PowerB);
05.     Debug.Log(FinalPower);
06. }
```

第 1 行代码：定义变量。

第 4 到第 5 行代码：使用变量存储函数的返回值，并调用 Debug.Log 函数输出变量的数值。

运行游戏后，上述代码在 Console 窗口的输出结果如图 4-12 所示。开发者可在 Project 窗口标签右边单击 Console 窗口的标签，浏览 Debug.Log 函数在 Console 窗口中输出的内容。

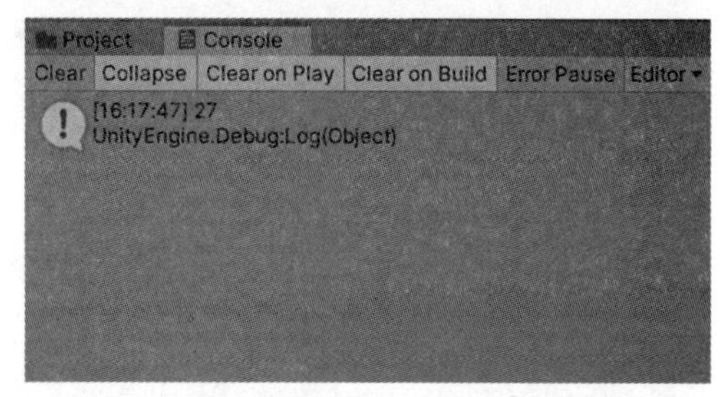

图 4-12

当传入 Debug.Log 函数的参数是一段由中文或英文组成的字符串时，在 Console 窗口中输出的则是该字符串。具体的代码如代码清单 14 所示。

代码清单 14

```
01. private void Start()
02. {
03.     Debug.Log("Hello World");
04. }
```

上述代码在 Console 窗口中的输出结果如图 4-13 所示。

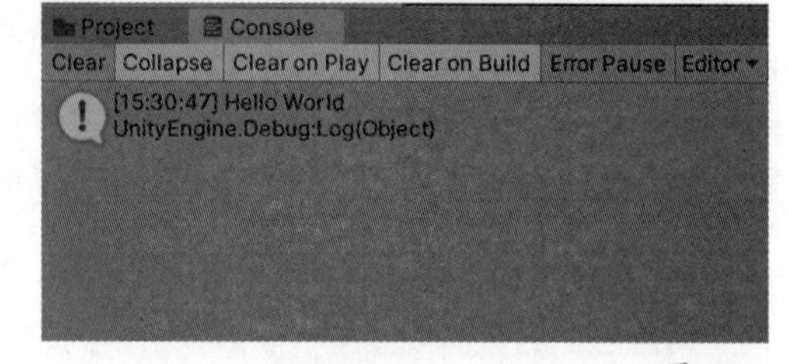

图 4-13

开发者可以通过 private 和 public 关键字来设置函数的访问权限，函数的访问权限默认为 private，即私有。具体的代码如代码清单 15 所示。

代码清单 15

```
01. private void HealMethod()
02. {
```

```
03.     float a = 10;
04.     float b = 2;
05.     float c = 9;
06.
07.     a = b - c;
08.     Debug.Log(a);
09. }
10. public int PowerMethod(int a, int b)
11. {
12.     int c = a + b;
13.     return c;
14. }
```

当函数的访问权限为私有时，只有定义该函数的脚本才可以调用这个函数，其他的脚本则不行。访问权限为 public（即公有）时，定义该函数的脚本和其他的脚本都可以调用这个函数。脚本调用函数的具体方法会在第 5 章“脚本的工作机制与 Unity 3D 常用的函数和变量”中进行讲解。

在游戏中，有些功能会在执行到一定程度后暂停几秒，然后才会继续执行。例如在 FPS 游戏中每隔一段时间就会刷新地上的装备，MOBA 游戏中每隔一段时间就会刷 3 路的兵线等。使用普通函数是不能实现这种具有一定时间间隔的功能的执行的，因此我们需要用到一个新的函数类型：协程函数。协程函数和普通函数的区别是：协程函数可以在代码执行到一半时先暂停几秒，然后继续执行后面的代码；而普通函数在执行代码的过程中则不能暂停。这里以第 1 秒刷新兵线、5 秒后刷新装备为例，讲解协程函数的用法。具体的代码如代码清单 16 所示。

代码清单 16

```
01. private IEnumerator function()
02. {
03.     Debug.Log("兵线已刷新");
04.     yield return new WaitForSeconds(5);
05.     Debug.Log("装备已刷新");
06. }
07. private void Start()
08. {
09.     StartCoroutine(function());
10. }
```

第 1 行代码：使用协程函数前，开发者需要使用 IEnumerator 关键字定义协程函数，函数名需要满足变量的命名规则。

第 3 到第 5 行代码：编写协程函数执行的代码，以及设置执行暂停的时间。这里先使用 Debug.Log 函数在 Console 窗口中输出“兵线已刷新”这句话；在 yield return new WaitForSeconds 语句的小括号内设置暂停的数值，这里设置的暂停数值是 5，当代码执行到 yield return new

WaitForSeconds 语句时，协程函数会暂停代码的执行，5 秒后才会继续执行后面的代码；调用 Debug.Log 函数在 Console 窗口中输出“装备已刷新”这句话。

第 9 行代码：协程函数和普通函数的调用方式存在着一些差异，开发者需要将协程函数放到 StartCoroutine 函数中才能执行。

代码清单 16 的执行结果如图 4-14 所示。

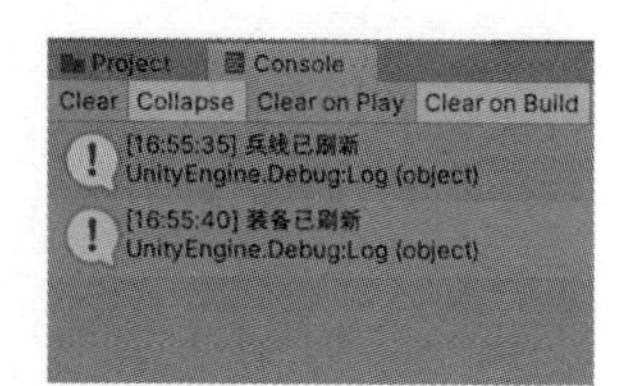

图 4-14

4.5 条件判断语句

游戏中的许多功能都需要满足一定的条件才会执行，例如角色需要等待玩家按下键盘的“W”键、“A”键、“D”键、“S”键后才会移动，背包中的物品需要等待玩家单击“确认”按钮后才可以使用等。为此，开发者需要使用 C# 的条件判断语句来设置这些功能的执行条件，本节将详细讲解 C# 常用的条件判断语句。

4.5.1 if 语句

if 语句是最常见的条件判断语句。在 if 语句的右侧和下方分别有一对小括号和一对大括号，其中小括号用于设置代码的执行条件，而大括号则用于编写当执行条件成立后执行的代码。为此，开发者需要先在小括号中使用条件运算符，通过对变量进行条件运算来设置 if 语句的执行条件，其中用于进行条件运算的变量被称为“条件变量”。具体的代码如代码清单 17 所示。

代码清单 17

```
01. if (MP < 1f)
02. {
03.     Debug.Log("Hello World");
04. }
```

第 1 行代码：在 if 语句的小括号中使用条件运算符。

在这里有一点需要注意，if 语句必须要放在 Unity 3D 的生命周期函数或开发者自定义函数的大括号内才会被执行。如果开发者将 if 语句放在了自定义函数的大括号内，那么在生命周期函数的大括号内对该函数进行调用后，if 语句才会执行，并且除 if 语句外的其他 C# 语句也是如此。具体的代码如代码清单 18 所示。

代码清单 18

```
01. public float MP;
02. private void Method1()
03. {
```

```
04.  if (MP < 1f)
05.     {
06.       Debug.Log("Hello World");
07.     }
08. }
09. private void Start()
10. {
11. Method1();
12. }
```

第 2 到第 8 行代码：在函数中使用 if 语句。

第 9 到第 12 行代码：在 Start 函数的大括号内调用函数。

介绍完如何使用 if 语句后，接下来将详细讲解 C# 常用的条件运算符，以及如何使用这些运算符设置 if 语句的执行条件。

1. “>”和“<”运算符

“>”和“<”运算符的作用是比较变量数值的大小，其中“>”为大于，“<”为小于。如果比较的结果成立，就执行 if 语句下方大括号内的代码。这里以“>”运算符的实际应用为例进行讲解。具体的代码如代码清单 19 所示。

代码清单 19

```
01. if (WeaponWeight > 8f)
02. {
03.     Debug.Log("你身上的装备数量已超出了角色最大的负重，请适当地卸下装备");
04. }
```

上述代码所实现的功能为通过判断 if 语句的执行条件 WeaponWeight>8f 是否成立，来决定大括号下的代码是否执行。如果条件成立，就在 if 语句的大括号内使用 Debug.Log 函数，在 Console 窗口中将输出“你身上的装备数量已超出了角色最大的负重，请适当地卸下装备”这句话，如图 4-15 所示。这里需要注意的是，输出的“语句”必须要在 Debug.Log 函数右侧的小括号中用英文输入法状态下的双引号引起来，如代码清单 20 所示。

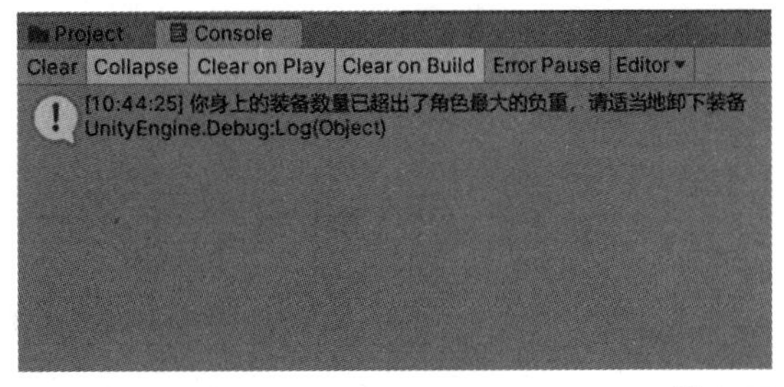

图 4-15

提示

开发者可在脚本中将变量 WeaponWeight 的访问权限设置为 public，并在 Inspector 窗口设置变量的数值，以此来控制 if 语句是否输出图 4-15 所示的这句话。例如将变量 WeaponWeight 设置为一个小于 8 的数值，那么 if 语句就不会输出图 4-15 所示的话。

2. “==”运算符

“==”运算符的作用是比较运算符两边变量的数值是否相等，如果相等，则执行 if 语句大括号内的代码。具体的代码如代码清单 20 所示。

代码清单 20

```
01. if (PlayerAscore == PlayerBscore)
02. {
03.     Debug.Log(" 两位玩家的分数相同，本局胜负为平局 ");
04. }
```

上述代码执行的功能为判断变量 PlayerAscore 和变量 PlayerBscore 的数值是否相等，如果相等，就执行 if 语句大括号内的代码，将“两位玩家的分数相同，本局胜负为平局”这句话输出在 Console 窗口中，如图 4-16 所示。

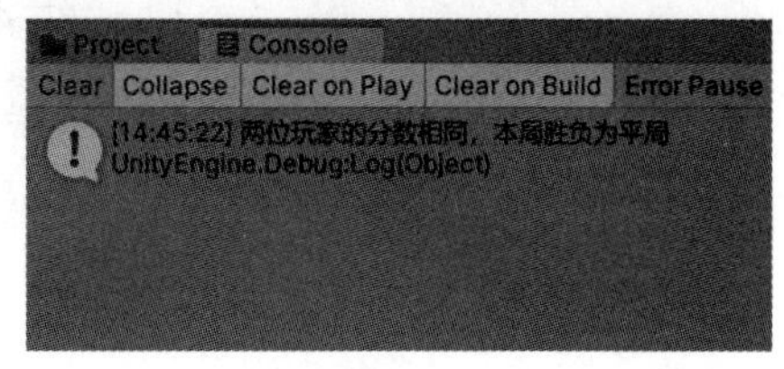

图 4-16

3. “!=”运算符

“!=”运算符的作用为判断两个变量的数值是否不等，如果不等，就执行 if 语句大括号内的代码。具体的代码如代码清单 21 所示。

代码清单 21

```
01. if (passWord != YourInput)
02. {
03.    Debug.Log(" 密码不正确，请重新输入 ");
04. }
```

上述代码执行的功能为判断变量 passWord 的数值是否不等于变量 YourInput 的数值，如果不等，则执行 if 语句大括号内的代码，并在 Console 窗口中输出“密码不正确，请重新输入”这句话，如图 4-17 所示。

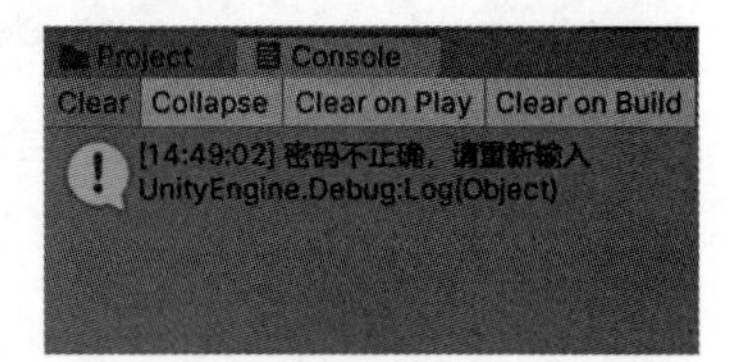

图 4-17

4. “>=”和“<=”运算符

“>=”和“<=”运算符的作用分别是比较变量的数值是否大于或等于，以及是否小于或等于某项数值。其中“>=”运算符用于比较变量的数值是否大于或等于某项数值，“<=”运算符用于比较变量的数值是否小于或等于某项数值，如果是，就执行 if 语句大括号内的代码。这里以“>=”运算符为例进行讲解。具体的代码如代码清单 22 所示。

代码清单 22

```
01. if (Exp >= 10f)
02. {
03.     Debug.Log(" 经验值已满，恭喜你升级成功 ");
04. }
```

上述代码执行的功能为判断变量 Exp 的数值是否大于或等于 10f，如果是，就执行 if 语句大括号内的代码，并在 Console 窗口中输出“经验值已满，恭喜你升级成功”这句话，如图 4-18 所示。

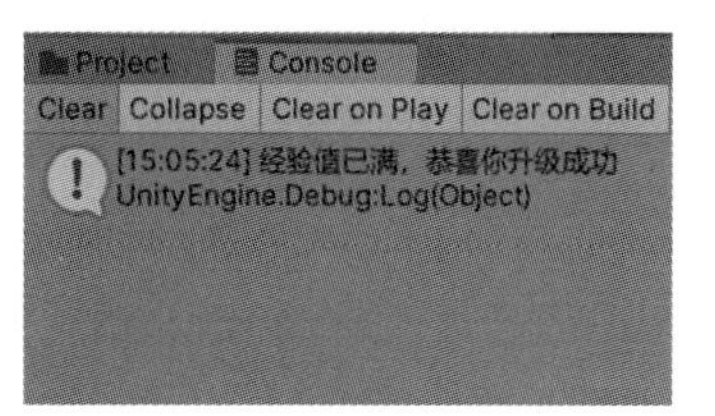

图 4-18

5. “&&”运算符

“&&”运算符的作用为判断两个执行条件是否同时成立。开发者需要在“&&”运算符的左右两边分别设置两个执行条件，并且只有在这两个执行条件都成立的情况下，才会执行 if 语句大括号内的代码。具体的代码如代码清单 23 所示。

代码清单 23

```
01. if (MP > 10 && HP < 20)
02. {
03. Debug.Log("释放终极大招");
04. }
```

从上述代码可以看出，“&&”运算符的左右两边使用“>”和“<”运算符设置了两个执行条件，分别对变量 MP 和变量 HP 的数值进行判断。只有在两边执行条件都成立的情况下才会执行 if 语句大括号内的代码，并在 Console 窗口中输出“释放终极大招”这句话，如图 4-19 所示。

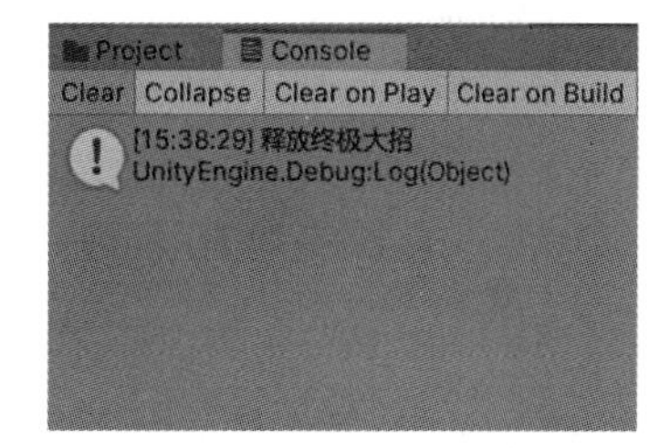

图 4-19

6. “||”运算符

“||”运算符的作用为对位于该运算符左右两边的执行条件进行判断，如果两个执行条件的其中一个成立，就执行 if 语句大括号内的代码。具体的代码如代码清单 24 所示。

代码清单 24

```
01. if (MP > 5 || HP < 10)
02. {
03. Debug.Log("角色释放了普通技能");
04. }
```

上述代码执行的功能为判断位于“||”运算符左右两边的执行条件 MP>5 和 HP<10 是否有一个成立，如果有，就执行 if 语句大括号内的代码，并在 Console 窗口中输出“角色释放了普通技能”这句话，如图 4-20 所示。

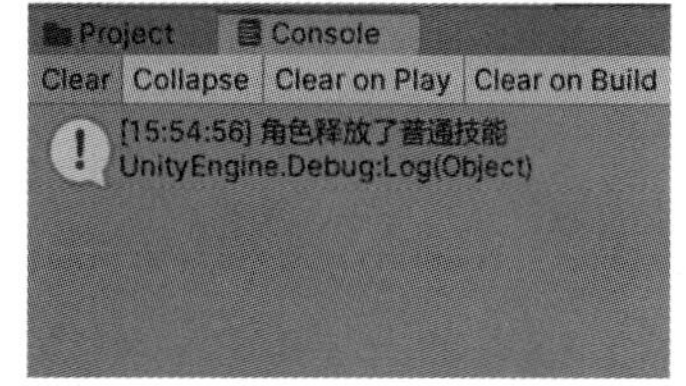

图 4-20

4.5.2 if...else 和 if...else if...else 语句

如果在 if 语句小括号内的执行条件不成立的情况下，还有其他的代码需要执行，则可以使用 if...else 或 if...else if...else 语句，本小节会对这两种语句的使用方法进行详细的讲解。

1. if...else 语句

if...else 语句的语法结构和 if 语句相似，不同之处在于 if...else 语句在 if 语句原有的基础上新增了一条 else 语句，并且在 else 语句的下方会有一对大括号。具体的代码如代码清单 25 所示。

代码清单 25

```
01. private void Start()
02. {
03.     if (Power > WeaponWeight)
04.     {
05.
06.     }
07.     else
08.     {
09.
10.     }
11. }
```

开发者可以在 else 语句的大括号内写下实现功能的代码，当 if 语句小括号内的执行条件不成立时，就执行 else 语句大括号内的代码。具体的代码如代码清单 26 所示。

代码清单 26

```
01. private void Start()
02. {
03.     if (Power > WeaponWeight)
04.     {
05.         Debug.Log("已装备该武器");
06.     }
07.     else
08.     {
09.         Debug.Log("装备的质量超出了角色的负重值，无法装备");
10.     }
11. }
```

上述代码使用 if...else 语句实现了一个简单的功能选择，当 if 语句小括号内的 Power>WeaponWeight 执行条件不成立时，就执行 else 语句大括号内的代码，并在 Console 窗口中输出“装备的质量超出了角色的负重值，无法装备”这句话，如图 4-21 所示。

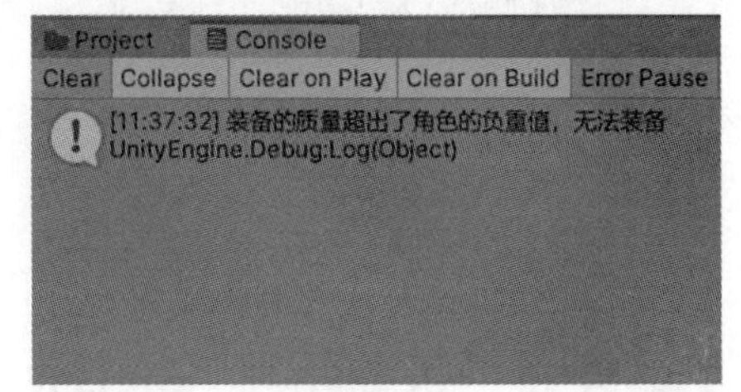

图 4-21

2. if...else if...else 语句

if...else if...else 语句的语法结构和 if...else 语句相似，不同之处在于 if...else if...else 语句在

if 和 else 语句之间新增了一条 else if 语句，并且在 else if 语句的右侧会有一对设置执行条件的小括号，以及语句下方的一对大括号，用于编写执行条件成立后需要执行的代码。具体的代码如代码清单 27 所示。

代码清单 27

```
01. private void Start()
02. {
03.     if (MP < 1f)
04.     {
05.
06.     }
07.     else if(MP<4)
08.     {
09.
10.     }
11.     else
12.     {
13.
14.     }
15. }
```

开发者可在 else if 语句的小括号和大括号内，分别写下执行条件和执行条件成立后需要执行的代码。当 if 语句小括号内的执行条件不成立时，就会判断 else if 语句右侧小括号内的执行条件是否成立。如果成立，那么就去执行 else if 大括号内的代码。如果不成立，就会去执行 else 语句大括号内的代码。具体的代码如代码清单 28 所示。

代码清单 28

```
01. private void Start()
02. {
03.     if (MP < 1f)
04.     {
05.         Debug.Log(" 你的魔力值不够，无法释放技能 ");
06.     }
07.     else if (MP < 4f)
08.     {
09.         Debug.Log(" 你当前的魔力值较少，技能的伤害减半 ");
10.     }
11.     else
12.     {
13.         Debug.Log(" 魔力值已满，释放技能：突刺 ");
14.     }
15. }
```

上述代码使用 if...else if...else 语句实现了判断一个角色能否释放技能的功能。在这段代码中，if...else if...else 语句会分别根据 if 语句和 else if 语句小括号内的执行条件是否成立，来控制各自语句大括号内代码的执行。如果 if 语句的执行条件“MP<1f”成立，就执行 if 语句大括号内的代码，在 Console 窗口中输出“你的魔力值不够，无法释放技能”这句话。如果 if 语句的执行条件不成立，就判断 else if 语句的执行条件是否成立，如果成立，则执行 else if 语句大括号内的代码，在 Console 窗口中输出“你当前的魔力值较少，技能的伤害减半”这句话。如果 if 语句和 else if 语句的执行条件都不成立，就去执行 else 语句大括号内的代码，在 Console 窗口中输出“魔力值已满，释放技能：突刺”这句话。else if 语句的执行条件成立后，输出的结果如图 4-22 所示。

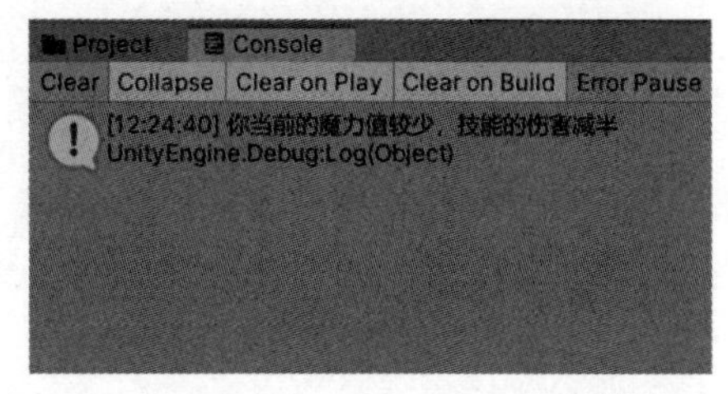

图 4-22

这里有一点需要注意，开发者可以在 if 和 else 语句的中间插入多条 else if 语句，这些 else if 语句的顺序决定了它们的执行顺序。例如只有在第 1 条 else if 语句的执行条件不成立时，才会执行第 2 条 else if 语句，如果第 2 条 else if 语句的执行条件也不成立，则去执行第 3 条，以此类推。如果所有 else if 语句的执行条件都不成立，就去执行 else 语句大括号内的代码。具体的代码如代码清单 29 所示。

代码清单 29

```
01. private void Start()
02. {
03.     if (HP > 10)
04.     {
05.         Debug.Log("角色生命值处在满状态，玩家可自由操作角色");
06.     }
07.     else if (HP > 8)
08.     {
09.         Debug.Log("角色损失了部分的生命值，但还是处在健康状态，玩家可以自由操作角色");
10.     }
11.     else if (HP > 5)
12.     {
13.         Debug.Log("角色损失的生命值过半，请玩家注意自己的操作");
14.     }
15.     else
16.     {
17.         Debug.Log("角色已损失掉了所有的生命值，游戏结束");
18.     }
19. }
```

4.5.3 switch 语句

在游戏中，一种功能在不同的状态下可能会对应不同的执行结果。例如格斗游戏的选人功能，玩家需要在游戏的选人界面根据角色的生命值上限、护甲数值和招式动作等信息对角色进行选择。当玩家决定要选的角色后，游戏会更新画面并显示相应的角色模型，其中玩家的选择对应的就是选人功能不同的状态，而画面中更新的模型则对应的是不同状态下执行的结果，类似"一对多"的功能通常会使用 switch 语句来实现。

为此，开发者需要先定义一个条件变量，变量的类型可以是 int、float、string 等，并且在 switch 语句的大括号内使用 case 关键字，然后根据条件变量的类型，以及在执行过程中可能会出现的数值，列举出相应的状态，并且每个状态的后面需要加上一个冒号。例如：变量的类型为 int 时，列举的状态就应该是 1、3、4；类型为 float 时，状态是 10.4f、14.9f、22.3f；类型为 string 时，状态则是 "abc" "xyz" "wasd"。列举完不同的状态后，开发者需要编写在这些状态下执行的代码，并在编写完毕后使用 break 关键字结束列举状态。当条件变量的数值和 switch 语句中列举的状态相等时，switch 语句就会去执行相关状态下的代码。具体的代码如代码清单 30 所示。

代码清单 30

```
01. public int PlayerSelect;
02.     private void Update()
03.     {
04.         switch (PlayerSelect)
05.         {
06.             case 0:
07.                 Debug.Log(" 玩家当前选择的角色：杰西 ");
08.                 break;
09.             case 1:
10.                 Debug.Log(" 玩家当前选择的角色：麦克 ");
11.                 break;
12.             case 2:
13.                 Debug.Log(" 玩家当前选择的角色：尼禄 ");
14.                 break;
15.             case 3:
16.                 Debug.Log(" 玩家当前选择的角色：杰克 ");
17.                 break;
18.         }
19.     }
```

第 1 行代码：定义条件变量。

第 4 行代码：将条件变量放在 switch 语句右侧的小括号内。

第 6 行代码：使用 case 关键字列举出相应的状态。

第 7 行代码：在相应的状态下，编写执行功能的代码。

第 8 行代码：使用 break 关键字结束列举状态。

上述代码运用 switch 语句实现了一个简单的选人功能，选人的结果会在 Console 窗口中用输出一句话的形式展示出来。当条件变量的数值和 switch 语句中列举的状态相等时，switch 语句就会执行相应状态下的代码。这里开发者可以把条件变量 PlayerSelect 的访问权限设置为 public，通过在 Inspector 窗口中修改条件变量数值的方式，在 Console 窗口中查看变量数值在不同情况下的输出。

例如，当条件变量 PlayerSelect 的数值为 0，那么 switch 语句就会自动去匹配相应状态下执行的代码，即在 Console 窗口中输出“玩家当前选择的角色：杰西”这句话，如图 4-23 所示 。

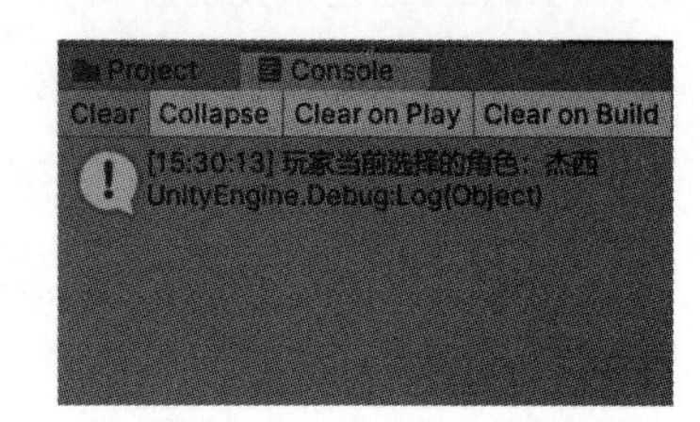

图 4-23

这里有一点需要注意，代码清单 29 中的代码需要放在生命周期函数的 Update 函数下执行，具体原因会在第 5 章“脚本的工作机制与 Unity 3D 常用的函数和变量”中讲解。

4.6 循环语句

在游戏中经常会有一些需要重复执行的功能，例如 MOBA 游戏每隔一段时间就会刷新上、中、下 3 路的小兵；RPG 的角色在喝下恢复生命值的药水后，角色生命值的恢复速度会在接下来的一段时间内变快。为此，开发者需要使用 C# 中的循环语句，本节会对 C# 常用的循环语句进行详细的讲解。

4.6.1 while 语句

while 语句是最基本的循环语句，它的语法结构和 if 语句相似。在 while 语句的右侧有一对用于设置执行条件的小括号，并且语句的下方有一对大括号，用于编写执行条件成立后重复执行的代码。其中，用于设置执行条件的变量被称为“循环变量”，变量的类型一般是 int 类型，并且所有的循环变量都需要在定义变量的阶段进行初始化。具体的代码如代码清单 31 所示。

代码清单 31

```
01. private int SpawnEnemy=1;
02. private void Start()
03. {
04.     while (SpawnEnemy<10)
05.     {
06.         Debug.Log(" 这是第 "+SpawnEnemy+" 波敌人 ");
07.     }
08. }
```

第 1 行代码：定义循环变量，并设置变量的数值。

第 4 行代码：设置执行条件。

第 6 行代码：编写执行条件成立后执行的代码。

上述代码实现的是一个重复刷新敌人的功能。当执行条件成立后，while 语句会重复执行大括号内的代码刷新敌人，并且刷新的结果会用 Debug.Log 函数在 Console 窗口中以输出一段话的形式来展示。

这里有一点需要开发者注意，当前的代码没有办法让执行条件 SpawnEnemy<10 不成立，即让循环变量 SpawnEnemy 的数值大于或等于 10。这会使得 while 语句的执行条件一直成立，大括号内的代码会被永远执行下去，从而导致程序进入无限循环，影响游戏的正常运行。

为此，开发者需要在大括号内最后一段代码的后面使用“++”或“--”运算符；每执行完一次大括号内的代码，就修改循环变量的数值，让循环执行的功能可以有结束的机会。其中，有关“++”运算符的具体代码如代码清单 32 所示。

代码清单 32

```
01. private void Start()
02. {
03.     while (SpawnEnemy<10)
04.     {
05.         Debug.Log("这是第"+SpawnEnemy+"波敌人");
06.         SpawnEnemy++;
07.     }
08. }
```

有关“--”运算符的具体代码如代码清单 33 所示。

代码清单 33

```
01. private void Start()
02. {
03.     while (SkillPoint > 0)
04.     {
05.         Debug.Log("角色当前剩余的技能点数：" + SkillPoint);
06.         SkillPoint--;
07.     }
08. }
```

在上述两段代码中，“++”和“--”运算符分别以不同的方式修改循环变量的数值。“++”运算符的作用是让变量在原来数值的基础上加 1，而“--”运算符则表示变量在原来数值的基础上减 1。

开发者需要根据 while 语句设置的执行条件来选择相应的运算符。例如代码清单 32 所示的 while 语句的执行条件为 SpawnEnemy<10，那么结束循环执行的条件就应该是循环变量

SpawnEnemy 数值大于或等于 10，因此在大括号的末尾应该使用“++”运算符，让循环变量的数值自动加 1。而代码清单 33 所示的 while 语句的执行条件为 SkillPoint>0，那么结束循环执行的条件就应该是循环变量 SkillPoint 数值小于或等于 0，因此需要在大括号末尾使用“--”运算符，让变量的数值自动减 1。

理解了“++”和“--”运算符如何控制循环结束后，开发者可以利用这两个运算符的特点实现一些功能。例如，代码清单 32 所示的代码就利用了“++”运算符让变量 SpawnEnemy 的数值在原来的基础上自动加 1，然后把变量 SpawnEnemy 作为参数传入 Debug.Log 函数中，更新了刷新敌人的次数。代码清单 32 在 Console 窗口中的输出结果如图 4-24 所示。

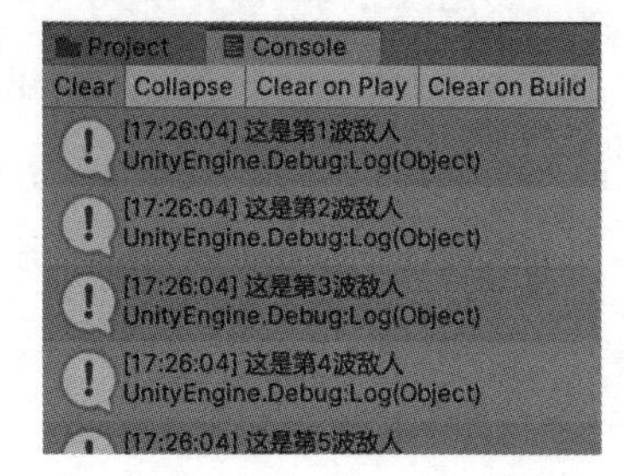

图 4-24

为了实现图 4-24 所示的文字和变量数值相结合的输出效果，开发者需要使用 Debug.Log 函数的格式化输出。格式化输出的公式可以总结为“字符串 + 变量 + 字符串”，其中字符串是指输出结果文字部分的内容，并且变量和文字之间需要使用“+”运算符隔开。具体的代码如代码清单 34 所示。

代码清单 34

```
01. Debug.Log("这是第 " + SpawnEnemy + " 波敌人");
```

4.6.2 do...while 语句

do...while 语句可以看作一种特殊的 while 语句，两者的区别是：while 语句需要先对执行条件进行判断，并且在判断成立后才会去执行大括号内的代码；而 do...while 语句则是先执行大括号内的代码，然后再判断执行条件是否成立，如果不成立，那么下一次就不再重复执行大括号内的代码。

在语法结构上 do...while 语句比 while 语句多出了一个 do 关键字，用于编写重复执行代码的大括号被放在了 do 关键字的下方，而 while 语句和设置执行条件的小括号则放在了 do 关键字下的大括号后。为了避免出现语法错误，开发者在设置执行条件后，需要在 while 小括号的末尾添加一个分号。需要注意的是，do...while 语句和 while 语句一样，为了避免程序进入无限循环状态，开发者需要根据执行条件的实际情况，在大括号内最后一段代码的后面使用“++”或“--”运算符改变循环变量的数值。具体的代码如代码清单 35 所示。

代码清单 35

```
01. private void Start()
02. {
03.     do
04.     {
05.         Debug.Log("成功击中敌人！反弹次数 +1！当前剩余的反弹次数为" + (MaxBounceCount -
BounceCount));
```

```
06.          BounceCount++;
07.      }
08.      while (BounceCount > 0 && BounceCount < MaxBounceCount);
09. }
```

第 3 行代码：do 关键字。

第 5 到第 6 行代码：重复执行的代码。

第 8 行代码：执行条件。

上述代码实现的功能是 FPS（First-Person Shooting，第一人称射击类）游戏中具有反弹能力的特殊子弹，子弹在发射出去后会在敌人之间进行多次反弹，尽可能对更多的敌人造成伤害，直到子弹的反弹次数用尽。它适合运用在敌人数量较多且密集的时候。代码实现的结果会在 Console 窗口中以输出一句话的方式呈现。当执行条件成立时，就调用 Debug.Log 函数在 Console 窗口输出相应的语句，以表示子弹反弹后击中了敌人，并更新子弹剩余的反弹次数，如图 4-25 所示。

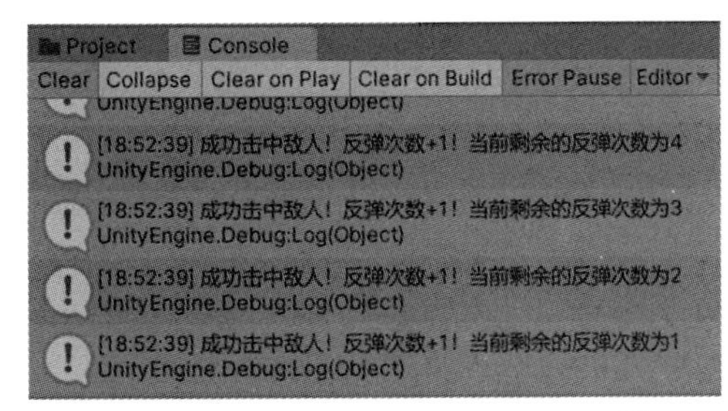

图 4-25

4.6.3 for 语句

for 语句和 while、do...while 语句作用基本相同，不同之处在于 for 语句把循环变量的定义、循环条件的设置和改变循环变量数值的代码都放在了 for 语句的小括号内，并且这些代码之间都会用分号隔开。和 while、do...while 语句相比，for 语句的代码更加整洁。具体的代码如代码清单 36 所示。

代码清单 36

```
01. for (int i = 0; i < ItemCount; i++)
02. {
03. int temp = i + 1;
04. Debug.Log(" 已消耗 "+temp+" 瓶生命药水 ");
05. }
```

第 1 行代码 int i=0：定义循环变量。

第 1 行代码 i<ItemCount：设置执行条件。

第 1 行代码 i++：改变循环变量的数值。

上述代码实现的是一个 RPG 角色使用生命药水的功能，使用生命药水的结果会在 Console 窗口中以输出一句话的方式来呈现。当 for 语句中设置的执行条件成立时，就重复调用 Debug.Log 函数，输出“已消耗 X 瓶生命药水”，如图 4-26 所示。

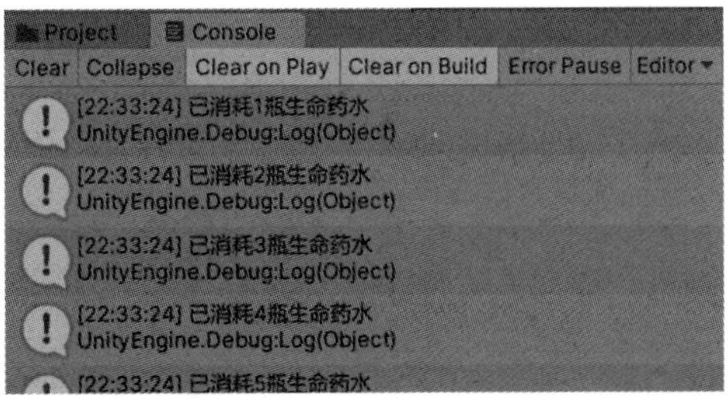

图 4-26

4.7 本章总结

本章主要讲解了 C# 的基础语法，为使用脚本控制游戏对象上的组件实现游戏功能打下了基础。下一章将会讲解如何使用本章介绍的 C# 基础语法来控制组件实现游戏的功能，以及如何使用脚本控制组件的工作机制。

脚本的工作机制与 Unity 3D 常用的函数和变量

在第 4 章“脚本和 C# 的基础语法”中讲解了许多 C# 常用的基础语法，为使用脚本实现游戏功能打下了基础。本章会在第 4 章的基础上进一步讲解如何利用脚本的工作机制与 Unity 3D 常用的函数和变量来实现游戏的功能。

5.1 面向过程和面向对象

在正式开始讲解本章内容前，首先需要了解面向过程和面向对象两种编程思路。其中，面向过程是指开发者在实现功能时，思考的是自己如何把功能实现出来。为此，开发者需要从零开始编写代码，并且清楚每一行代码的作用，只要有一行代码编写不正确，那么整个功能都将无法实现，因此面向过程的编程思路对开发者的编程功底有着较高的要求。

面向对象是指开发者在实现功能时，思考的是让“谁”代替自己去实现这项功能。这个“谁”被称为“对象”。对象会自动去实现开发者所需的功能，开发者无须从零开始编写代码，也不需要了解对象实现功能的整个过程。因此面向对象的编程思路对开发者编程功底的要求较低，而 Unity 3D 正是使用面向对象编程的思路来实现游戏功能的。

5.1.1 如何面向对象

介绍完面向对象的概念后，本小节将会详细讲解如何面向对象编程。面向对象编程的思路是让对象代替开发者去实现功能，而在使用对象前，开发者需要定义一个用于定义对象的“类”。

“类”是对象进行抽象的过程，在面向对象编程的概念中所有的事物都可以被看作对象，例如游戏中的角色和武器都可以被看作一个对象，并且这些对象都具备不同的属性特征和能力，例如：角色的属性特征是身高、体重、年龄等，其所具备的能力是奔跑、跳跃、吃饭等；武器所具备的特征是质量、长度、稀有度等，它所具备的能力是提升角色 10 点生命值上限、提升 10 点速度、对敌方造成 15 点伤害等。这些属性特征和能力对应的是 C# 中的变量和函数。

开发者在脚本中定义类时，需要根据这些对象所具备的属性特征和能力进行抽象，定义出类的变量和函数。例如，定义一个角色类，开发者需要根据角色这个对象所具备的属性特征和能力进行抽象。这里有一点需要注意，每个类都需要拥有一个名称，因此在定义前，开发者需要先使用 class 关键字对类进行命名，并且类的名称（下文简称为类名）需要遵守变量的命名规则。命名完毕后，开发者即可在“类名”下方的大括号中根据类的属性特征和能力，定义出相应的变量和函数。具体的代码如代码清单 1 所示。

代码清单 1

```
01. class Character
02. {
03.     public float Height;
04.     public float Weight;
```

```
05.     public int Age;
06.
07.     public void Run()
08.     {
09.         Debug.Log(" 角色正在奔跑 ");
10.     }
11.     public void Jump()
12.     {
13.         Debug.Log(" 角色正在跳跃 ");
14.     }
15.     public void Eat()
16.     {
17.         Debug.Log(" 角色正在吃饭 ");
18.     }
19. }
```

第 1 行代码：根据角色这个对象所具备的属性特征和能力进行抽象，定义了一个名为 Character 的角色类。

第 3 到第 5 行代码：Character 类中定义的 Height、Weight 和 Age 变量，分别代表角色的身高、体重和年龄的属性特征。

第 7 到第 18 行代码：定义 Run、Jump 和 Eat 函数，它们分别代表角色奔跑、跳跃和吃饭的能力。

类可以看作对象的“蓝图”，在定义了类以后，开发者可以使用这张“蓝图”定义出任意数量的对象。例如，开发者可以使用在代码清单 1 中定义的角色类 Character，定义出任意数量的角色对象。为此，开发者需要使用 new 关键字和构造函数来定义对象。具体的代码如代码清单 2 所示。

代码清单 2

```
01. Character character = new Character();
```

上述代码使用了角色类 Character，定义了一个角色对象 character。其中，Character 函数是 Character 类中的构造函数，它是定义对象的过程中必须调用的函数，作用是初始化类中定义的变量。开发者可以在构造函数中编写用于初始化变量的代码。构造函数和普通函数的区别在于它没有返回值，并且构造函数的名称由定义的类名决定。例如，开发者定义的类名为 Warrior，那么构造函数的名称则是 Warrior。

开发者可以定义不同类型的构造函数，对类中的变量进行初始化。例如定义两个 float 类型和一个 int 类型参数的构造函数，对代码清单 1 的类中定义的 Height、Weight、Age 变量进行初始化。具体的代码如代码清单 3 所示。

代码清单 3

```
01. public Character(float h, float w, int a)
```

```
02. {
03.     Height = h;
04.     Weight = w;
05.     Age = a;
06. }
```

这里有一点值得一提，一个类可以拥有多个不同的构造函数，而这些构造函数之间的不同点在于参数的数量和类型。开发者不可以在类的大括号内同时定义参数数量和类型都相同的构造函数，每个构造函数的参数数量和类型都要有差异。具体的代码如代码清单 4 所示。

代码清单 4

```
01. public Character()
02. {
03.
04. }
05. public Character(float h, float w)
06. {
07.
08. }
09. public Character(float h, float w, int a)
10. {
11.
12. }
```

这里有一点需要注意，开发者向构造函数中传入的参数只能是相应类型的数值。只有在向构造函数传入这些数值后，才可以在构造函数中使用这些数值对类中定义的变量进行初始化，并且传入数值的数量和类型决定了调用的构造函数。例如，在使用 Character 类定义对象时，开发者向构造函数传入了两个 float 类型的数值，以及一个 int 类型的数值，那么调用的构造函数则是如代码清单 4 所示拥有 3 个参数，且参数类型分别为 float 和 int 的函数。具体的代码如代码清单 5 所示。

代码清单 5

```
01. Character character = new Character(172,130,19);
```

在定义对象后，开发者可以通过 C# 的成员运算符“.”访问与调用类中定义的变量和函数来实现游戏中的功能。例如在定义了 Character 类的对象 character 后，开发者只需在对象名后使用成员运算符“.”并写上变量和函数的名称，即可对 Character 类中的变量和函数进行访问与调用。具体的代码如代码清单 6 所示。

代码清单 6

```
01. private  void Start()
```

```
02.   {
03.       character.Height = 10;
04.       character.Weight = 150;
05.
06.       character.Jump();
07.       character.Run();
08.   }
```

这里有一点需要注意，变量和函数的访问权限决定了对象是否能够访问与调用它们。只有访问权限为 public 的变量和函数，开发者才可以通过成员运算符“.”进行访问和调用，而访问权限为 private 的变量和函数则不行。

5.1.2 GetComponent 函数

在 Unity 3D 中，游戏对象在 Inspector 窗口中添加的组件实质上是由相应的类定义的，类名和组件相同。例如，定义 Rigidbody 组件的类名为 Rigidbody，定义 Box Collider 组件的类名为 Box Collider，以此类推，这些类（指定义组件的类）均是由 Unity 3D 定义的。开发者可以在脚本中通过这些对象来调用相关类中定义的函数和变量，以此实现游戏的功能。

这里读者可能会有一个疑惑，既然说组件是由类定义的，那为什么要称呼它们为组件呢？不是应该把它们叫作 Rigidbody 对象、Box Collider 对象、Sprite Renderer 对象吗？这里笔者补充一个常识，在 Unity 3D 游戏开发的过程中，组件被分成了两个状态，这两个状态实质上是使用同一个类在不同地方定义了相同类型的对象后所产生的结果。

其中一个状态产生在开发者为游戏对象添加组件时。开发者在 Inspector 窗口中为游戏对象添加组件实质上是使用类定义了一个对象，整个定义的过程都不在脚本中发生。例如，开发者添加的是 Rigidbody 组件，那么就是使用 Rigidbody 类定义了一个 Rigidbody 类型的对象；添加的是 Box Collider 组件，就是使用 Box Collider 类定义了一个 Box Collider 类型的对象。这些对象的定义结果会以属性面板的形式显示在 Inspector 窗口中，开发者可以通过设置属性面板上的属性来实现游戏的功能，属性面板上显示的属性由相关的类决定。对于这种在 Inspector 窗口中定义的对象，开发者通常将其称为“组件”，如图 5-1 所示。

另一个状态则产生在脚本中。开发者可以在脚本中使用同

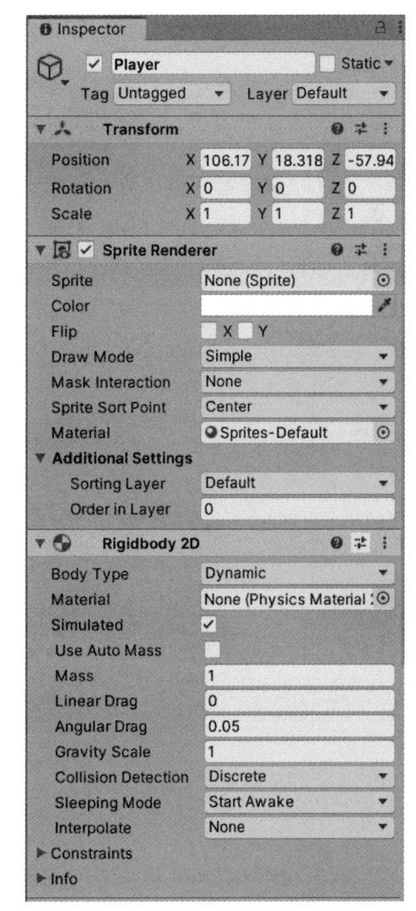

图 5-1

样的类定义出相同类型的对象。例如使用 Rigidbody 类定义一个 Rigidbody 类型的对象，使用 Box Collider 类定义一个 Box Collider 类型的对象，以此类推，这种在脚本中定义的对象才会被称为对象。

两者之间的区别在于游戏功能的实现方式。在脚本中，开发者需要在定义了这些对象后，使用这些对象来调用相关类中定义的变量和函数，以此来实现游戏的功能。并且这些变量和函数都是不可见的，开发者需要进入 Unity 3D 的官方帮助文档中才可以看到相关类中定义的变量和函数，以及它们的作用。为此，开发者可以在 Unity 3D 的菜单栏中执行“Help>Scripting Reference”命令（见图 5-2），此时 Unity 3D 会自动启动计算机设置的默认浏览器，并在浏览器中显示官方帮助文档。

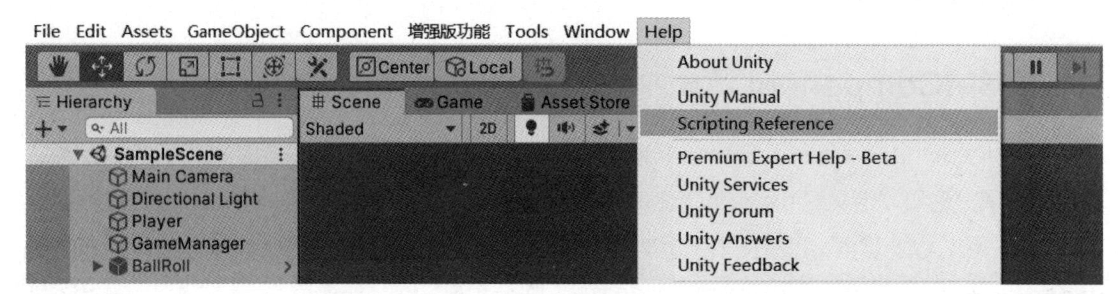

图 5-2

进入官方帮助文档的界面后，开发者可以在搜索栏中输入需要查看的类名，并按“Enter”键进行搜索，对这个类中所定义的函数和变量进行查看，如图 5-3 所示。目前官方的帮助文档只有英文版，因此对开发者的英文能力会有一定的要求。

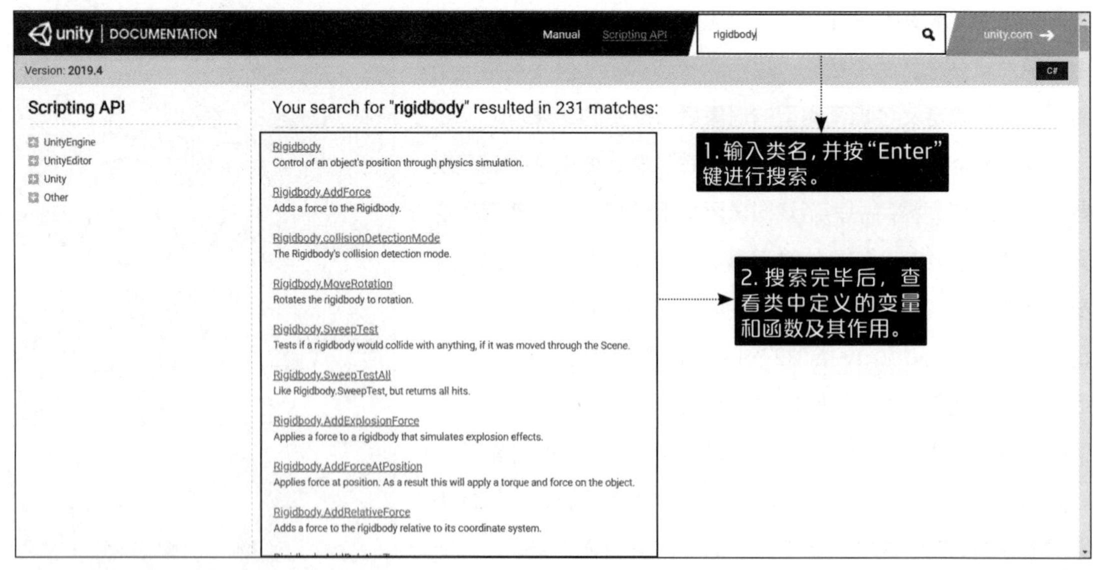

图 5-3

介绍完组件的两种状态的区别和实现游戏功能的方式后，接下来将讲解组件如何在脚本中调用相关类中定义的变量和函数以实现游戏的功能。在调用相关类中定义的变量和函数实现游戏的功能前，开发者需要确保游戏对象已经添加了相关的组件。例如，需要调用 Rigidbody 类中定义的变量和函数实现游戏的功能，那么开发者就需要确认游戏对象在 Inspector 窗口中已经添加了 Rigidbody 组件。

确认无误后，开发者才可以在脚本中使用相关的类来定义对象。例如，游戏对象上已经添加了 Rigidbody 组件，此时开发者就可以在脚本中使用 Rigidbody 类定义一个 Rigidbody 类型的对象。定义完毕后，开发者需要初始化对象。为此，开发者需要调用 GetComponent 函数，并向函数的尖括号中传入相应的类名作为参数来初始化对象。例如，开发者定义的是一个 Rigidbody 类型的对象，那么开发者需要在 GetComponent 函数的尖括号中填写 Rigidbody 作为参数来初始化对象。具体的代码如代码清单 7 所示。

代码清单 7

```
01. private Rigidbody rig;
02.
03. private void Start()
04. {
05.     rig = GetComponent<Rigidbody>();
06. }
```

上述代码定义了一个 Rigidbody 类型的对象 rig，并在 Start 函数下调用 GetComponent 函数初始化了对象。初始化完毕后，开发者即可在 rig 对象的名称后使用成员运算符调用 Rigidbody 类中定义的变量和函数。例如：调用 Rigidbody 类中定义的 mass 变量，对游戏对象的质量进行设置，让游戏对象在受重力影响下降的过程中速度更快或更慢；或是调用 AddForce 函数为游戏对象添加一个向前的力，让游戏对象发生位移。在这个过程中开发者需要做的事情是调用 AddForce 函数，并传入一个 Vector3 类型的变量（表示位移方向的变量）指定位移的方向，由此控制游戏对象向前位移。开发者无须知晓函数大括号内用于定义函数功能的代码，这大幅降低了游戏开发的难度，也是 Unity 3D 实现面向对象编程的方式。调用 mass 变量和 AddForce 函数的代码如代码清单 8 所示。

代码清单 8

```
01. private void Update()
02. {
03.     rig.mass = 10f;
04.
05.     rig.AddForce(new Vector3(0, 0, 1));
06. }
```

5.2 脚本的工作机制——生命周期函数

Unity 3D 对代码在脚本中的编写位置有一套明确的规定。Unity 3D 不会执行处在生命周期函数大括号之外的代码，所有需要在游戏中执行的代码都必须放在生命周期函数的大括号内。这些生命周期函数的作用和执行顺序也各不相同，开发者需要根据代码实现的功能类型，将它们放在相应的生命周期函数内。本节将讲解几种常用的生命周期函数的使用方法。

5.2.1 Awake 和 Start 函数——初始化变量数值的函数

Awake 和 Start 函数是执行顺序较为靠前的两个生命周期函数，其中 Awake 会在 Start 函数之前执行，并且在整个游戏运行的过程中 Awake 和 Start 函数只会执行一次，它们常用于初始化脚本中定义的变量和对象。开发者可以选择两者中的任意一个来进行变量和对象的初始化。具体的代码如代码清单 9 所示。

代码清单 9

```
01. private void Awake()
02. {
03.     rig = GetComponent<Rigidbody>();
04. }
05. private void Start()
06. {
07.     speed = 10f;
08. }
```

5.2.2 Update 和 FixedUpdate 函数——更新游戏画面的函数

Update 和 FixedUpdate 函数的执行顺序在 Awake 和 Start 函数之后，其中 Update 会在 FixedUpdate 函数之前执行。与 Awake 和 Start 函数在整个游戏的运行过程中只执行一次不同，Update 和 FixedUpdate 函数会重复不断地执行，直到游戏停止运行，并且两者持续执行的频率也不相同。Update 函数的执行会受到画面刷新频率的影响，画面每更新一帧 Update 函数就执行一次，所以 Update 函数执行的频率受到设备硬件配置的影响；而 FixedUpdate 函数则是固定每 0.02 秒执行一次，执行的频率相较于 Update 函数而言更加稳定。

由于两者都是持续执行的函数，因此游戏中一些会持续发生变化的情况对应的代码，以及满足特定条件才会执行的代码，通常会放在 Update 和 FixedUpdate 函数中，例如表示游戏对象的位移情况的代码，以及使用 Switch 语句根据条件变量的数值执行的不同状态下的代码。具体的代码如代码清单 10 所示。

代码清单 10

```
01. private void Update()
02. {
03.     switch (choice)
04.     {
05.         case 0:
06.             Debug.Log("角色释放的技能：冰霜");
07.             break;
08.         case 1:
09.             Debug.Log("角色释放的技能：火球");
10.             break;
11.         case 2:
12.             Debug.Log("角色释放的技能：缠绕");
13.             break;
14.         case 3:
15.             Debug.Log("角色释放的技能：剑气");
16.             break;
17.     }
18. }
```

5.3 Unity 3D 中常用的变量和函数

为了减少游戏开发的工作量，提高游戏开发的效率，Unity 3D 定义了许多功能丰富的变量和函数。开发者只需在脚本中灵活运用这些变量和函数，即可实现游戏的功能。本节将讲解 Unity 3D 常用的变量和函数及其在游戏开发中的实际运用。

5.3.1 常用的变量

Unity 3D 常用的变量有 Time.deltaTime 和 Time.timeScale 两种，它们是游戏中和时间相关的变量，本小节将会讲解这些变量在游戏开发中的实际用途。

1. Time.deltaTime

由于设备之间的硬件配置差异，游戏在不同设备上运行时的画面刷新速度也各不相同。这时就会出现一个问题：在画面刷新速度快的设备上运行的游戏对象的位移速度要高于在画面刷新速度慢的设备上运行的游戏对象的位移速度。

例如，位移速度为 10 米 / 秒的游戏对象，分别在画面刷新速度为 50 帧 / 秒和 30 帧 / 秒的设备上运行，由于前者的画面每秒刷新 50 帧，相当于游戏对象每秒进行了 50 次的位移，每次位移的距离为 10 米，因此游戏对象 1 秒就位移了 500 米。同理，游戏对象在画面刷新速度为 30 帧 /

秒的设备上运行时，由于受到画面刷新速度的影响，游戏对象每秒位移 300 米。由此可见画面的刷新速度对游戏对象位移的影响。为了解决这个问题，Unity 3D 定义了 Time.deltaTime 这个变量。

Time.deltaTime 变量用于表示游戏中的时间增量，变量的数值会自动根据画面的刷新速度进行调整。例如：当前画面的刷新速度为 30 帧 / 秒，那么变量 Time.deltaTime 的数值为 1/30；而如果画面的刷新速度为 50 帧 / 秒，那么变量的数值为 1/50，以此类推。开发者只需在设置游戏对象位移的速度时使用变量 Time.deltaTime 进行乘法运算，即可让游戏对象在不同画面刷新速度的设备上保持相同的位移速度。

例如一个位移速度为 10 米 / 秒的游戏对象，分别在两台画面刷新速度为 120 帧 / 秒和 180 帧 / 秒的设备上运行时，位移的速度会分别被增大 120 倍和 180 倍。此时开发者只需使用变量 Time.deltaTime，在位移速度被增大 120 倍和 180 倍的基础上再进行一次乘法运算，即可让游戏对象的位移速度恢复到 10 米 / 秒。具体的计算过程如下所示。

画面刷新速度为 120 帧 / 秒的设备：10 米 / 秒 =1/120×120×10 米 / 秒

画面刷新速度为 180 帧 / 秒的设备：10 米 / 秒 =1/180×180×10 米 / 秒

2. Time.timeScale

变量 Time.timeScale 用于控制时间流逝速度，其数值决定了时间流逝的快慢。例如：变量 Time.timeScale 的数值等于 1 时，游戏的时间以正常的速度流逝；数值等于 2 时，时间以正常速度的两倍流逝……而当数值等于 0 时，游戏的时间将会停止流逝，游戏中的所有活动也将停止，因此变量 Time.timeScale 常用于实现游戏的暂停功能。

5.3.2 常用的函数

Instantiate、Destroy、Input.GetKeyDown 函数分别用于控制游戏对象的生成、销毁和获取玩家按下按键的情况，本小节将讲解这些函数和 Unity 3D 中其他的一些常用函数。

1. Instantiate 函数

在游戏中经常会出现需要重复使用但是只在特定时刻才会出现的游戏对象，例如 FPS 游戏中角色开枪时射出的子弹，RPG 中角色释放技能时产生的粒子特效等。为此，Unity 3D 定义了 Instantiate 函数，开发者只需向 Instantiate 函数传入 GameObject 类型的对象作为参数，即可在场景中生成相应的游戏对象。

在调用 Instantiate 函数前，开发者需要把 Hierarchy 窗口中的游戏对象拖曳到 Project 窗口中，将其制作成一个 Prefab（预置物体），如图 5-4 所示。

Prefab 是一种可重复使用的资源，开发者可以在脚本中通过调用 Instantiate 函数，在游戏中生成任意数量的 Prefab。例如将图 5-5 所示的 Hierarchy 窗口中的 Cube 游戏对象（Scene 窗口中的立方体）制作成 Prefab 后，开发者可以调用 Instantiate 函数在游戏中生成任意数量的 Cube 游戏对象。Prefab 在 Project 窗口中显示的图标为该游戏对象在 Scene 窗口中显示的画面。

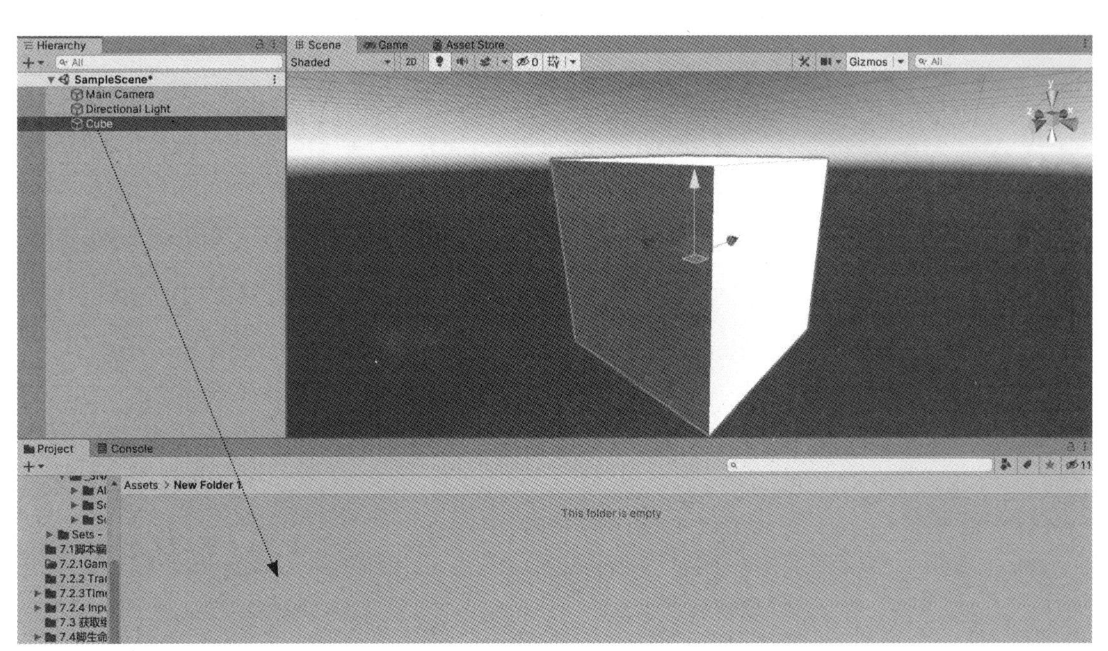

图 5-4

在将游戏对象制作成 Prefab 后，开发者需要在脚本中定义一个 GameObject 类型的对象 GO，然后在 Project 窗口中选择相应的 Prefab 并拖曳到 Inspector 窗口中，以此初始化 GO 对象，并在脚本中获取相应的 Prefab。具体的代码如代码清单 11 所示。

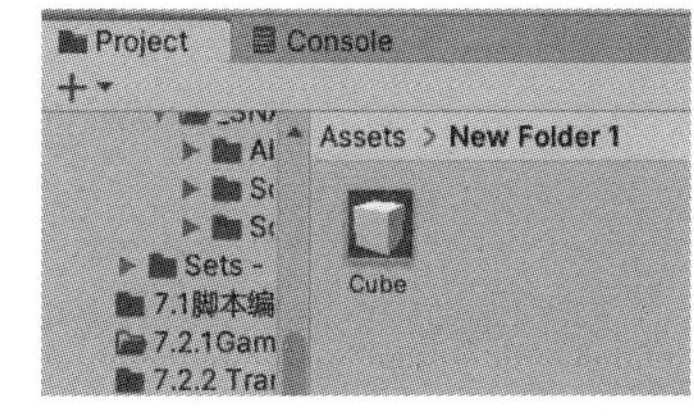

图 5-5

代码清单 11

```
01. public GameObject GO;
```

在 Project 窗口中选择相应的 Prefab 向 Inspector 窗口中拖曳的详细操作如图 5-6 所示。

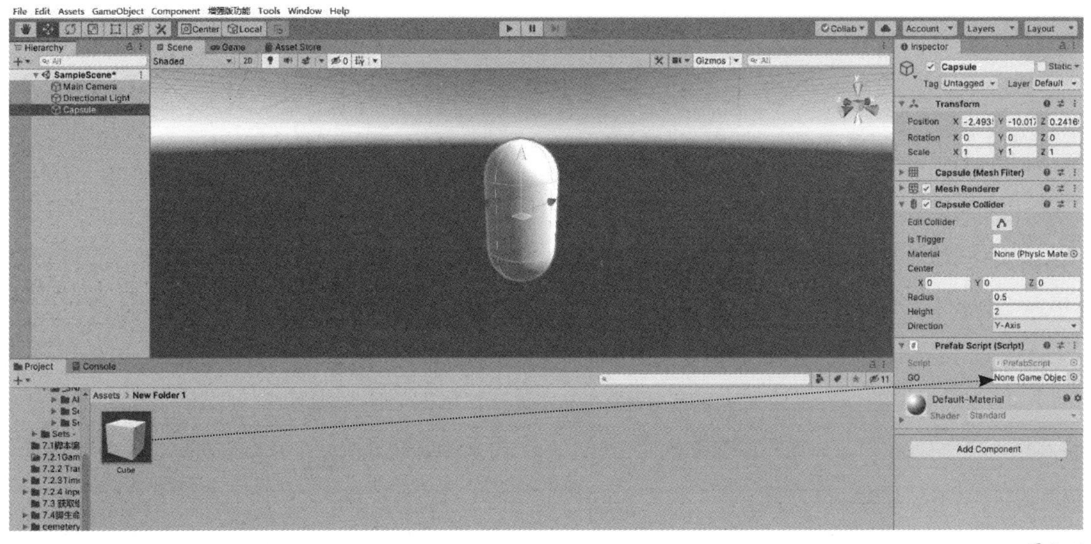

图 5-6

初始化完毕后，开发者即可将 GO 对象作为参数传入 Instantiate 函数中，在游戏中生成与 Perfab 相对应的游戏对象。游戏对象的生成数量由 Instantiate 函数的调用次数决定，为此开发者可以将 Instantiate 函数放在循环语句中，对 Instantiate 函数进行重复调用，以此来生成更多数量的游戏对象。具体的代码如代码清单 12 所示。

代码清单 12

```
01. private void Awake()
02. {
03. Instantiate(GO);
04. }
```

2. Destroy 函数

Destroy 函数的作用是将场景中存在的游戏对象销毁掉，让游戏对象永久地从画面中消失。在调用 Destroy 函数前，开发者需要在脚本中定义一个 GameObject 类型的对象，并在初始化该对象后，才可以将其作为参数传入 Destroy 函数中进行销毁。

为此，开发者同样可以定义一个访问权限为 public 的 GameObject 对象 Obj，为脚本在 Inspector 窗口的属性面板中增加一道“空位”，并在 Hierarchy 窗口中选择相应的游戏对象后，将其拖曳到该“空位”来获取这个游戏对象，对 Obj 对象进行初始化。

在对 Obj 对象进行初始化后，开发者即可将 Obj 对象作为参数传入 Destroy 函数中。此时运行游戏，和 Obj 对象相对应的游戏对象将被销毁。具体的代码如代码清单 13 所示。

代码清单 13

```
01. public GameObject Obj;
02.
03. private void Awake()
04. {
05.     Destroy(Obj);
06. }
```

3. SetActive 函数

SetActive 函数是在 GameObject 类中定义的函数，它的作用是控制游戏对象在场景中的显示和隐藏。同样，在使用 SetActive 函数控制游戏对象的显示和隐藏前，开发者需要先定义一个 GameObject 类型的对象，并对其进行初始化后，才可以调用 SetActive 函数。

当开发者在获取游戏对象并对 GameObject 对象进行初始化后，即可通过成员运算符调用 SetActive 函数控制相应游戏对象的显示和隐藏。游戏对象的显示和隐藏由传入的参数值决定：当传入的参数为 true 时，游戏对象会在画面中显示；当传入的参数为 false 时，游戏对象则会被隐藏。具体的代码如代码清单 14 所示。

代码清单 14

```
01. public GameObject OBJ;
02.
03. private void Awake()
04. {
05.     OBJ.SetActive(false);
06. }
```

这里有一点需要注意，true 或 false 是 bool 类型数值。bool 是 C# 语法中的一种数值类型，可以用于设置条件判断语句和循环语句的执行条件，而用于存储 bool 类型数值的变量被称为“bool 变量”。由于 bool 变量在条件判断语句和循环语句中设置执行条件的方法一样，因此这里以条件判断语句为例进行讲解。

当开发者直接使用 bool 变量的名称来设置执行条件时，其表示的含义是当 bool 变量的数值为 true 时，执行条件才成立。具体的代码如代码清单 15 所示。

代码清单 15

```
01. private void Start()
02. {
03.     if (IsJump)
04.     {
05.         Debug.Log(" 角色跳跃到了空中 ");
06.     }
07. }
```

如果在变量名称的前面使用了“！”运算符，则表示当变量的值为 false 时，执行条件才成立。具体的代码如代码清单 16 所示。

代码清单 16

```
01. private bool IsRun;
02.
03. private void Start()
04. {
05.     if (!IsRun)
06.     {
07.         Debug.Log(" 角色还处在原地待命的状态，并没有开始奔跑 ");
08.     }
09. }
```

4. Input.GetKeyDown 函数

Input.GetKeyDown 函数的作用是获取玩家当前按的按键。开发者向函数传入一个 KeyCode

对象作为参数用于指定获取的按键，并在传入完毕后，在对象名称的后面使用成员运算符。此时，Visual Studio 会在 KeyCode 对象所在位置显示一个用于选择获取按键的下拉列表，开发者可以在这个下拉列表中选择函数获取的按键，如图 5-7 所示。

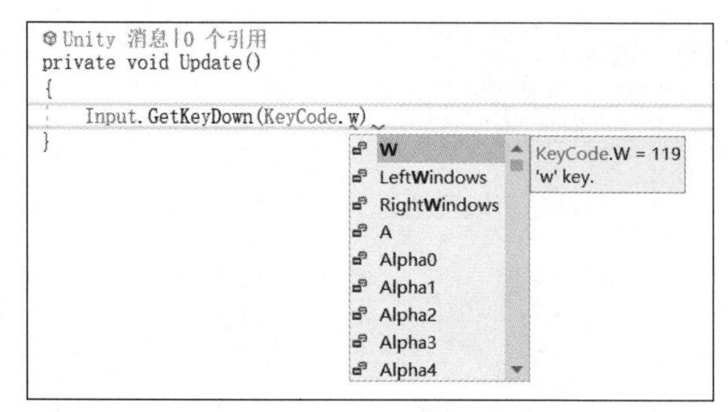

图 5-7

当玩家按的按键与 Input.GetKeyDown 函数指定的按键相同时，函数就会返回 true，否则就返回 false。

例如：开发者在 Input.GetKeyDown 函数中指定的按键为“W”键，当玩家按键盘的“W”键时，函数就会返回 true；而如果指定的按键为“S”键时，当玩家按键盘的“W”键就会返回 false，以此类推。

为此，开发者可以将 Input.GetKeyDown 函数设置为条件判断语句的执行条件。当玩家按了 Input.GetKeyDown 函数指定的按键时，函数会返回 true，代表执行条件成立，以此实现玩家通过按不同的按键来控制功能的执行的效果。具体的代码如代码清单 17 所示。

代码清单 17

```
01. private void Update()
02. {
03.     if (Input.GetKeyDown(KeyCode.W))
04.     {
05.         Debug.Log("玩家按下了 W 键，释放技能突刺");
06.     }
07.     else if (Input.GetKeyDown(KeyCode.S))
08.     {
09.         Debug.Log("玩家按下了 S 键，释放技能剑气");
10.     }
11. }
```

上述代码分别向两个 Input.GetKeyDown 函数指定了“W”键和“S”键，玩家可以通过键盘上的这两个按键来控制功能的执行。当玩家按“W”键时，Console 窗口中会输出“玩家按下了 W 键，释放技能突刺”这句话；而当玩家按“S”键时，则会输出“玩家按下了 S 键，释放技能剑气”这句话，如图 5-8 所示。

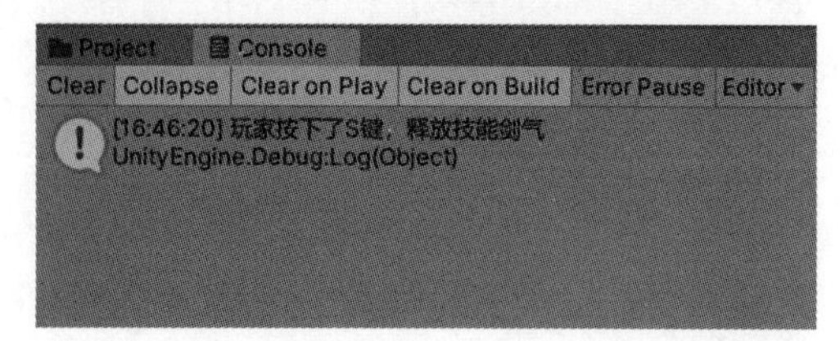

图 5-8

在实际的游戏中，每种功能对按键都有不同的要求。例如控制角色位移的要求是玩家持续按住位移的按键，控制角色发动攻击动作的要求是玩家连续按下攻击的按键，释放蓄力技能的要求是玩家在松开按键的一瞬间释放蓄力的技能。因此除了玩家“按下”按键才会返回 true 的 Input.GetKeyDown

函数外，Unity 3D 还定义了玩家“按住”按键时才会返回 true 的 Input.GetKey 函数，以及玩家“松开”按键时才会返回 true 的 Input.GetKeyUp 函数。

后两者在使用方法上和 Input.GetKeyDown 函数一样，不同之处在于两者返回 true 的要求。因此开发者可以灵活运用这些函数，以实现每种功能对按键的要求。具体的代码如代码清单 18 所示。

代码清单 18

```
01. private void Update()
02.     {
03.         if (Input.GetKey(KeyCode.W))
04.         {
05.             Debug.Log("玩家按住了W键，角色向前进行了位移");
06.         }
07.         if (Input.GetKeyDown(KeyCode.F))
08.         {
09.             Debug.Log("玩家按下了F键，角色释放技能：突刺");
10.         }
11.         if (Input.GetKeyUp(KeyCode.Space))
12.         {
13.             Debug.Log("角色蓄力完毕，玩家松开了空格键，角色释放了蓄力技能：剑气");
14.         }
15.     }
```

上述代码分别使用 Input.GetKey、Input.GetKeyDown、Input.GetKeyUp 函数实现了按键的 3 种触发功能，三者指定按键分别是“W”键“F”键和“Space”（空格）键。当玩家按住“W”键时，Console 窗口中就会输出“玩家按住了 W 键，角色向前进行了位移”这句话；按“F”键时会输出“玩家按下了 F 键，角色释放技能：突刺”；而当玩家按住“Space”键并松开后，则会输出“角色蓄力完毕，玩家松开了空格键，角色释放了蓄力技能：剑气”这句话，如图 5-9 所示。

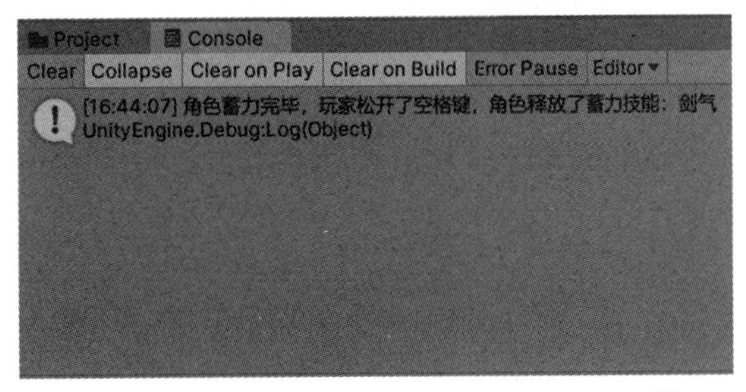

图 5-9

5.4 静态对象

在游戏开发中，有一些数据在游戏中只能有一份，例如玩家获得份数的记录，游戏是否胜利的判断数据等。但普通对象并不具备这样的能力，所以我们需要定义一个静态对象。

普通对象和静态对象的区别在于：普通对象存储的数据不是唯一的，开发者在脚本 a 中修改了普通对象中的数据，不会影响普通对象在脚本 b、c、d 中的数据；静态对象存储的数据是唯一的，例如，开发者在脚本 a 中修改了静态对象的数据，会影响到静态对象在脚本 b、c、d 中的数据。具体的代码如代码清单 19 所示。

代码清单 19

```
01. public static TestScript  _instance;
02. public float a = 10;
03. public float b = 15;
04. void Start()
05. {
06.      _instance = this;
07. }
```

第 1 行代码：定义静态对象的方法和定义普通对象相似，不同之处在于需要在类名的前面使用一个 static 关键字。为了让其他脚本能够访问到 _instance 对象中的变量，开发者需要将 _instance 对象的访问权限设置为 public。

第 2 到第 3 行代码：设置静态对象 _instance 中的变量 a 和 b 的数值。

第 6 行代码：在 Start 函数中，使用 this 关键字初始化 _instance 对象；只有使用 this 关键字初始化 _instance 对象后，才能访问到对象中存储的数值。

使用 this 关键字初始化 _instance 对象后，开发者就可以在其他脚本中访问到 _instance 对象中存储的数值了。具体的代码如代码清单 20 所示。

代码清单 20

```
01. private void Awake()
02. {
03.   Debug.Log(TestScript._instance.a);
04. }
```

第 3 行代码：使用脚本的名称 TestScript 和“.”运算符先访问到“_instance”对象，然后再一次使用“.”访问到 _instance 对象存储的变量 a 中的数值，最后使用 Debug.Log 函数在 Console 窗口中输出变量的数值，如图 5-10 所示。

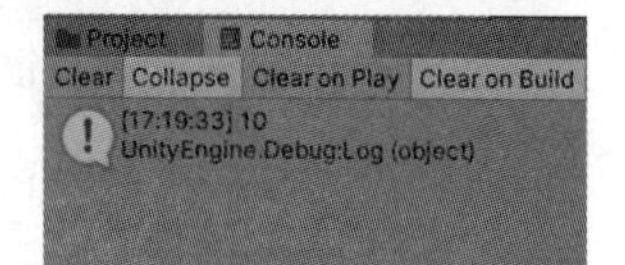

图 5-10

提示

如果开发者在其他脚本中对静态对象 _instance 的 a 变量中的数值进行了修改，图 5-10 中输出的数值也会发生相应的变化。

5.5 常见的脚本错误和调试方法

在游戏开发的过程中，经常会出现脚本中的代码编写不规范而导致功能无法执行的情况。因此，本节将会讲解 3 种初学者在脚本中编写代码时可能会犯的错误，以及遇到错误时的调试方法。

5.5.1 C# 的语法错误

代码有中文字符，函数、条件判断语句、循环语句大括号少一半，这些都是 C# 初学者常犯的错误。Visual Studio 会使用“红色的波浪线”在代码出错的位置进行标注，以此来提醒开发者，并且当开发者将鼠标指针放置在有错误的代码上时，Visual Studio 还会显示相应的修改建议。例如，提示错误为代码末尾的分号用了中文字符，开发者删除中文字符的分号，并在英文输入法状态下重新输入一个分号即可，如图 5-11 所示。

图 5-11

5.5.2 对象没有进行初始化

对象没有进行初始化是指开发者在没有使用 GetComponent 函数初始化对象的情况下调用了类中的变量和函数。在这种情况下，Unity 3D 不会执行脚本中调用的变量和函数，并且还会在 Console 窗口中报错，提醒对象没有进行初始化，如图 5-12 所示。

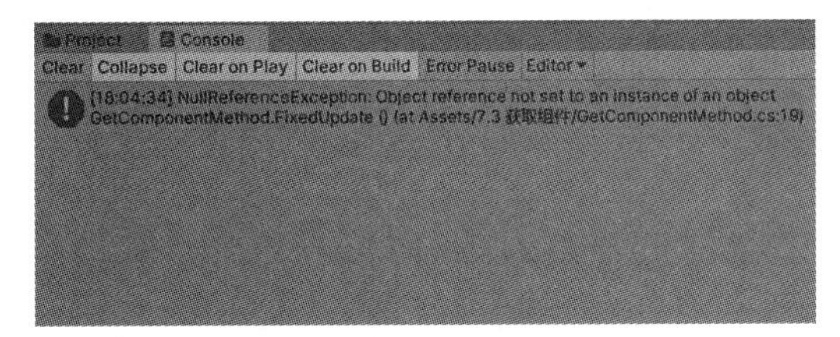

图 5-12

因此，开发者在脚本中调用组件的属性和函数前，需要使用 GetComponent 函数对相应变量的数值进行初始化。

5.5.3 无法添加脚本

当脚本在 Project 窗口中的文件名和 Visual Studio 内部的名称不一致时，会影响到游戏向对象添加脚本的过程。脚本在 Project 窗口中的名称如图 5-13 所示。

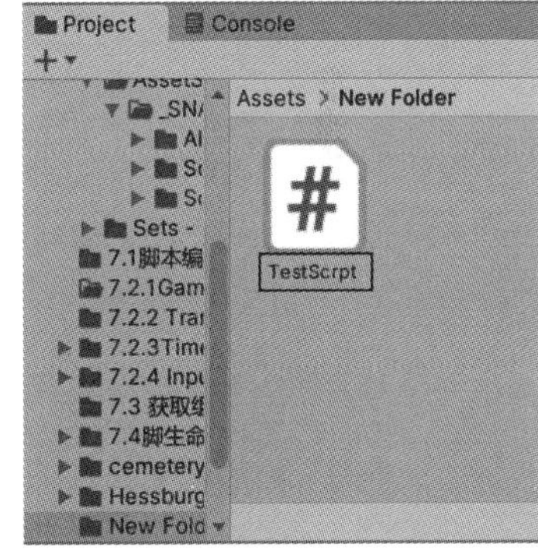

图 5-13

脚本在 Visual Studio 内部的名称为 TestScript123。具体的代码如代码清单 21 所示。

代码清单 21

```
01. public class TestScript123 : MonoBehaviour
02. {
03. private void Start()
04. {
05.
06. }
```

```
07. private void Update()
08. {
09.
10. }
11. }
```

从图 5-13 和代码清单 21 可以看出，脚本在 Project 窗口中和在 Visual Studio 内部显示的名称不完全一致，此时，开发者如果向游戏对象添加脚本，Unity 3D 就会报出脚本无法添加的错误，如图 5-14 所示。

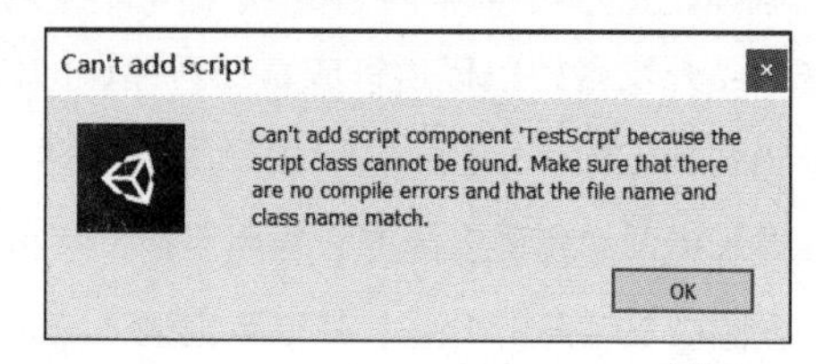

图 5-14

因此，开发者在添加脚本时，需要保证脚本在 Project 窗口中和在 Visual Studio 内部的名称一致，避免向游戏对象添加脚本时 Unity 3D 报出无法添加脚本的错误。

5.6 本章总结

本章主要讲解了面向过程和面向对象两种编程思路的差异，以及 Unity 3D 如何通过面向对象编程的方式降低游戏开发的难度；还讲解了 Unity 3D 常用的变量和函数在游戏中的实际运用，以及初学者在使用脚本时经常会出现的错误。经过第 4 和第 5 章的学习后，开发者已经对脚本的使用方法有了基本的认识，下一章将会讲解如何在脚本中通过运用 3D 数学的知识来控制游戏对象的位置、位移和旋转角度。

3D 数学

3D 数学是一门研究计算几何相关知识的学科，它常用于在游戏中模拟现实世界的各种空间关系，例如游戏对象的位置、位移、旋转角度等。本章将讲解笛卡儿坐标系和 Vector 对象、局部坐标系和世界坐标系、向量以及三角函数在 3D 数学中的应用。经过本章的学习，读者将掌握如何控制游戏对象的位置、位移和旋转角度。

6.1 笛卡儿坐标系和 Vector 对象

笛卡儿坐标系是游戏中表示游戏对象位置、位移和旋转角度的参照系，根据不同的游戏类型，笛卡儿坐标系被分为 2D 和 3D 两种。其中，2D 笛卡儿坐标系是 2D 游戏的游戏对象（下文简称为 2D 游戏对象）表示自身位置、位移和旋转角度的参照系，如图 6-1 所示。

2D 游戏对象在 2D 笛卡儿坐标系中的位置、位移和旋转角度可用 (x,y) 表示，其中 x 和 y 分量分别代表 2D 游戏对象在 x 轴和 y 轴上的位置、位移和旋转角度。这里先讲解如何使用 (x,y) 表示 2D 游戏对象的位置，有关表示位移和旋转角度的方法会在 6.3 节“向量”和 6.4 节“三角函数”中讲解。图 6-2 所示的 (6,5) 表示 2D 游戏对象在 x 轴上的位置为 6，y 轴上的位置为 5。

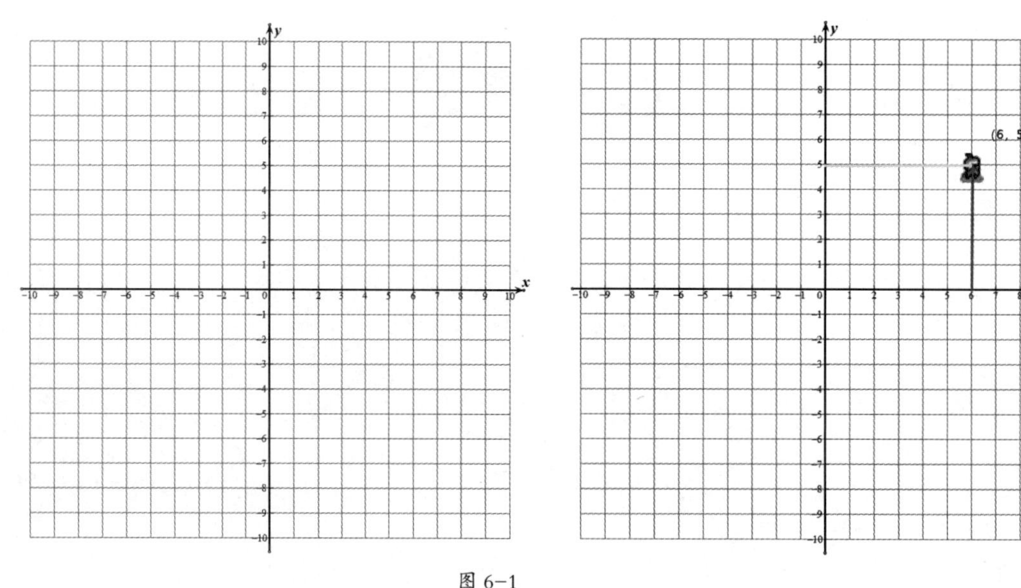

图 6-1　　图 6-2

为了能够控制 2D 游戏对象在游戏中的位置、位移和旋转角度，Unity 3D 定义了一个 Vector2 类，开发者可以在脚本中使用 Vector2 类定义一个 Vector2 对象，用来表示 2D 游戏对象的位置、位移和旋转角度。由于表示位移和旋转角度需要用到向量和三角函数的知识点，因此这里先讲解如何使用 Vector2 对象表示 2D 游戏对象的位置，有关 Vector2 对象如何表示位移和旋转角度的方法会在 6.3 节“向量”和 6.4 节“三角函数”中讲解。

用 Vector2 对象与用 (x,y) 表示 2D 游戏对象的位置、位移和旋转角度的方法一样，即 x 和 y 分量分别代表 2D 游戏对象在 x 轴和 y 轴上的位置、位移和旋转角度。因此开发者在脚本中定义

Vector2 对象时，需要在 Vector2 的构造函数上分别传入两个 int 或 float 类型的数值，分别用于定义 2D 游戏对象在 *x* 轴和 *y* 轴上的位置。具体的代码如代码清单 1 所示。

代码清单 1

```
01. private void Start()
02. {
03.     Vector2 pos = new Vector2(3, 4);
04. }
```

3D 笛卡儿坐标系与 2D 笛卡儿坐标系相似，不同之处在于 3D 笛卡儿坐标系多出了一条 *z* 轴，如图 6-3 所示。

3D 笛卡儿坐标系是 3D 游戏的游戏对象（下文简称为 3D 游戏对象）表示位置、位移和旋转角度的参照系。3D 游戏对象的位置、位移和旋转角度，可在 3D 笛卡儿坐标系中用 (x,y,z) 来表示，其中 *x*、*y* 和 *z* 分量分别代表 3D 游戏对象在 *x* 轴、*y* 轴和 *z* 轴上的位置、位移和旋转角度。这里先讲解 (x,y,z) 如何表示 3D 游戏对象的位置，有关表示位移和旋转角度的方法会在 6.3 节“向量”和 6.4 节“三角函数”中讲解。图 6-4 中的 (5,7,7) 分别代表 3D 游戏对象在 *x* 轴的位置为 5，*y* 轴的位置为 7，*z* 轴的位置为 7。

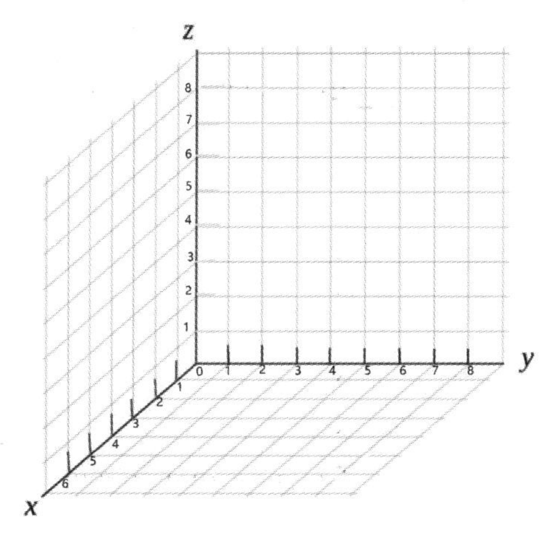

图 6-3

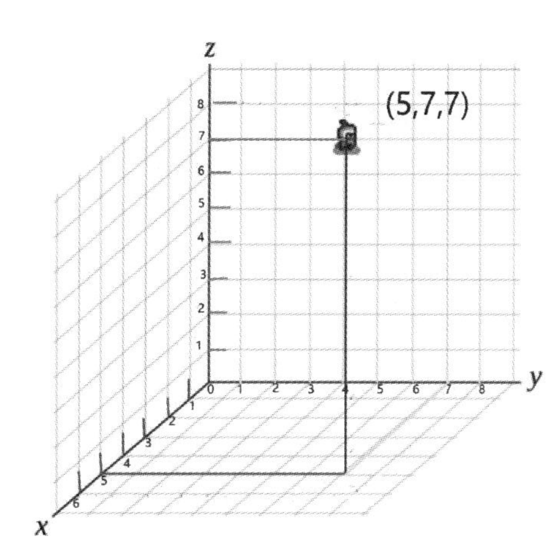

图 6-4

为了能够在游戏中控制 3D 游戏对象的位置、位移和旋转角度，Unity 3D 定义了 Vector3 类。开发者可以在脚本中使用 Vector3 类定义一个 Vector3 对象，用于表示 3D 游戏对象的位置、位移和旋转角度。由于表示位移和旋转角度需要用到向量和三角函数的知识点，因此这里先讲解如何使用 Vector3 对象表示 3D 游戏对象的位置，有关 Vector3 对象如何表示位移和旋转角度的方法会在 6.3 节“向量”和 6.4 节“三角函数”中讲解。

用 Vector3 对象与用 (x,y,z) 表示 3D 游戏对象的位置、位移和旋转角度的方法一样，即 *x*、*y*、*z* 分量分别代表 3D 游戏对象在 *x* 轴、*y* 轴和 *z* 轴上的位置、位移和旋转角度。因此开发者在脚本中定义 Vector3 对象时，需要在 Vector3 的构造函数上分别传入 3 个 int 或 float 类型的数值，分别用于定义 3D 游戏对象在 *x* 轴、*y* 轴和 *z* 轴上的位置。具体的代码如代码清单 2 所示。

代码清单 2

```
01. private void Start()
02. {
03.     Vector3 pos=new Vector3(5,5,4);
04. }
```

6.2 局部坐标系和世界坐标系

为了方便计算游戏对象的位置、位移和旋转角度，3D 数学基于笛卡儿坐标系提出了世界坐标系和局部坐标系。两者都是游戏对象用于设置自身位置、位移和旋转角度的参照系，并且它们的使用方法和笛卡儿坐标系相同。其中，世界坐标系是指场景的坐标系，局部坐标系是指每个游戏对象自己的坐标系，如图 6-5 所示，图中的大坐标系为世界坐标系，游戏对象上的小坐标系为局部坐标系。

这里有一点需要注意，根据不同的游戏类型，世界坐标系和局部坐标系同样会被分为 2D 和 3D 两种。其中 2D 世界坐标系和 2D 局部坐标系是 2D 游戏对象设置自身位置、位移和旋转角度的参照系，3D 世界坐标系和 3D 局部坐标系则是 3D 游戏对象设置自身位置、位移和旋转角度的参照系。由于两者在组成结构上只相差了一个 z 轴，因此使用的方法大同小异，这里以 2D 世界坐标系和 2D 局部坐标系为例进行讲解。

局部坐标系是指游戏对象以另外一个游戏对象为参照物设置自身的位置、位移和旋转角度，如图 6-6 所示。

图 6-6 所示的坐标系中存在的游戏对象分别是小骑士和小怪，其中小怪设置自身位置的参照物是小骑士。小骑士在自身局部坐标系中的位置为 (0,0)，小怪在小骑士局部坐标系中的位置为 (4,5)，该坐标表示的含义是小怪相对于小骑士而言的位置为 (4,5)。

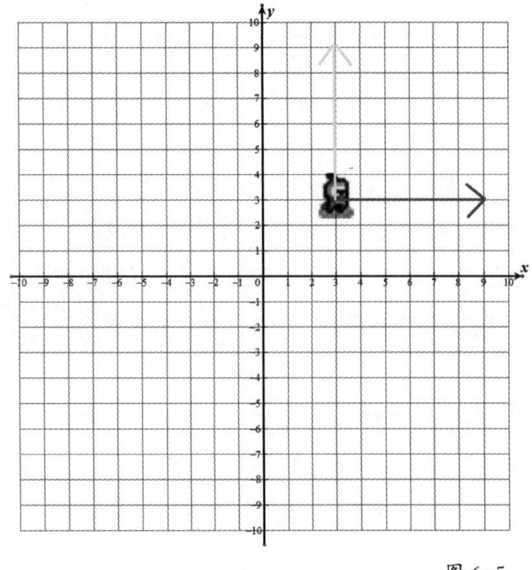

图 6-5

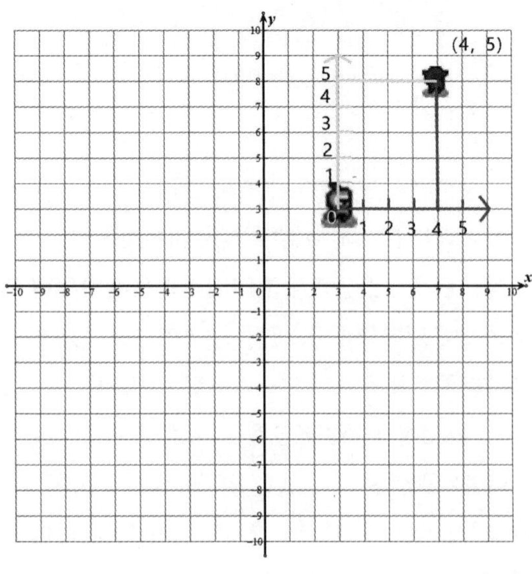

图 6-6

在 Unity 3D 中，如果想让游戏对象以另外一个游戏对象上的局部坐标系为参照物来设置自身的位置、位移和旋转角度，那么就需要建立起两者之间的父子关系。例如，图 6-6 中的小怪以小骑士的局部坐标系为参照物来设置自身的位置、位移和旋转角度，那么开发者就需要在 Hierarchy 窗口中将小怪设置为小骑士的子游戏对象，其中 Knight 为小骑士，Goblin 为小怪，如图 6-7 所示。开发者可以在脚本中通过访问 transform.localposition 变量的方式来获取游戏对象在局部坐标系中的位置。

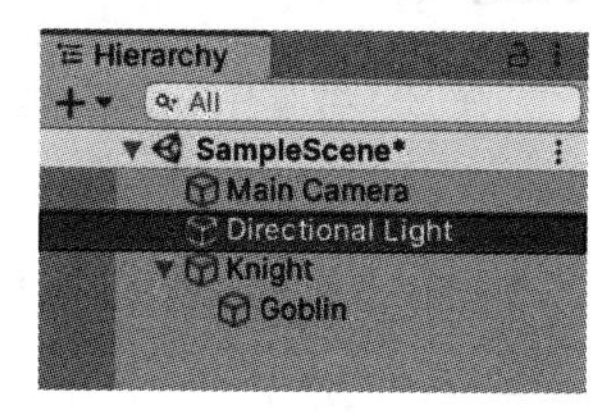

图 6-7

世界坐标系是游戏对象以游戏场景为参照物来设置自身的位置、位移和旋转角度的坐标系。图 6-8 所示的游戏对象分别是小骑士和小怪，其中，小怪在世界坐标系中的位置为 (6,7)，这个坐标表示的含义是小怪相对于场景而言所在的位置为 (6,7)。

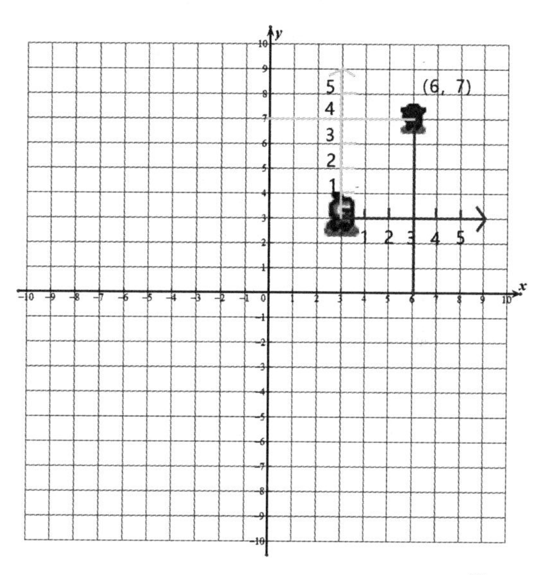

图 6-8

和局部坐标系不同，世界坐标系无须建立游戏对象之间的父子关系，游戏对象只需在 Hierarchy 窗口中保持默认的关系即可，如图 6-9 所示。开发者可以在脚本中通过访问 transform.position 变量的方式来获取游戏对象在世界坐标系中的位置。

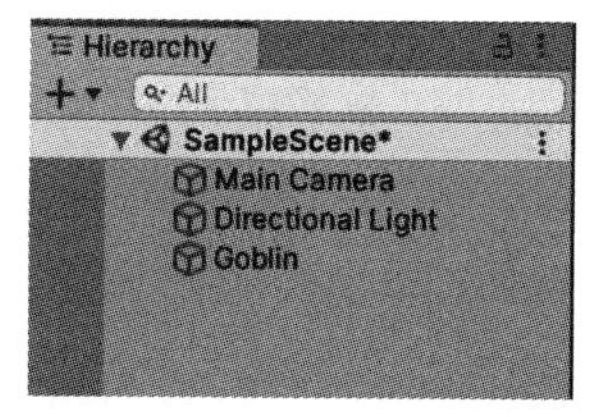

图 6-9

局部坐标系和世界坐标系适用于不同的场合，开发者需要根据游戏中的实际需求进行选择，这里以游戏中的两个实际案例为例进行讲解。

案例一。计算子弹从枪口发射出去后，向敌人所在位置进行位移的向量。此时子弹位移的参照物是敌人，所以开发者需要选择敌人的局部坐标系作为子弹位移的参照系。

案例二。计算角色从场景的 A 点出发，向场景的 B 点位置所在的方向进行位移的向量。此时角色位移的参照物是场景，所以开发者应该选择世界坐标系作为角色位移的参照系。

6.3 向量

在游戏中，向量通常用于表示游戏对象的位移和旋转角度，这里会先讲解如何使用向量表示位移，有关表示旋转角度的方法会在 6.4 节“三角函数”中进行讲解。

6.3.1 什么是向量

在 3D 数学中，向量是具有方向和大小的量。向量在笛卡儿坐标系中由一条有向线段表示，其中箭头的指向表示向量的方向，线段的长度表示向量的大小。图 6-10 所示的有向线段就是向量。

图 6-10 所示的有向线段是一个从 2D 笛卡儿坐标系的原点 (0,0) 出发，指向游戏对象所在的位置 (6,7) 的向量。其中，原点 (0,0) 表示向量的起点，游戏对象所在的位置 (6,7) 表示向量的终点。该向量可由原点 (0,0) 和游戏对象所在的位置 (6,7) 的 x 和 y 分量进行减法运算后求出，即用游戏对象的位置 (6,7)，减去原点 (0,0)，求出的向量数值为 (6,7)。这个数值的含义是一个游戏对象向 x 轴和 y 轴分别位移了 6 米和 7 米的距离后到达了 (6,7) 这个位置，位移的方向与距离分别由有向线段的箭头所指的方向和线段的长度决定。在不同坐标系下，向量长度的计算公式分别如下。

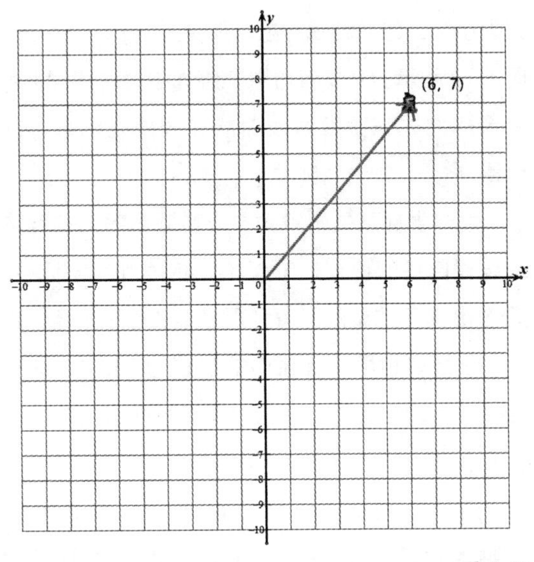

图 6-10

2D 笛卡儿坐标系：向量长度 = $\sqrt{a^2+b^2}$

3D 笛卡儿坐标系：向量长度 = $\sqrt{a^2+b^2+c^2}$

其中 a、b、c 分别代表向量终点位置的 x、y、z 分量。把向量终点 (6,7) 代入公式后，可求出向量的长度约等于 9，即游戏对象从原点 (0,0) 出发向坐标位置 (6,7) 运动的距离为 9。

在 6.1 节讲解过，Vector2 和 Vector3 对象除了在脚本中表示 2D 与 3D 游戏对象的位置外，还可以表示 2D 与 3D 游戏对象的位移和旋转角度，也就是使用 Vector2 和 Vector3 对象表示一个用于控制 2D 与 3D 游戏对象的位移和旋转角度的向量。由于表示游戏对象的旋转角度需要用到三角函数的知识，因此这里会先讲解如何使用 Vector2 和 Vector3 对象表示游戏对象的位移。

这里有一点需要注意，Vector2 和 Vector3 对象表示位移的方法大同小异，因此这里会以 Vector2 对象为例进行讲解。用 Vector2 对象控制 2D 游戏对象进行位移的具体代码如代码清单 3 所示。

代码清单 3

```
01. private Rigidbody2D rig;
02. private void Start()
03. {
04.     rig = GetComponent<Rigidbody2D>();
05. }
06. private void Update()
```

```
07. {
08.     float H = Input.GetAxisRaw("Horizontal");
09.     Vector2 movedir = new Vector2(H, 0);
10.     rig.velocity = movedir;
11. }
```

代码清单 3 是一段控制 2D 游戏对象在水平方向上进行向前和向后位移的代码，代码的详细讲解如下。

第 1 到第 5 行代码：由于控制 2D 游戏对象进行位移时，需要访问 Rigidbody 2D 组件（以下称为 2D 刚体组件）的 velocity 变量对位移的速度进行赋值，因此，开发者需要先向 2D 游戏对象添加 2D 刚体组件，并在脚本中使用 GetComponent 函数获取 2D 游戏对象上的 2D 刚体组件。

第 6 到第 8 行代码：在获取游戏对象上的 2D 刚体组件后，开发者需要指定向量的方向和长度，以此来控制 2D 游戏对象的位移方向和距离。为此，开发者需要在脚本中调用 Input.GetAxisRaw(“Horizontal”) 函数，并定义一个 float 类型的变量 H 对函数的返回值进行存储。Input.GetAxisRaw(“Horizontal”) 函数会根据玩家按键的情况返回不同的数值，当玩家按“A”键时函数的返回值为 -1，按“D”键时函数的返回值为 1。不同返回值表示不同的位移方向，其中，当函数的返回值为 1 时 2D 游戏对象向前位移，函数的返回值为 -1 时 2D 游戏对象向后位移。

第 9 到第 10 行代码：在脚本中定义一个 Vector2 对象 movedir，用于表示控制 2D 游戏对象位移的向量，并在调用 Vector2 的构造函数对对象的数值进行初始化时，将存储有 Input.GetAxisRaw(“Horizontal”) 函数的变量 H 作为参数，传入定义 Vector2 的构造函数中，并指定向量的方向和长度。这里有一点需要注意，Vector2 构造函数在不同位置上的参数分别代表 2D 游戏对象在不同坐标轴上的位移，第一个参数代表 2D 游戏对象在 x 轴上的位移，第二个参数代表在 y 轴上的位移。其中 x 轴上的位移，对应的是 2D 游戏对象在水平方向上的位移；y 轴上的位移，对应的是垂直方向的位移，即上下的位移。由于本案例实现的是控制 2D 游戏对象在水平方向上进行向前或向后的位移，因此开发者需要将变量 H 传到 Vector2 构造函数第一个参数的位置，而第二个参数的位置则设置为 0。

在将变量 H 传入 Vector2 对象的构造函数中后，开发者只需使用 movedir 对象对 2D 刚体组件的 velocity 变量进行赋值，在设置 2D 游戏对象的位移速度后，即可使用键盘上的“A”键和“D”键控制游戏对象进行位移。

6.3.2 向量的运算

根据不同的参照物，游戏对象位移的方式可以分为以游戏对象位移前所在位置为参照物的位移方式，以及以另外一个游戏对象所在位置为参照物的位移方式。为了能够在游戏中实现这两种不同的位移方式，并能控制位移的速度，开发者需要在脚本中使用向量的加减法运算和乘除法运算。本小节将详细讲解向量的运算在游戏中的实际运用。

1. 向量的加减法

向量的加减法，即用两个向量的分量进行相加或相减运算，所得的结果还是一个向量。根据向量类型的不同，向量加减法的计算公式被分成了两种，具体内容如下。

2D 笛卡儿坐标系中向量加减法的计算公式如下。

向量的加法：$(x_1, y_1)+(x_2, y_2)=(x_1+x_2, y_1+y_2)$

向量的减法：$(x_1, y_1)-(x_2, y_2)=(x_1-x_2, y_1-y_2)$

3D 笛卡儿坐标系中向量加减法的计算公式如下。

向量的加法：$(x_1, y_1, z_1)+(x_2, y_2, z_2)=(x_1+x_2, y_1+y_2, z_1+z_2)$

向量的减法：$(x_1, y_1, z_1)-(x_2, y_2, z_2)=(x_1-x_2, y_1-y_2, z_1-z_2)$

其中，向量的加法是以游戏对象位移前的所在位置为参照物，控制游戏对象的位移。接下来将通过在 2D 笛卡儿坐标系中的向量加法图像进行讲解，如图 6-11 所示。

图 6-11 中的向量有向量 ***A*** 和向量 ***B***，以及向量 ***C***，其中向量 ***C*** 是向量 ***A*** 和向量 ***B*** 经过向量加法求出的新向量。这里有一点需要注意，新向量所指的方向由向量相加的先后顺序决定，即新向量会从被加向量的起点出发，指向加向量的终点。在图 6-11 中，向量 ***C*** 从向量 ***A*** 的起点出发，指向了向量 ***B*** 的终点，因此在向量的加法运算中，向量 ***A*** 为被加向量，向量 ***B*** 为加向量。

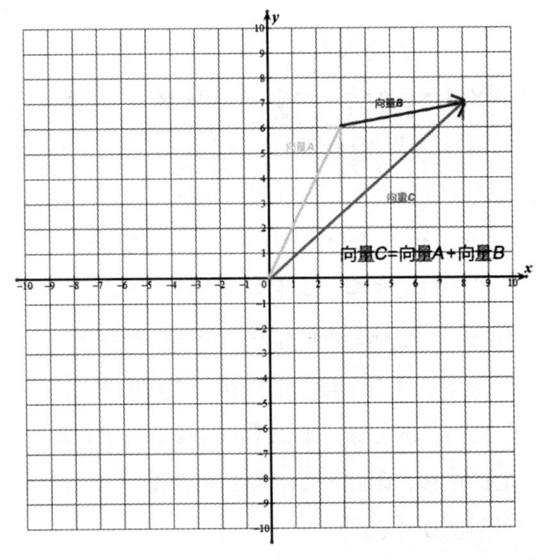

图 6-11

在图 6-11 中，向量 ***A*** 的终点可以看作游戏对象进行位移前的位置。为了方便讲解，这里将游戏对象进行位移前的位置称为位置 A，而向量 ***C*** 的作用是控制游戏对象从位置 A 出发进行位移，最终抵达向量 ***B*** 的终点。

介绍完向量加法的作用后，接下来在脚本中编写一段 AI（Artificial Intelligence，人工智能，这里指的是游戏中由计算机来操控的角色）向玩家所在位置位移的代码并进行讲解。具体的代码如代码清单 4 所示。

代码清单 4

```
01. private void Update()
02. {
03.     transform.position += Vector3.right * Time.deltaTime;
04. }
```

代码清单 4 是一段使用向量加法控制游戏对象以位移前所在位置为参照物进行位移的代码。其中 transform.position 变量代表的是游戏对象位移前的位置，而 Vector3.right 变量代表的是游戏对象位移的向量，该向量的数值为 (1,0,0)。它代表控制游戏对象沿 x 轴的正方向进行位移。开发者在使用“+=”运算符对两者进行向量的加法运算后，即可控制游戏对象从当前位置出发，沿 x 轴的正方向进行位移。在这里有一点值得一提，为了避免游戏对象的位移速度受到画面刷新频率的影响，开发者需要在进行向量的加法运算时，使用“*”运算符对 Vector3.right 变量进行乘法运算。

向量的减法表示一个游戏对象以另外一个游戏对象为参照物进行位移。常见的案例为 AI 追踪玩家的位置。下面将以向量在 2D 笛卡儿坐标系中的图像为例，讲解如何让 AI 追踪玩家的位置，如图 6-12 所示。

在图 6-12 中，向量 ***C*** 是向量 ***A*** 和向量 ***B*** 进行减法运算后得出的新向量。新向量的方向由向量相减的先后顺序决定，即新向量会从被减向量的终点指向减向量的终点。在图 6-12 中，被减向量为向量 ***A***，减向量为向量 ***B***，因此向量 ***C*** 由向量 ***A*** 的终点位置指向向量 ***B*** 的终点位置。

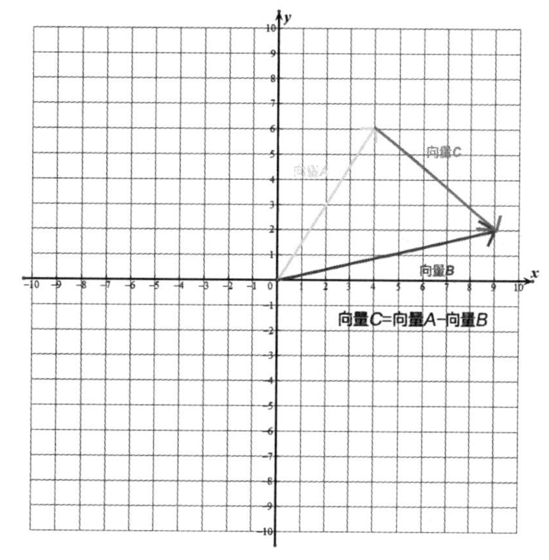

图 6-12

向量 ***A*** 的终点可以看作 AI 位移前的位置，向量 ***B*** 的终点可以看作玩家与 AI 相遇的位置，而从向量 ***A*** 的终点指向向量 ***B*** 终点的向量 ***C*** 则是控制 AI 从当前位置出发，根据玩家位置对玩家发起追踪的向量。

介绍完向量减法的作用后，接下来在脚本中编写一段 AI 向玩家所在位置位移的代码并进行讲解。具体的代码如代码清单 5 所示。

代码清单 5

```
01. public Transform TargetPos;
02. private void Update()
03. {
04.     transform.Translate(TargetPos.position - transform.position * Time.deltaTime);
05. }
```

代码清单 5 是一段调用 transform.Translate 函数，让 AI 向玩家所在位置进行位移的代码。在调用函数控制 AI 进行位移前，需要在脚本中获取 AI 和玩家所在的位置。为此，开发者需要在脚本中定义一个访问权限为 public 的 Transform 类型的对象 TargetPos，然后在脚本的属性面板中创建一个用于获取角色所在位置的“空位”，并从 Hierarchy 窗口中将角色拖曳到“空位”中，以此来进行位置的获取。

2. 向量的乘除法

向量的乘除法，即将向量的各分量和一个标量进行乘法与除法运算，计算出的结果还是一个向量。和向量的加减法相同，向量乘除法的公式也被分为两种类型，具体内容如下。

提示

标量是指只有大小而没有方向的量，例如 1、3、4 等数值都可以称作“标量”。

在 2D 笛卡儿坐标系中向量乘除法的计算公式如下。

向量的乘法：$(x_1, y_1)*a=(ax_1, ay_1)$

向量的除法：$(x_1, y_1)/a=(x_1/a, y_1/a)$

在 3D 笛卡儿坐标系中向量乘除法的计算公式如下。

向量的乘法：$(x_1, y_1, z_1)*a=(ax_1, ay_1, az_1)$

向量的除法：$(x_1, y_1, z_1)/a=(x_1/a, y_1/a, z_1/a)$

向量的乘除法通常用于设置游戏对象位移的速度，其中向量的乘法用于让游戏对象位移的速度按照一定数值成倍增加，向量的除法则让游戏对象位移的速度按照一定数值以一定比例（小于 1）减小。这里先以向量的乘法为例进行讲解。具体的代码如代码清单 6 所示。

代码清单 6

```
01. public float Speed;
02. private void Update()
03. {
04.     transform.Translate(Vector2.right*Speed * Time.deltaTime);
05. }
```

代码清单 6 是一段调用 transform.Translate 函数来控制一个 2D 游戏对象向前位移的代码，代码的详细讲解如下。

第 4 行代码：传入 transform.Translate 函数的参数中，变量 Vector2.right 表示一个数值为 (1,0) 的向量，用来控制游戏对象以 1 米 / 秒的速度向前位移，变量 Speed 则表示游戏对象的位移速度，开发者可以通过对变量 Vector2.right 和变量 Speed 进行向量的乘法运算，来控制游戏对象位移的速度。当变量 Speed 的数值大于 1 时，表示位移速度增加；而当变量 Speed 的数值大于 0 且小于 1（例如 0.1、0.5、0.8）时，则表示位移速度减小。这里将变量 Speed 的数值设置为 5，并使用“*”运算符对它们进行向量的乘法运算，得出的新向量为 (5,0)，即游戏对象位移速度为 5 米 / 秒，此时的位移速度提高为原来的 5 倍。最后，为了避免游戏对象的位移速度受到画面刷新频率的影响，开发者需要再使用 Time.deltaTime 变量和向量进行乘法运算。

提示

开发者可在脚本中将变量 Speed 的访问权限设置为 public，以此在 Inspector 窗口中对变量的数值进行修改，以及对游戏对象的位移速度进行控制。

理解了向量乘法的实际运用后，接下来把代码清单 6 中的“*”运算符替换成“/”运算符，让变量 Vector2.right 和变量 Speed 进行向量的除法运算。此时，开发者如果将变量 Speed 的数值设置为 2，那么变量 Vector2.right 和变量 Speed 进行向量除法后，所得出的新向量为 (0.5,0)，即游戏对象位移速度为 0.5 米 / 秒，这时游戏对象的位移速度降低为原来的一半。最后为了避免游戏对象的位移速度受到画面刷新频率的影响，开发者需要再使用 Time.deltaTime 变量和向量进行乘法运算。具体的代码如代码清单 7 所示。

代码清单 7

```
01. public float Speed;
02. private void Update()
03. {
04.     transform.Translate(Vector2.right/Speed * Time.deltaTime);
05. }
```

6.3.3 向量的单位化

在使用向量控制游戏对象进行位移时会出现一个问题，即游戏对象无法进行匀速的位移，位移的速度会随着游戏对象的位移不断降低。为此，开发者需要对向量进行单位化，如图 6-13 所示。

图 6-13 所示为 AI 向小骑士所在位置 (7, 7) 进行位移的图像，其中有向线段表示 AI 进行位移的向量，可在使用 AI 和小骑士所在的位置进行向量的减法后（小骑士的位置减去 AI 的位置）求出该向量的数值为 (7, 7)。此时，使用向量长度的计算公式可以求出新向量的长度约等于 10，即 AI 以 10 米 / 秒的速度朝小骑士所在的位置位移，但是这个位移速度并不会一直保持下去。随着 AI 不停地位移，AI 和小骑士之间的距离会变得越来越近，向量的长度也会变得越来越短。

图 6-14 所示为 AI 向小骑士所在位置位移一段时间后的图像。从图中可以看到，由于位移，AI 的位置从原来的 (0, 0) 变成了 (3, 3)，此时控制 AI 位移的向量也变成了 (4, 4)，向量的长度约等于 7，即 AI 以 7 米 / 秒的速度朝小骑士所在的位置位移，位移的速度变慢了。

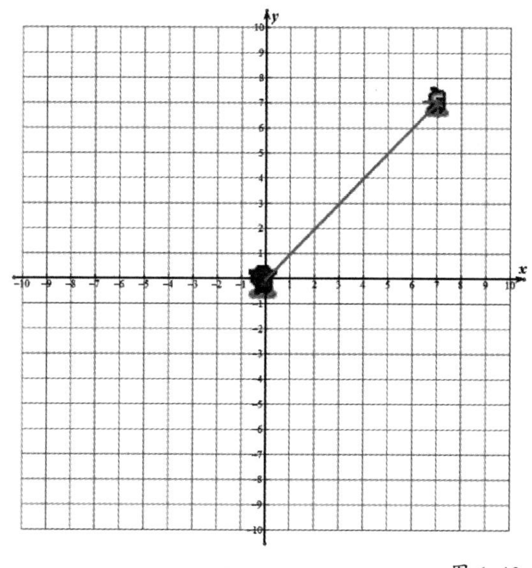

图 6-13

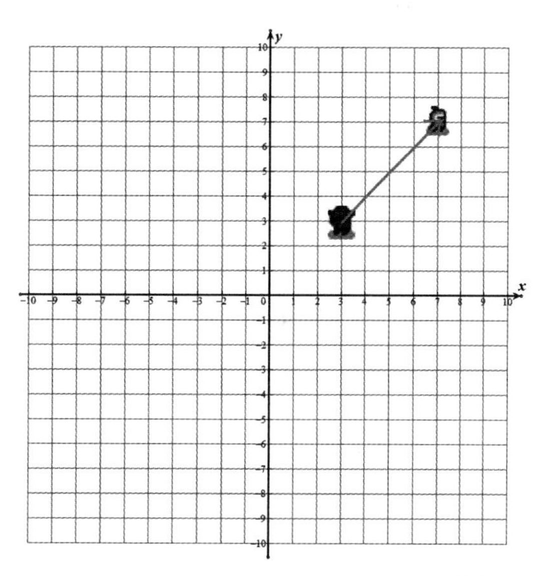

图 6-14

因此，在设置 AI 的位移速度前，开发者需要对向量进行单位化，即将向量的长度转换为 1。单位化的向量只用来表示位移的方向，位移的速度则通过向量的乘除法进行设置。根据不同的向量类型，向量单位化的公式同样被分为 2D 和 3D 两种，具体内容如下。

2D 向量的单位化公式：单位向量 $=(x,y)/\sqrt{x^2+y^2}$（其中$\sqrt{x^2+y^2}$为向量的长度）

3D 向量的单位化公式：单位向量 $=(x,y,z)/\sqrt{x^2+y^2+z^2}$（其中$\sqrt{x^2+y^2+z^2}$为向量的长度）

介绍完向量单位化的计算公式后，接下来以控制 AI 从原点 (0,0) 位置出发，向小骑士所在的位置 (7,7) 匀速位移为例进行讲解。具体的代码如代码清单 8 所示。

代码清单 8

```
01. private void MoveMethod_2()
02. {
03.     transform.Translate(PlayerPos.position - transform.position * 3 * Time.
deltaTime);
04. }
```

代码清单 8 是一段调用 transform.Translate 函数，控制 AI 向小骑士所在位置进行位移的代码。在编写代码时，首先需要在脚本中获取 AI 和小骑士所在的位置，用于计算控制 AI 向小骑士所在位置进行位移的向量。开发者使用变量 PlayerPos.position 和变量 transform.position 进行减法运算后，将结果作为参数传入函数中，即可控制 AI 向小骑士所在的位置进行位移，但此时 AI 进行的并不是匀速位移。为此，开发者需要使用小括号将变量 PlayerPos.position 和变量 transform.position 进行减法运算的计算式框住，再通过成员运算符访问变量 normalized 对向量进行单位化。具体的代码如代码清单 9 所示。

代码清单 9

```
01. private void MoveMethod_2()
02. {
03.     transform.Translate((PlayerPos.position - transform.position).normalized * 3 *
Time.deltaTime);
04. }
```

6.4 三角函数

三角函数在游戏开发中常用于计算游戏对象的旋转角度。在介绍三角函数前先介绍三角形的 3 条边，这 3 条边在直角三角形中的分布情况如图 6-15 所示。

图 6-15

在图 6-15 中，直角三角形最长的边为斜边，和角 A（记作 $\angle A$）位置相邻的边为邻边，和角 A 位置相对的边为对边，它们之间的比值构成角 A 的正弦、余弦和正切，具体的计算公式如下。

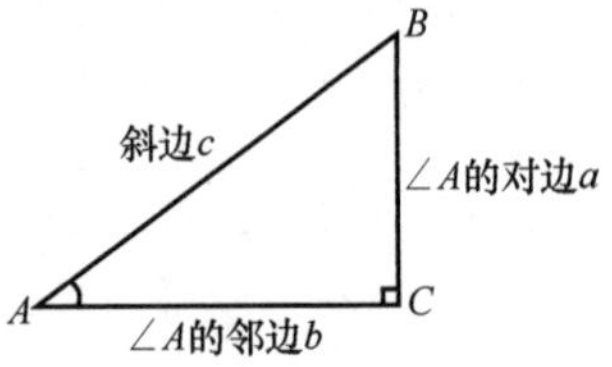

角 A 的正弦公式：$\sin A=$ 对边 / 斜边

角 A 的余弦公式：$\cos A$= 邻边 / 斜边

角 A 的正切公式：$\tan A$= 对边 / 邻边

本节主要讲解如何通过计算直角三角形的 tan 值来控制一个游戏对象以另外一个游戏对象为参照物设置自身的旋转角度，如图 6-16 所示。

图 6-16 中的游戏对象分别为 AI 和小骑士，可以看到此时 AI 正面朝下，如果希望 AI 能够正面朝向小骑士，则需要在 AI 和小骑士之间建立起一个直角三角形，并计算相应夹角的 tan 值，以此来控制 AI 的旋转，让 AI 能够正面朝向小骑士。

建立直角三角形的过程可以分为两步。第一步，使用向量减法计算出由 AI 指向小骑士的向量，并求出直角三角形的斜边。为了方便讲解，这里把该向量称为“向量 ***C***”，如图 6-17 所示。

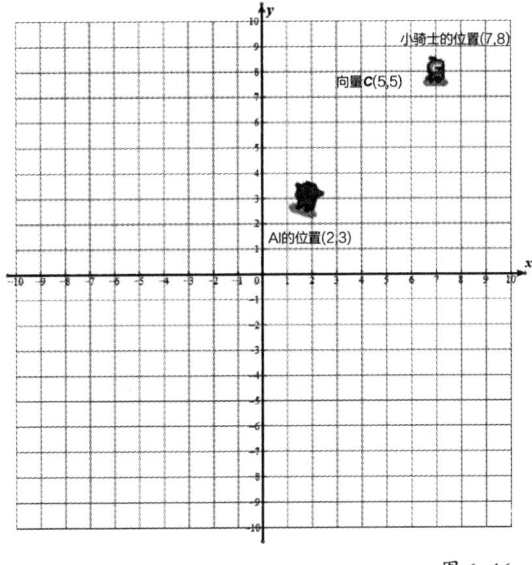

图 6-16

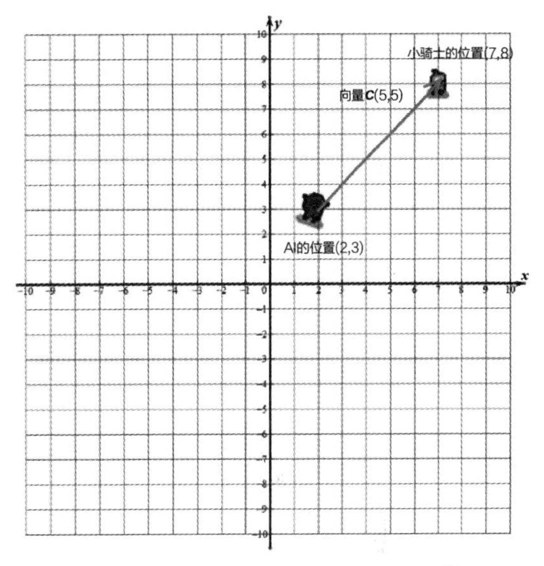

图 6-17

第二步，将向量 ***C*** 的各分量分解到 AI 局部坐标系的 x 轴和 y 轴上，求出直角三角形的对边和邻边，并且对边和邻边的长度分别等于向量 x 与 y 分量的数值，即对边的长度为 5，邻边的长度也为 5，如图 6-18 所示。

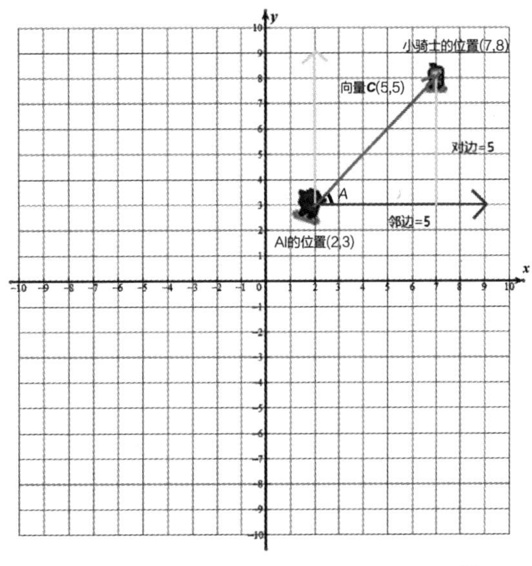

图 6-18

已知对边和邻边的长度后，计算对边和邻边长度的比值，求出 $\tan A$ 的数值为 1。在求出 $\tan A$ 的数值后，开发者需要将 $\tan A$ 的数值作为参数传入 Mathf.Atan2 函数中（Unity 3D 中用于根据 $\tan A$ 的数值计算旋转角度的函数），才能求出游戏对象旋转的角度。并且由于 Unity 3D 是以弧度制的方式来计算游戏对象旋转的角度的，因此开发者还需要将变量 Mathf.

Rad2Deg 和 Mathf.Atan2 函数相乘，把计算游戏对象的旋转角度的方式从弧度制转换成角度制。

在介绍完如何使用 tan*A* 的数值控制游戏对象的旋转角度后，接下来在脚本中编写一段控制游戏对象旋转角度的代码。具体的代码如代码清单 10 所示。

代码清单 10

```
01. private void RotationMethod_1()
02.     {
03.         Vector2 direction = EnemyPos.position - transform.position;
04.         float angle = Mathf.Atan2(direction.y, direction.x) * Mathf.Rad2Deg;
05.         transform.eulerAngles = Vector3.forward * angle;
06.     }
```

代码清单 10 是一段控制一个游戏对象以另外一个游戏对象为参照物进行旋转的代码。在这段代码中，开发者需要计算两游戏对象的 tan*A* 数值来求出旋转的角度。为此，开发者首先需要运用向量的减法求出直角三角形的斜边，并定义一个 Vector2 类型的对象 direction，用于存储计算的结果。

然后访问对象 direction 的 *y* 和 *x* 变量，其中 *y* 变量代表直角三角形的对边，*x* 变量代表直角三角形的邻边，开发者使用“/”运算符对这两个变量进行除法运算就可以求出两游戏对象的 tan*A* 数值。

在理解了对象 direction 的 *y* 和 *x* 变量的作用后，开发者需要将它们作为参数，分别传入 Mathf.Atan2 函数中，Mathf.Atan2 函数的内部会自动使用“/”运算符对 direction 的 *y* 和 *x* 变量进行除法运算，并求出两游戏对象的 tan*A* 数值，再对求出的 tan*A* 数值做进一步的计算，最后求出旋转的角度，并将旋转的角度作为返回值进行返回。这里有一点需要注意，开发者无须理解 Mathf.Atan2 函数对求出的 tan*A* 数值进行了什么计算，只需要知道 Mathf.Atan2 函数会返回游戏对象的旋转角度即可。

计算出旋转角度后，由于 Unity 3D 默认采用弧度制计算旋转的角度，因此开发者需要将变量 Mathf.Rad2Deg 和 Mathf.Atan2 函数相乘，把计算旋转角度的方式从弧度制转换成角度制，并定义一个 float 类型的变量 angle，存储转换的结果。

在使用变量 angle 存储转换的结果后，开发者需要设置游戏对象旋转的参考坐标轴，让游戏对象围绕 *x*、*y*、*z* 这 3 个轴的其中一个进行旋转，一般情况下 3D 游戏对象将围绕 *z* 轴进行旋转。为此，开发者需要使用 Vector3.forward 对象和变量 angle 进行乘法运算，让游戏对象围绕 *z* 轴进行旋转。

6.5 本章总结

本章主要讲解了如何使用 3D 数学中的笛卡儿坐标系和 Vector 对象、局部坐标系和世界坐标系、向量和三角函数等知识去控制游戏对象的位置、位移和旋转角度，下一章“物理系统”将会讲解如何实现游戏中的常见物理效果。

第 7 章

物理系统

在游戏开发中经常需要控制游戏对象的位移，以及检测两游戏对象是否发生碰撞来控制功能的执行，这些功能的实现都需要用到 Unity 3D 的物理系统。本章将对 Unity 3D 的物理系统在游戏开发中的实际运用进行详细的讲解。

7.1 游戏对象之间的碰撞检测

在游戏中，有一些功能需要两个游戏对象发生碰撞后才会执行，例如：在 ACT（Action，动作类）游戏中，角色使用的武器必须要击中怪物后，才会计算怪物受到的伤害；在 RPG 中，角色必须要和掉落在地上的物品发生接触后，物品才会进入角色的背包中。因此，在执行这些功能时，需要使用碰撞器（Collider）组件来对游戏对象进行碰撞检测。

在第 2 章“Unity 3D 基础的窗口、常识和组件”中曾讲过，Collider 组件用于防止当两个游戏对象发生接触时穿过彼此。根据不同的游戏类型，Collider 组件可以被分为 2D 和 3D 两种，并且根据不同形状的游戏对象，Collider 组件还可被分为 Box Collider、Sphere Collider、Capsule Collider 等。

除上述功能外，开发者还可以在脚本中使用碰撞检测函数对两个添加了 Collider 组件的游戏对象进行碰撞检测。根据游戏对象的类型，碰撞检测函数被分为 2D 和 3D 两种，其中用于对 2D 游戏的游戏对象（下文简称为 2D 游戏对象）进行碰撞检测的函数有 OnCollisionEnter2D、OnCollisionStay2D、OnCollisionExit2D，用于对 3D 游戏的游戏对象（下文简称为 3D 游戏对象）进行碰撞检测的函数有 OnCollisionEnter、OnCollisionStay、OnCollisionExit。这些碰撞检测函数的作用完全相同，都是用于对游戏对象发生的碰撞事件进行检测，这里以用于对 2D 游戏对象进行碰撞检测的函数为例进行讲解。

OnCollisionEnter2D：在某个游戏对象和另一个游戏对象发生碰撞的瞬间，脚本会执行 OnCollisionEnter2D 函数大括号内的代码。

OnCollisionStay2D：在某个游戏对象和另一个游戏对象发生碰撞，并且双方的表面持续发生接触时，脚本会执行 OnCollisionStay2D 函数大括号内的代码。

OnCollisionExit2D：在某个游戏对象和另一个游戏对象发生碰撞，并且双方的表面在碰撞瞬间发生短暂的接触并分开后，脚本会执行 OnCollisionExit2D 函数大括号内的代码。

开发者需要根据功能的需要，在游戏对象发生碰撞后选择合适的碰撞检测函数，并将相关功能的代码放在相应的碰撞检测函数的大括号内，以便控制功能的执行。下面将通过讲解 3 个实际案例，帮助开发者理解什么样功能的代码应该放在什么样的碰撞检测函数的大括号内。

案例一，在 FPS 游戏中，子弹在击中敌人的瞬间，游戏系统会自动计算敌人受到的伤害，有关计算敌人所受伤害的代码会放在 OnCollisionEnter2D 和 OnCollisionEnter 函数的大括号内。

案例二，在 RPG 中，如果角色正站在一个魔法阵中，并且角色身体的某个部位与魔法阵持续发生接触，此时游戏系统会自动增加角色的魔力值上限。有关增加角色魔力值上限的代码会放在

OnCollisionStay2D 或 OnCollisionStay 函数的大括号内。

案例三，还是在 RPG 中，如果一个角色离开了魔法阵，并且身体的每个部分不再与魔法阵发生接触，游戏系统会自动取消对角色魔力值上限的增加，有关取消增加角色魔力值上限的代码会放在 OnCollisionExit2D 和 OnCollisionExit 函数的大括号内。

7.2 游戏对象之间的触发检测

触发检测是指检测游戏对象是否进入了某个区域或范围内，如果游戏对象进入指定的区域或范围内，就执行相应功能的代码。例如在 FPS 游戏中，当玩家控制的角色进入敌人 AI 的射程范围内，就执行控制敌人 AI 发射子弹的代码，向角色发射子弹，对其造成伤害。为此，开发者需要勾选图 7-1 所示 Box Collider 2D 组件窗口中的 Is Trigger 复选框来开启 Collider 组件的触发检测功能。在 Unity 3D 中开启了触发检测功能的 Collider 组件被称为“触发器”(Trigger)。

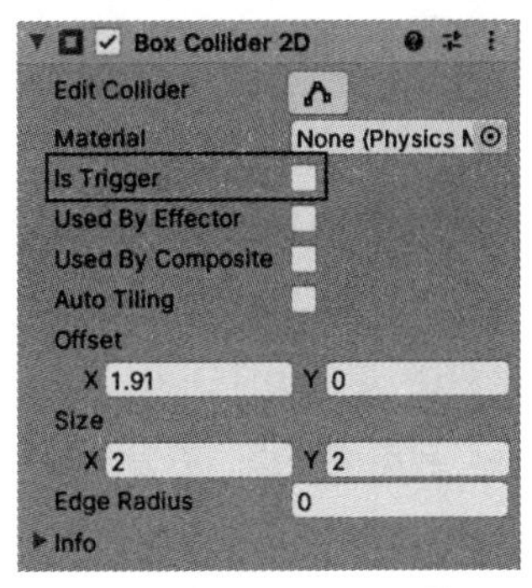

图 7-1

这里有一点值得一提，Collider 组件的尺寸大小决定了触发器的检测范围，开发者可以在 Collider 组件的 Inspector 窗口中设置 Size 属性的数值来调整 Collider 组件的大小。

根据游戏对象的类型，用于在脚本里进行触发检测的函数可以分为 2D 和 3D 两种：其中 OnTriggerEnter2D、OnTriggerStay2D、OnTriggerExit2D 应用于 2D 游戏对象，OnTriggerEnter、OnTriggerStay、OnTriggerExit 应用于 3D 游戏对象。它们的作用完全相同，都是用于检测游戏对象是否进入触发器的检测范围，并在相应的时机执行各自大括号里的代码。这里以对 2D 游戏对象进行触发检测的函数为例进行讲解。

OnTriggerEnter2D：当游戏对象进入触发器检测范围内的一瞬间，就执行 OnTriggerEnter2D 函数大括号内的代码。

OnTriggerStay2D：当游戏对象进入触发器检测范围内，并且没有离开触发器的检测范围，就执行 OnTriggerStay2D 函数大括号内的代码。

OnTriggerExit2D：当游戏对象进入触发器的检测范围内，又离开了触发器的检测范围，就执行 OnTriggerExit2D 函数大括号内的代码。

开发者需要根据游戏对象进入触发器检测范围后功能的执行时机，将相关功能的代码放在相应的碰撞检测函数的大括号内，以此控制功能的执行。下面将通过讲解 3 个实际案例，帮助开发者理解什么样的功能代码应该放在什么样的触发检测函数的大括号内。

OnTriggerEnter2D：在 ACT 游戏中，当角色手中挥舞的剑击中了敌人时，就计算敌人受到的伤害。计算敌人受到的伤害的代码应该放在 OnTriggerEnter2D 或 OnTriggerEnter 函数的大括号内。

OnTriggerStay2D：在 RPG 中，当玩家控制的角色进入敌人 AI 射程的检测范围，就控制敌人 AI 向角色发射箭矢对角色造成伤害。敌人 AI 发射箭矢功能的代码应该放在 OnTriggerStay 或 OnTriggerStay2D 函数的大括号内。

OnTriggerExit2D：还是在 RPG 中，在玩家控制角色离开敌人 AI 射程的检测范围后，就控制敌人 AI 停止向角色发射箭矢。停止敌人 AI 向角色发射箭矢的代码应该放在 OnTriggerExit 或 OnTriggerExit2D 函数的大括号内。

7.3 Tag（标签）

在对游戏对象进行碰撞或触发检测时，开发者通常会判断游戏对象的 Tag。Tag 是 Unity 3D 用于区分不同游戏对象的一种方式，开发者可以通过为游戏对象添加不同的 Tag 来对游戏对象进行区分。

利用这一点，开发者可以在 FPS 游戏中避免出现误伤队友的情况。例如，开发者可以将玩家控制的角色的 Tag 设置为 Player（玩家），玩家队友控制的角色的 Tag 设置为 Friendly Party（友方），敌方控制的角色的 Tag 设置为 Enemy（敌方）。当玩家控制的角色发射子弹击中了某个游戏对象时，子弹会对该游戏对象的 Tag 进行判断。如果游戏对象的 Tag 为 Friendly Party，就表示子弹击中的是玩家的队友，因此不进行伤害计算；而如果游戏对象的 Tag 为 Enemy，则表示子弹击中的是敌人，此时就需要进行伤害计算。

介绍完 Tag 在游戏中的运用后，开发者可在每个游戏对象的 Inspector 窗口中单击 Tag 属性右边的“下三角”按钮，在展开的下拉列表中设置游戏对象的 Tag，如图 7-2 所示。

设置完毕后，在 Tag 属性的位置会显示游戏对象的 Tag，如图 7-3 所示。

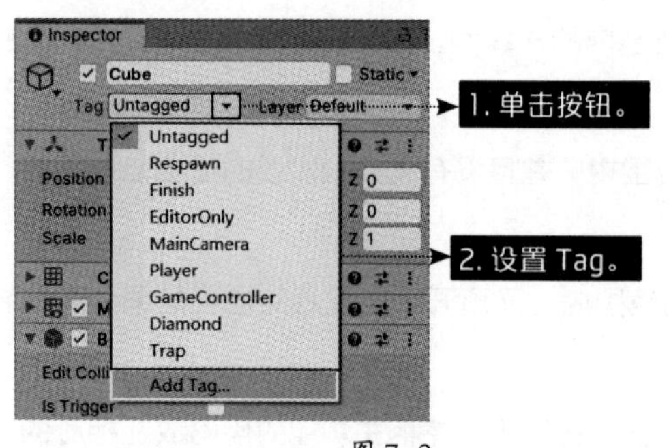

图 7-2

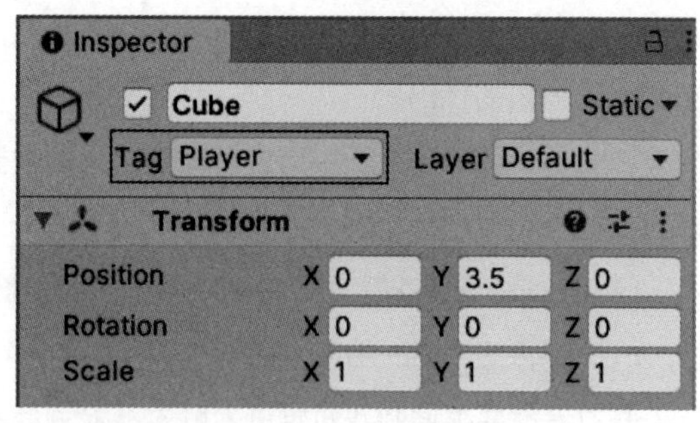

图 7-3

除了在下拉列表中设置默认出现的 Tag 外，开发者还可以自定义一个 Tag。为此，开发者需要在 Tag 属性的下拉列表中单击“Add Tag”按钮，将 Inspector 窗口显示的内容切换为自定义 Tag。此时开发者需要单击 Tags 属性下的“+”按钮，并在对自定义的 Tag 命名后，单击“Save”按钮进行保存，如图 7-4 所示。

图 7-4

保存完毕后，开发者自定义的 Tag 会出现在 Tag 属性的下拉列表中，此时开发者即可将该 Tag 设置为游戏对象的 Tag。

设置完毕后，开发者可以通过访问碰撞检测和触发检测函数的 collision 参数的 Tag 变量，来获取游戏对象身上的 Tag。这里以用于对 2D 游戏对象进行触发检测的函数为例进行讲解。具体的代码如代码清单 1 所示。

代码清单 1

```
01. private void OnTriggerEnter2D(Collider2D collision)
02. {
03.     if (collision.transform.tag == "Player")
04.     {
05.         Debug.Log(" 游戏对象的 Tag 为 Player");
06.     }
07. }
```

上述代码使用 collision.transform.tag 变量访问游戏对象上的 Tag，并使用 if 语句对其进行了判断，如果该 Tag 为 Player，那么就调用 Debug.Log 函数在 Console 窗口中输出“游戏对象的 Tag 为 Player”这句话。

7.4 使用刚体组件控制游戏对象的位移

在第 2 章“Unity 3D 基础的窗口、常识和组件”中讲过，刚体组件的功能是赋予游戏对象重力、阻力等力的作用。除此之外，开发者还可以在脚本中通过调用刚体组件的 AddForce 函数和 Velocity 变量来控制游戏对象的位移，本节将会详细讲解两者的使用方法。

AddForce 函数和 Velocity 变量在使用方法上基本相同，即用一个 Vector 类型的变量指定游戏对象位移的方向和速度，不同之处在于两者控制游戏对象进行位移的方式。AddForce 函数是给游戏对象添加一个恒定的力，而 Velocity 变量则是给游戏对象添加一个恒定的速度，不同的控制方式实现的位移效果不一样。

当开发者使用 AddForce 函数以“添加力”的方式实现游戏对象的位移时，游戏对象会具备惯性。

当玩家松开控制游戏对象进行位移的按键时，游戏对象并不会立即停止位移，而是因为惯性继续向前位移一段距离。

使用 Velocity 变量控制游戏对象的位移时，由于 Velocity 变量以“添加速度”的方式来实现游戏对象的位移，因此进行位移的游戏对象不会受到任何力的作用，同样也不会具有惯性。当玩家松开控制游戏对象进行位移的按键时，游戏对象也会立即停止当前的位移。

这里有一点值得一提，调用 AddForce 函数和设置 Velocity 变量数值控制游戏对象进行位移的代码，通常会放在 FixedUpdate 函数中。原因是 Update 函数的执行频率受设备的影响较大，设备的画面刷新频率越高，Update 函数的执行频率越高。这会使游戏对象在位移时的碰撞检测和触发检测很不稳定，而 FixedUpdate 函数固定每 0.02 秒执行一次，相对于 Update 函数而言，其执行的频率更加稳定。因此，调用 AddForce 函数和设置 Velocity 变量数值的代码会放在 FixedUpdate 函数中。

AddForce 函数和 Velocity 变量在脚本中的代码形式大同小异，因此这里以 AddForce 函数在脚本中设置游戏对象的位移速度为例进行讲解。具体的代码如代码清单 2 所示。

代码清单 2

```
01. private Rigidbody rb;
02. public float Speed;
03. private void Awake()
04. {
05.     rb = GetComponent<Rigidbody>();
06. }
07. private void FixedUpdate()
08. {
09.     float horizontal = Input.GetAxisRaw("Horizontal");
10.     float vertical = Input.GetAxisRaw("Vertical");
11.     Vector3 MoveDir = new Vector3(horizontal, 0, vertical);
12.     rb.AddForce(MoveDir * Speed);
13. }
```

第 1 到第 6 行代码：定义一个 Rigidbody 类型的对象 rb，以及一个 float 类型的变量 Speed，并在 Awake 函数中调用 GetComponent 函数初始化 rb 对象。

第 9 到第 10 行代码：在 FixedUpdate 函数中调用 Input.GetAxisRaw(“Horizontal”) 和 Input.GetAxisRaw(“Vertical”)，并定义两个 float 类型的变量 horizontal 和 vertical，用于存储函数的返回值。

第 11 行代码：定义一个 Vector3 对象 MoveDir，并将 horizontal 变量和 vertical 变量作为参数传入 Vector3 的构造函数中，设置 MoveDir 对象在 x 轴和 z 轴的分量的数值。

第 12 行代码：调用 AddForce 函数，并在函数的小括号中将 MoveDir 变量和 Speed 变量进行乘法运算，目的是设置位移的方向和速度，设置完毕后即可控制游戏对象的位移。

7.5 射线检测

射线是指 Unity 3D 定义的 Physics.Raycast 和 Physics2D.Raycast 函数，其中 Physics.Raycast 函数适用于 3D 游戏对象，Physics2D.Raycast 函数适用于 2D 游戏对象。它们在游戏中的作用一样，都是从场景中的某个位置开始，沿着一个方向发射一条不可见的射线。如果射线在发射的过程中触碰到了添加有 Collider 组件的游戏对象，Physics.Raycast 和 Physics2D.Raycast 函数会返回 true 作为函数的返回值，代表射线触碰到了游戏对象；如果射线没有触碰到游戏对象，那么返回值就是 false。本节以 Physics2D.Raycast 函数为例进行讲解。

在调用 Physics2D.Raycast 函数时，开发者需要向函数中传入相应的参数 transform.position、Vector2.down 和 10f，分别用于设置射线的起点、方向和长度。具体的代码如代码清单 3 所示。

代码清单 3

```
01. private void Update()
02. {
03.     Physics2D.Raycast(transform.position, Vector2.down, 10f);
04. }
```

由于射线触碰到游戏对象会返回 true，没有触碰到游戏对象会返回 false，因此开发者可以在游戏中控制游戏对象的跳跃。具体的代码如代码清单 4 所示。

代码清单 4

```
01. private Rigidbody2D rig;
02. private bool IsJump;
03.
04. private void Start()
05. {
06.     rig = GetComponent<Rigidbody2D>();
07. }
08.
09. private void Update()
10. {
11.     IsJump = Physics2D.Raycast(transform.position, Vector2.down, 10f);
12.
13.     if (IsJump)
14.     {
15.         if (Input.GetKeyDown(KeyCode.Space))
```

```
16.         {
17.             rig.velocity = new Vector2(0, 10f);
18.         }
19.     }
20. }
```

第 1 到第 7 行代码：定义一个 Rigidbody2D 类型的对象 rig，以及一个 bool 类型的变量 IsJump，并在 Start 函数中调用 GetComponent 函数来初始化 rig 对象。

第 11 行代码：在 Update 函数中调用 Physics2D.Raycast 函数，并向函数传入相应的参数，设置射线的起点、方向和长度，并使用 IsJump 变量存储 Physics2D.Raycast 函数的返回值。

第 13 行代码：使用 if 语句判断 IsJump 变量存储的数值，如果 IsJump 变量的值为 true，则允许玩家按“Space”键控制游戏对象进行跳跃。

第 15 到第 18 行代码：当 IsJump 变量存储的值等于 true 时，就调用 Input.GetKeyDown（KeyCode.Space）函数，并使用 if 语句对函数的返回值进行判断；如果返回值为 true，就定义一个 Vector2 类型的对象，并使用这个对象给 velocity 变量赋值，实现角色的跳跃。

7.6 综合案例——制作 3D 滚动球

本节将以制作一款 3D 滚动球游戏为例，讲解物理系统在游戏中的实际运用。在这个游戏中，玩家需要控制一个小球吃掉放置在场景各处的宝石，当宝石都被吃光后就算胜利，但是在吃光所有的宝石前，如果玩家控制的小球掉入了场景中的陷阱里，就算游戏失败。其中，控制小球吃掉宝石的效果展示如图 7-5 所示。

图 7-5

陷阱的效果展示如图 7-6 所示。

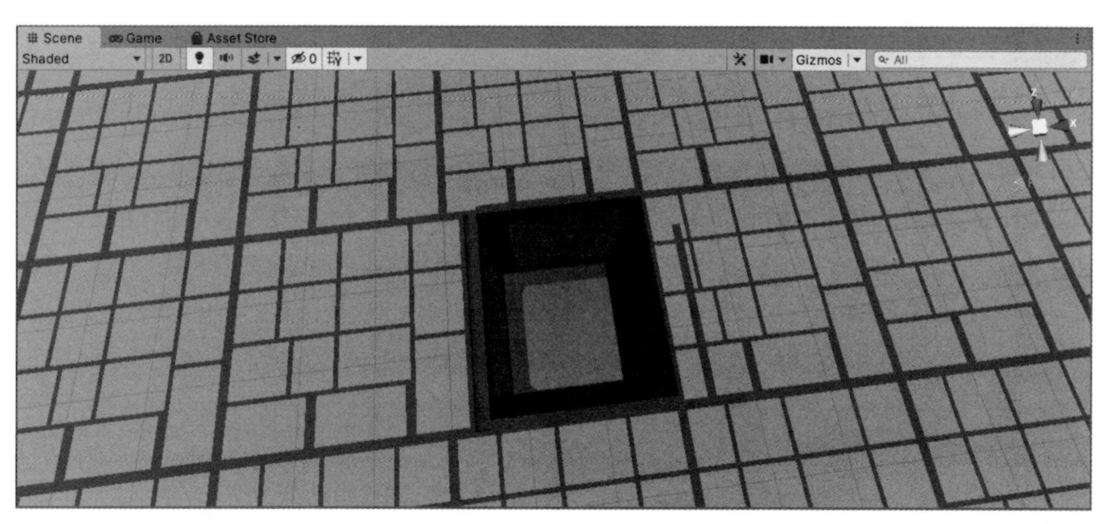

图 7-6

小球吃掉场上的所有宝石，取得游戏胜利的效果展示如图 7-7 所示。

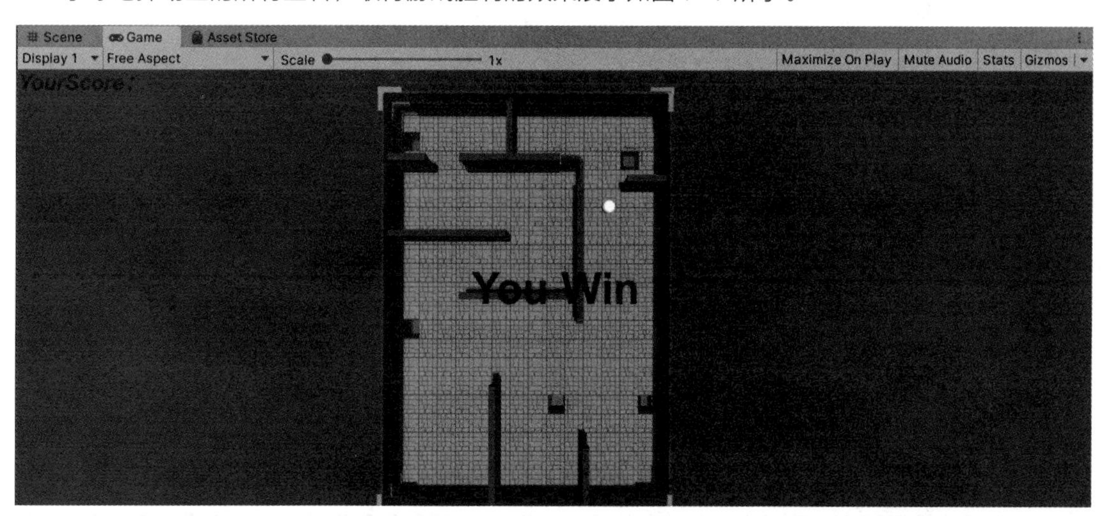

图 7-7

小球掉入陷阱，游戏结束的效果展示如图 7-8 所示。

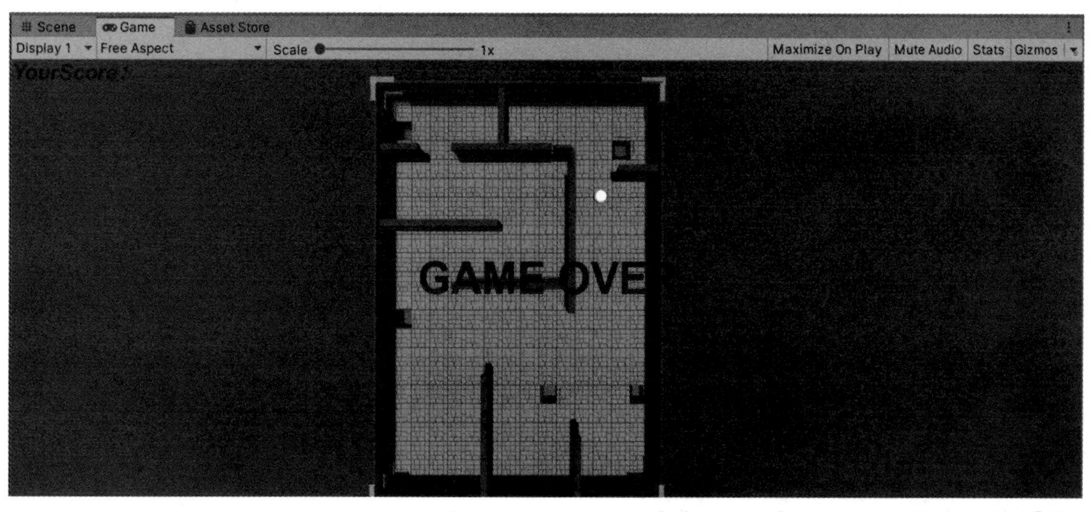

图 7-8

7.6.1 控制小球的位移

本小节将讲解如何实现玩家控制小球的位移。首先，开发者需要在 Project 窗口中将本书配套的场景素材“BallRoll”拖入 Scene 窗口，让小球有一个活动的空间；然后再创建一个 Sphere 游戏对象作为玩家控制的小球。为了确保游戏拥有足够的挑战性，本案例中将使用 AddForce 函数实现小球的位移，让玩家在松开控制位移的按键后，小球会受到惯性的作用沿原先的方向继续位移一段距离。为此，开发者需要定义一个名为 BallRoll 的脚本并添加到小球上。具体的代码如代码清单 5 所示。

代码清单 5

```
01. private Rigidbody rb;
02. public float Speed;
03. private void Awake()
04. {
05.     rb = GetComponent<Rigidbody>();
06. }
07. private void FixedUpdate()
08. {
09.     float horizontal = Input.GetAxisRaw("Horizontal");
10.     float vertical = Input.GetAxisRaw("Vertical");
11.
12.     Vector3 MoveDir = new Vector3(horizontal, 0, vertical);
13.
14.     rb.AddForce(MoveDir * Speed);
15. }
```

第 1 到第 6 行代码：定义一个 Rigidbody 类型的对象 rb，以及一个 float 类型的变量 Speed，其中 rb 对象用于在脚本中获取小球上的刚体组件，Speed 变量用于设置位移的速度；定义了 rb 对象和 Speed 变量后，在 Awake 函数的大括号内使用 GetComponent 函数初始化 rb 对象。

第 9 到第 10 行代码：在 FixedUpdate 函数的大括号内调用 Input.GetAxisRaw (“Horizontal”) 和 Input.GetAxisRaw(“Vertical”) 函数，并分别定义两个 float 类型的变量 horizontal 和 vertical，用于存储函数的返回值。

第 12 行代码：定义一个 Vector3 类型的对象 MoveDir，并使用 horizontal 和 vertical 变量在 Vector3 对象的构造函数中设置 x 轴和 z 轴分量的数值，以此来表示小球位移的方向。

第 14 行代码：把 MoveDir 对象和 Speed 变量作为参数传入 AddForce 函数中做乘法运算后，即可控制小球进行位移。

7.6.2 实现小球和宝石的触发检测

本小节将讲解如何通过使用触发检测函数对小球和宝石进行触发检测，以此实现小球吃掉宝石的效果。首先，开发者需要在 Project 窗口中将本书配套资源中的宝石素材“gem_08”拖入场景中，然后复制多个“gem_08”，摆放在场景的各个位置。接着，为了实现小球和宝石之间的碰撞，开发者需要为宝石添加一个 Collider 组件。在宝石的 Inspector 窗口中勾选 Collider 组件的 Is Trigger 复选框，开启添加在宝石上与 Collider 组件有关的触发器的功能，然后创建一个名为 Diamond 的脚本并添加到宝石上。具体的代码如代码清单 6 所示。

代码清单 6

```
01. private void OnTriggerEnter(Collider collision)
02. {
03.     if (collision.transform.tag == "Player")
04.     {
05.         Destroy(gameObject);
06.     }
07. }
```

第 1 行代码：将实现小球吃掉宝石的代码放在触发检测函数 OnTriggerEnter 的大括号内，使用 OnTriggerEnter 函数对小球和宝石进行触发检测。

第 3 到第 6 行代码：使用 if 语句判断进入宝石触发检测范围的游戏对象的 Tag，如果该游戏对象的 Tag 是 Player，就表示进入触发检测范围的游戏对象是小球，因此调用 Destroy 函数销毁宝石，以实现小球吃掉宝石的效果。

7.6.3 更新玩家获得的分数

本小节将讲解如何在小球吃掉宝石后，更新玩家获得的分数。为此，开发者需要创建一个名为 GameManager 的脚本。具体的代码如代码清单 7 所示。

代码清单 7

```
01. public Text ScoreLab;
02. public float YourScore;
03. private void Update()
04. {
05.     ScoreLab.text = "YourScore" + ":" + YourScore;
06. }
```

第 1 到第 2 行代码：定义一个 float 类型的变量 YourScore 用于记录玩家获得的分数，以及一个 Text 类型的对象 ScoreLab 用于获取显示玩家分数的 Text 组件。

第 3 到第 6 行代码：访问 ScoreLab 对象的 text 变量，并向变量赋值“YourScore” + “:” + YourScore，以此更新玩家获得的分数。

7.6.4 判断游戏的输赢

本小节将讲解如何实现当小球吃光场上所有的宝石后判定玩家获得游戏的胜利，以及小球掉入陷阱后判定游戏失败。开发者需要先创建一个用于显示胜利和失败信息的 Text 组件，然后在 GameManager 脚本中编写判定游戏胜利，以及在 BallRoll 脚本中编写判定游戏失败的代码。其中判定游戏胜利的代码如代码清单 8 所示。

代码清单 8

```
01. public Text EndTitle;
02. public int TotalScore;
03. private void Update()
04. {
05.     if (YourScore == TotalScore)
06.     {
07.
08.         EndTitle.text = "YOU WIN";
09.     }
10. }
```

第 1 到第 2 行代码：定义一个 Text 类型的对象 EndTitle 用于获取显示胜利信息的 Text 组件，以及一个 int 类型的变量 TotalScore 用于判断小球是否吃光了场上所有的宝石。

第 5 到第 9 行代码：判断玩家 YourScore 变量和 TotalScore 变量的数值是否相等，如果相等就表示小球已经吃光了场上所有的宝石，开发者需要调用 EndTitle 对象的 text 变量，并使用“YOU WIN”对该变量进行赋值，表示玩家获得了游戏的胜利。

有关小球掉入陷阱后，判定游戏失败的代码如代码清单 9 所示，开发者需要将相关的代码写在控制小球进行位移的 BallRoll 脚本中。

代码清单 9

```
01. private void OnCollisionEnter(Collision collision)
02. {
03.     if (collision.transform.tag == "Trap")
04.     {
05.         GameManager._instance.EndTitle.text = "GAME OVER";
06.     }
07. }
```

第 1 行代码：开发者需要将判定游戏失败的代码放在 OnCollisionEnter 函数中，对小球和陷阱进行碰撞检测。

第 3 行代码：通过 collision.transform.tag 变量获取游戏对象的 Tag，并使用 if 语句进行判断，如果游戏对象的 Tag 为 Trap 则表示小球掉入了陷阱中。

第 5 行代码：判断游戏对象的 Tag 为 Trap 后，访问 EndTitle 对象的 text 变量，并使用“GAME OVER”对该变量进行赋值，表示游戏失败。

7.7 本章总结

本章主要讲解了如何在 Unity 3D 的物理系统中使游戏对象进行碰撞和触发检测，如何控制游戏功能的执行时机，如何使用 Tag 区分游戏对象，使用 AddForce 函数和 Velocity 变量控制游戏对象进行位移的区别，以及如何通过射线检测控制游戏对象进行跳跃，最后通过制作一款 3D 滚动球的游戏对这些知识点的运用进行了总结。下一章讲解 Mecanim 动画系统时，会运用到本章所学的知识点实现角色的奔跑和跳跃等物理动作。

Mecanim 动画系统

在游戏中，动画是角色和 UI 做出的各种动作，玩家可以通过键盘、手柄、手机虚拟按键等输入设备，控制角色和 UI 在这些动作之间的过渡方式，以此与游戏的世界产生互动，从而产生更加真实的代入感。试想一下，如果玩家去玩一款没有任何动画的游戏，那么可以预见玩家的体验将会非常糟糕，由此可见动画在游戏里的重要程度。为此，开发者可以使用 Unity 3D 的 Mecanim 动画系统的 Animation 编辑窗口（动画编辑窗口）、Animator Controller（动画状态机）、Blend Tree（混合树）等功能，轻松制作出动画片段，实现动画片段的过渡。本章将详细讲解 Mecanim 动画系统在游戏开发中的实际运用。

8.1 使用 Animation 编辑窗口制作动画片段

控制角色和 UI 在不同的动画片段之间进行过渡前，开发者需要使用 Animation 编辑窗口为它们制作出相应的动画片段。这里有一点需要注意，因为 Animation 编辑窗口的功能较为简单，无法满足动画片段对 3D 角色复杂的骨骼结构的要求，所以 Animation 编辑窗口只适合制作 UI、2D 角色等较为简单的动画片段。对于 3D 角色的动画片段，开发者需要使用 3d Max、Maya、Cinema 4D 等专业的动画制作软件，或直接从 Unity 商店下载已制作完成的动画片段。因此，本节以制作 2D 角色的动画片段为例，讲解如何使用 Animation 编辑窗口制作动画片段。

首先，开发者需要从 Project 窗口中将需要制作动画片段的 UI 或 2D 角色拖曳到 Hierarchy 窗口中，并在选择该游戏对象后，在 Unity 3D 的菜单栏中执行“Window>Animation”命令，调出 Animation 编辑窗口，如图 8-1 所示。

图 8-1

提示

除了在 Unity 3D 的菜单栏中执行“Window>Animation”命令外，开发者还可以在选择游戏对象后，按快捷键“Ctrl+6”调出 Animation 编辑窗口。

调出 Animation 编辑窗口后，开发者需要先在窗口中单击“Create”按钮创建一个动画文件，才可以开始动画片段的制作，如图 8-2 所示。

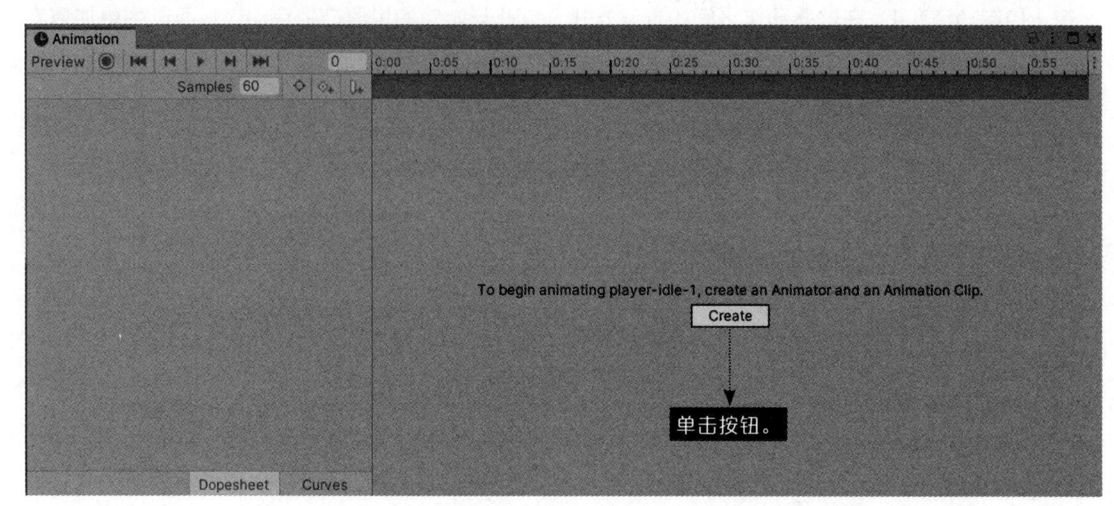

图 8-2

单击“Create”按钮后，在弹出的窗口中选择动画文件的存储路径并为动画文件命名，再单击“保存”按钮，即可新建一个动画文件，如图 8-3 所示。

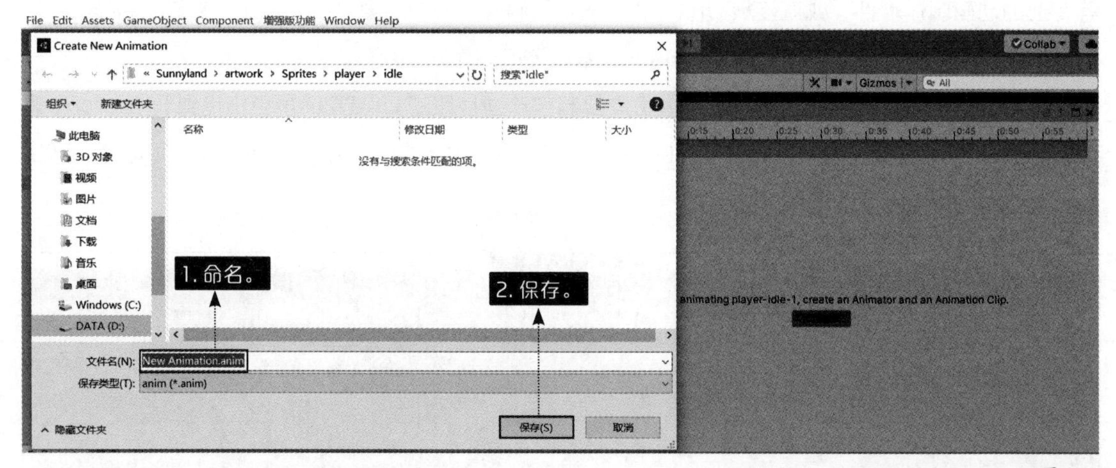

图 8-3

新建完毕后，在 Project 窗口中的 Animation 文件夹下会生成相应的动画文件，如图 8-4 所示。

图 8-4

新建动画文件后，开发者需要在 Animation 编辑窗口的时间轴上添加用于制作动画片段的关键帧，添加关键帧的方式分为“拖曳素材”和“添加属性”两种。两种方式制作出的动画片段在播放效果上是相同的，不同之处在于两者适用于不同更新方式的动画片段。“拖曳素材”方式适合制作以使用 Project 窗口中存放的素材为更新方式的动画片段，例如，2D 角色的动画片段的更新就需要用到 Project 窗口中存储的图片素材。“添加属性”则适合用于制作以在关键帧下修改组件属性的数值为更新方式的动画片段，例如，角色和 UI 大小的渐变动画片段，需要控制游戏对象的 Transform 组件的 Scale 属性在两个不同的数值下进行更新。开发者需要根据动画片段的更新方式选择合适的添加关键帧方式，下面通过两个例子分别讲解这两种添加方式。

先讲解通过“拖曳素材”的方式制作 2D 角色的动画片段。首先，开发者需要在 Project 窗口中，将所有 2D 角色的动画片段进行更新时需要用到的图片素材全部拖曳到 Animation 编辑窗口中，如图 8-5 所示。

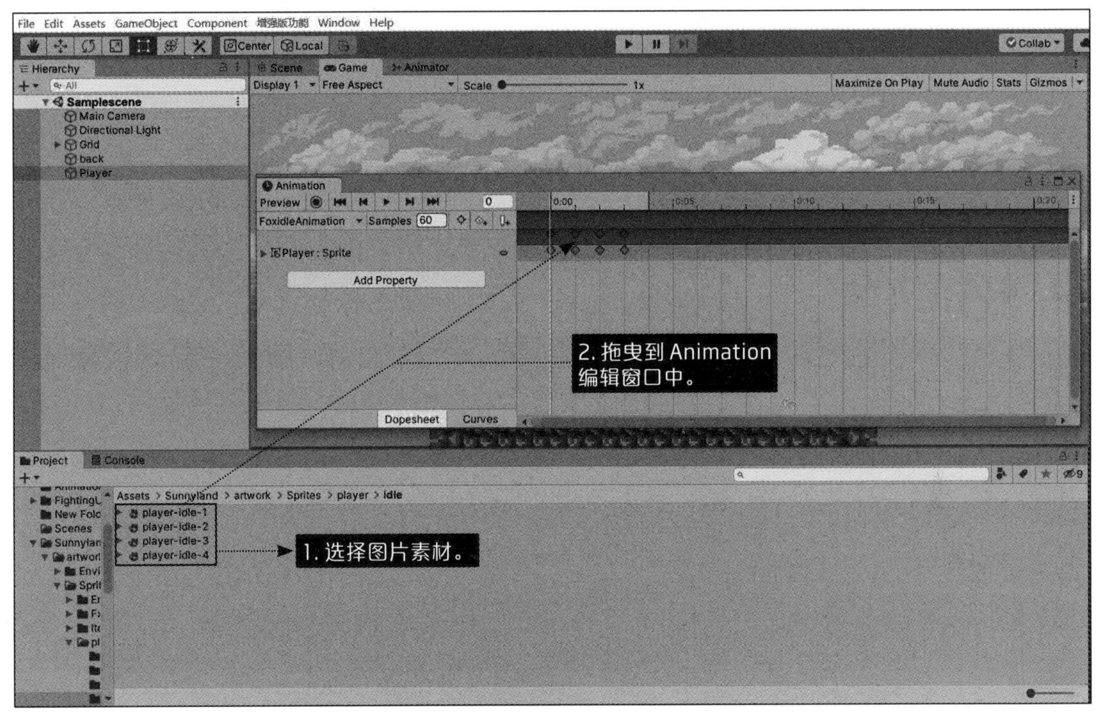

图 8-5

拖曳完毕后，动画片段就制作完成了，开发者单击 Animation 编辑窗口中的 ▶ 按钮，可以预览动画片段的播放效果。

理解了如何使用“拖曳素材”的方式制作动画片段后，接下来以制作角色渐变大小动画为例，讲解如何以“添加属性”的方式制作动画片段。

首先，开发者需要在 Hierarchy 窗口中选择角色的游戏对象，并调出 Animation 编辑窗口。调出窗口后，单击“Add Property”按钮，在展开的下拉列表中根据制作动画片段所需的组件属性，单击相应组件左侧的“下三角”按钮，在展开的下拉列表中对组件属性进行添加。由于制作角色渐变大小的动画需要用到游戏对象的 Transform 组件，因此这里添加的是 Transform 组件的 Scale 属性，如图 8-6 所示。

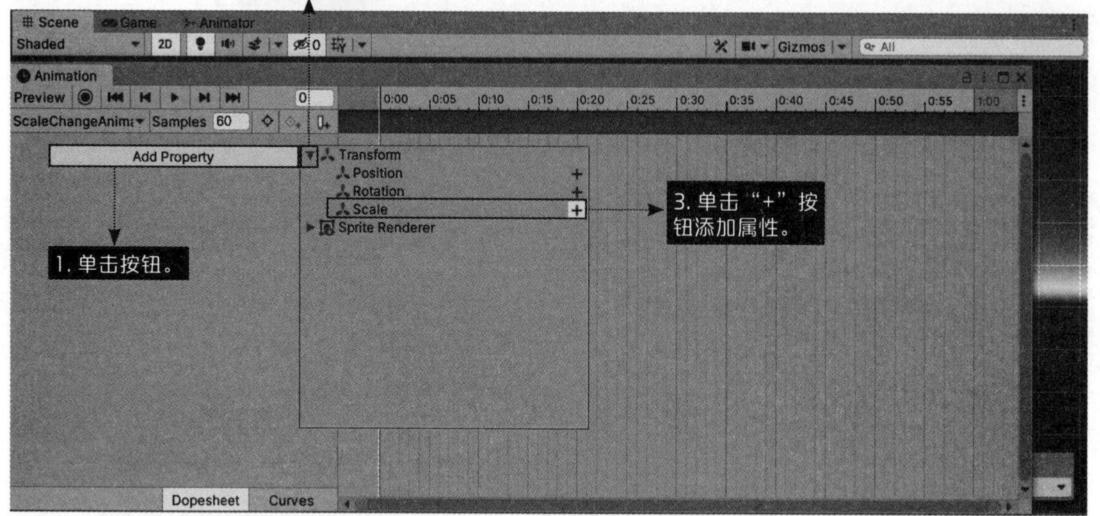

图 8-6

添加组件属性后，Unity 3D 会在 Animation 编辑窗口的时间轴下自动创建两个关键帧。开发者需要根据渐变大小动画片段的表现效果，分别选择这些关键帧，然后在 Animation 编辑窗口的左侧单击“下三角”按钮，展开 Scale 属性的下拉列表，并对 Scale 属性的数值进行设置，如图 8-7 所示。

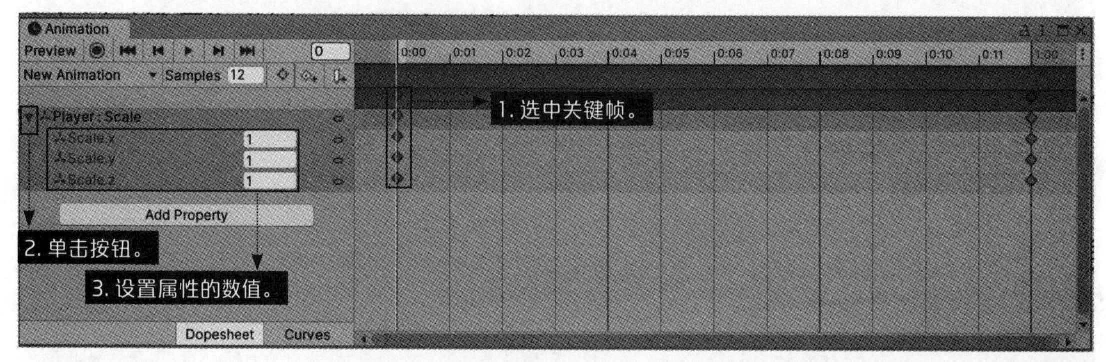

图 8-7

其中，第一个关键帧的作用是设置角色在播放渐变大小动画片段前的尺寸，因此在第一个关键帧下，Scale 属性的数值应该设置为 (1,1,1)，即角色的原始大小，设置完毕后需要按“Enter”键进行保存。

第二个关键帧的作用则是设置角色在播放渐变大小动画片段后的尺寸，因此在第二个关键帧下，将 Scale 属性的数值设置为 (2,2,2)，即设置角色放大两倍后的大小。设置完毕后，单击 Animation 编辑窗口中的▶按钮即可预览动画片段的播放效果。

开发者在两个关键帧下设置好 Scale 属性的数值后，可在 Animation 编辑窗口的时间轴上单击鼠标右键，在弹出的快捷菜单中执行“Add Key”命令添加一个新的关键帧，这个关键帧会自动添加 Scale 属性，如图 8-8 所示。

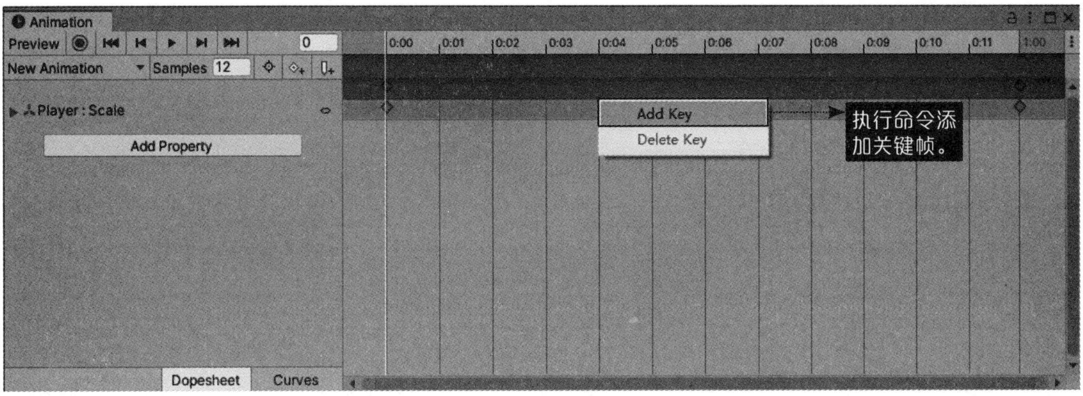

图 8-8

例如，开发者可以重新为这个新的关键帧设置一个新的 Scale 属性数值，例如将 Scale 属性的数值设置为 (1.4,1.4,1.4)，那么渐变大小动画片段在播放时就具有了一个中间状态，播放的效果也会更加平滑，即角色先从原始尺寸 (1,1,1) 渐变到中间状态的尺寸 (1.4,1.4,1.4)，最后再渐变到放大两倍以后的尺寸 (2,2,2)。

介绍完“拖曳素材”和“添加属性”两种制作动画片段的添加方式后，接下来将讲解几种制作动画片段时的常用技巧。

技巧一。开发者可以在 Animation 编辑窗口的 Samples 文本框中设置动画的播放速度。输入的数值越大，动画的播放速度越快；输入的数值越小，播放的速度越慢，如图 8-9 所示。

图 8-9

如果开发者使用的 Unity 3D 版本为 2019，可能会出现无法在 Animation 编辑窗口中找到 Samples 文本框的情况，此时开发者需要在 Animation 编辑窗口的右上角单击⁝按钮，在弹出的下拉列表中执行“Show Sample Rate”命令，手动设置 Samples 文本框的显示，如图 8-10 所示。

技巧二。如果需要为角色或 UI 制作更多的动画片段，可以在 Animation 编辑窗口的左上角单击

“下三角”按钮，在展开的下拉列表中执行“Create New Clip”命令，新建一个动画文件进行制作，如图 8-11 所示。

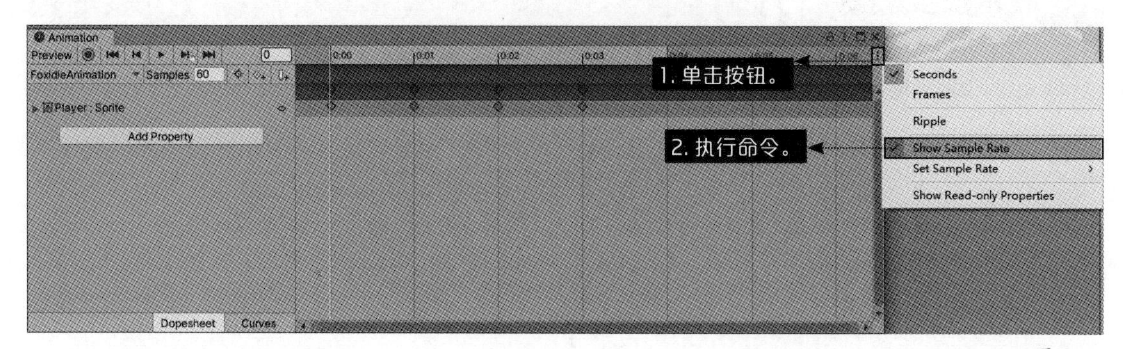

图 8-10

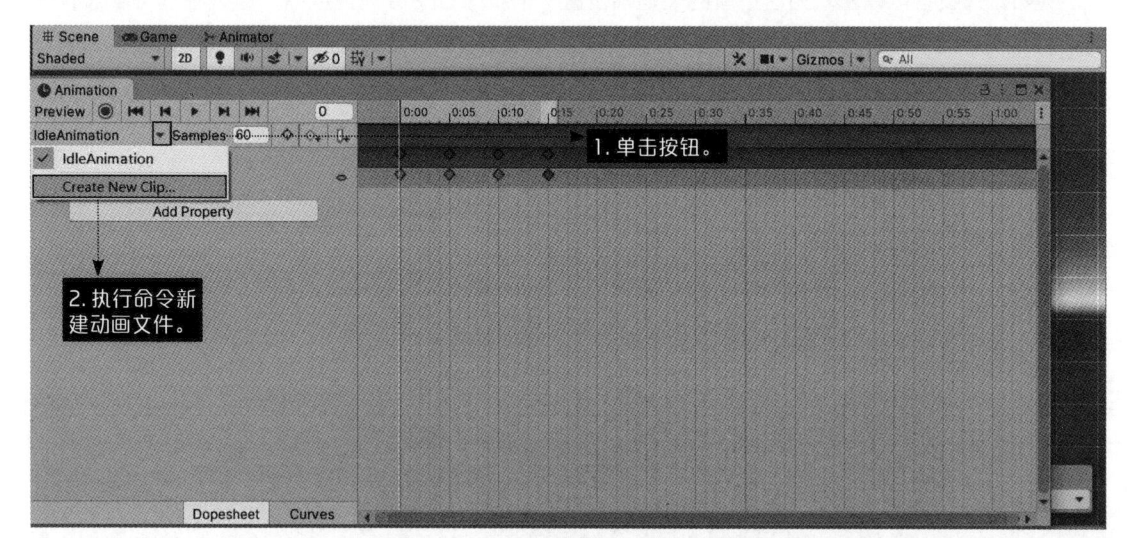

图 8-11

技巧三。开发者可以拖曳 Animation 编辑窗口中白色的预览轴，来预览动画片段在每个关键帧下的播放效果，如图 8-12 所示。

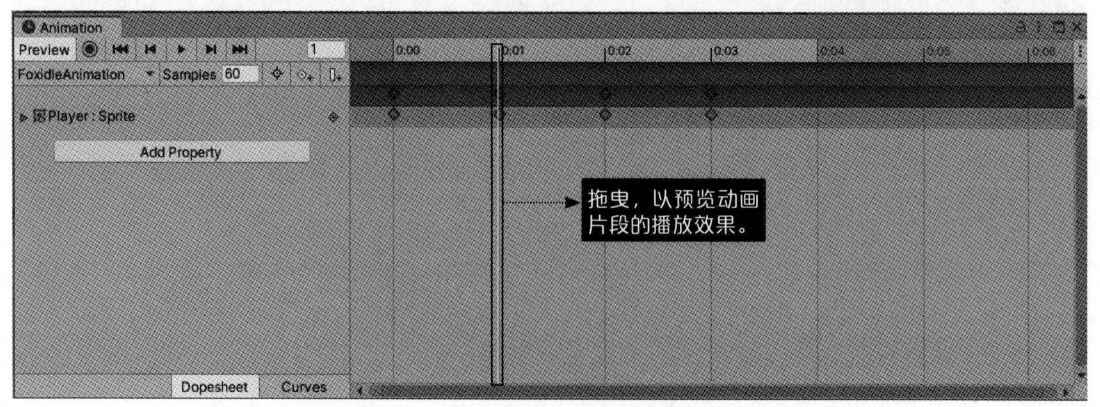

图 8-12

8.2 使用 Animator Controller（动画状态机）控制动画片段之间的过渡

Animator Controller 的功能是控制动画片段之间的过渡，在 Animator Controller 中，开发者可以根据动画片段之间的过渡关系设置控制动画片段过渡的过渡条件和过渡参数，并在脚本中设置过渡参数的数值，以满足动画片段的过渡条件，让玩家可以操作角色或使 UI 在多个动画片段之间进行过渡。

8.2.1 设置控制动画片段过渡的过渡条件和过渡参数

在设置控制动画片段过渡的过渡条件和过渡参数前，开发者需要在 Project 窗口中单击鼠标右键，在弹出的快捷菜单中执行“Create>Animator Controller”命令，新建一个 Animator Controller，如图 8-13 所示。

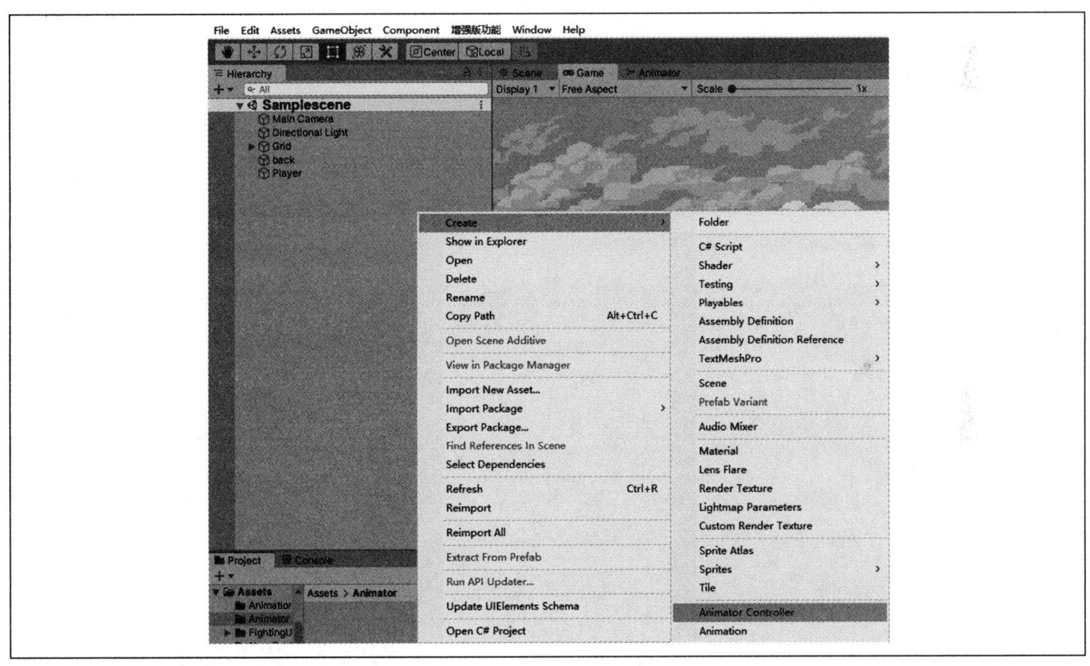

图 8-13

新建完毕后，开发者需要双击“New Animator Controller”进入 Animator 窗口，如图 8-14 所示。

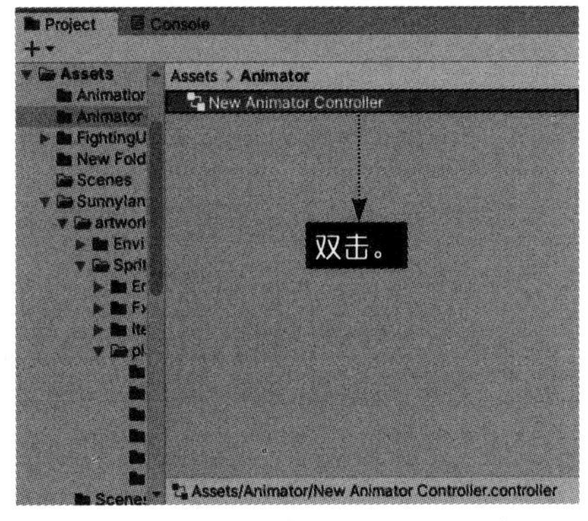

图 8-14

进入 Animator 窗口后，在 Project 窗口中选择需要进行过渡的动画片段，并将其拖曳到 Animator 窗口中，如图 8-15 所示。

添加完毕后，开发者需要根据这些动画片段之间的过渡关系，建立起它们之间的过渡条件。在 Animator 窗口中，动画片段之间的过渡条件由一个白色的箭头表示，箭头的指向表示动画片段的过渡方向。图 8-16 所示的是过渡条件由 FoxidleAnimation（原地待命的动画片段）指向 WalkAnimation（向前行走的动画片段），即角色可从 FoxidleAnimation 过渡到 WalkAnimation。

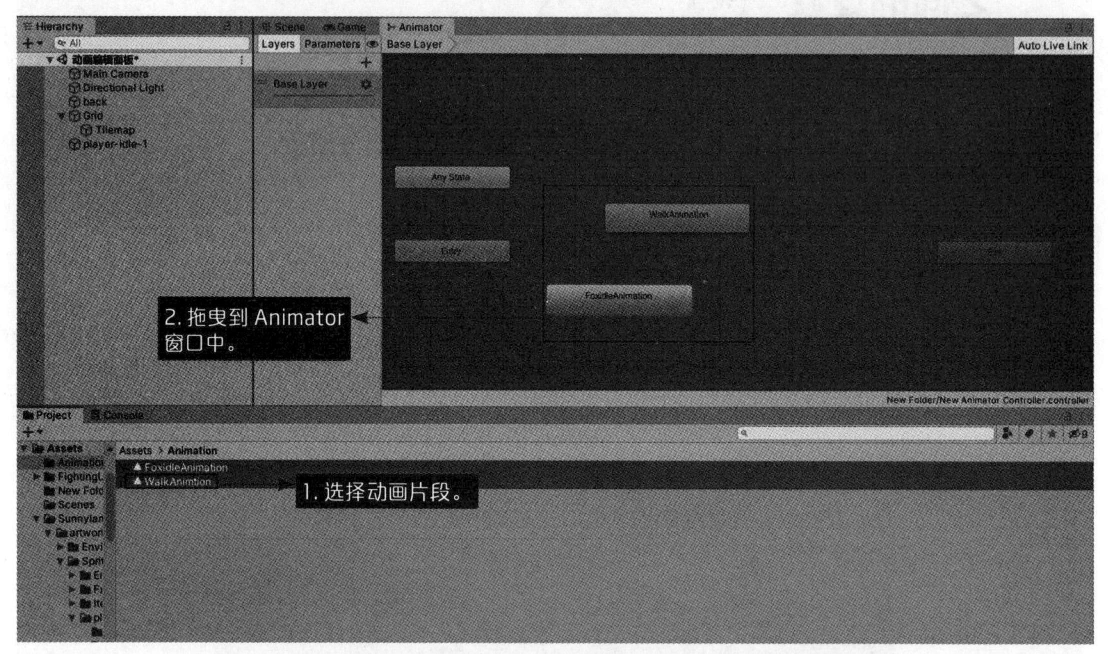

图 8-15

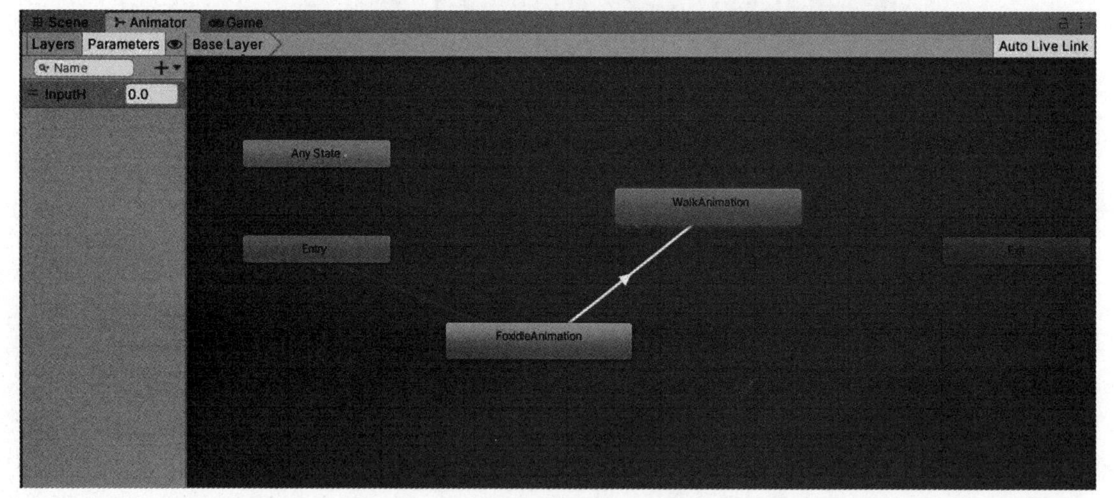

图 8-16

为此，开发者需要选择 Animator 窗口中的 FoxidleAnimation 动画片段并单击鼠标右键，在弹出的快捷菜单中执行“Make Transition”命令，创建一个新的过渡条件，如图 8-17 所示。

执行“Make Transition”命令后，将过渡条件拖曳到 WalkAnimation 动画片段上并单击确认，即可建立起两者之间的过渡关系，如图 8-18 所示。

建立起两者的过渡关系后，如果希望角色能从 WalkAnimation 动画片段过渡回 FoxidleAnimation 动画片段，只需在 WalkAnimation 动画片段上单击鼠标右键，在弹出的快捷菜单中执行“Make Transition”命令创建一个“反向”的过渡条件，并将其与 FoxidleAnimation 动画片段相连即可，如图 8-19 所示。

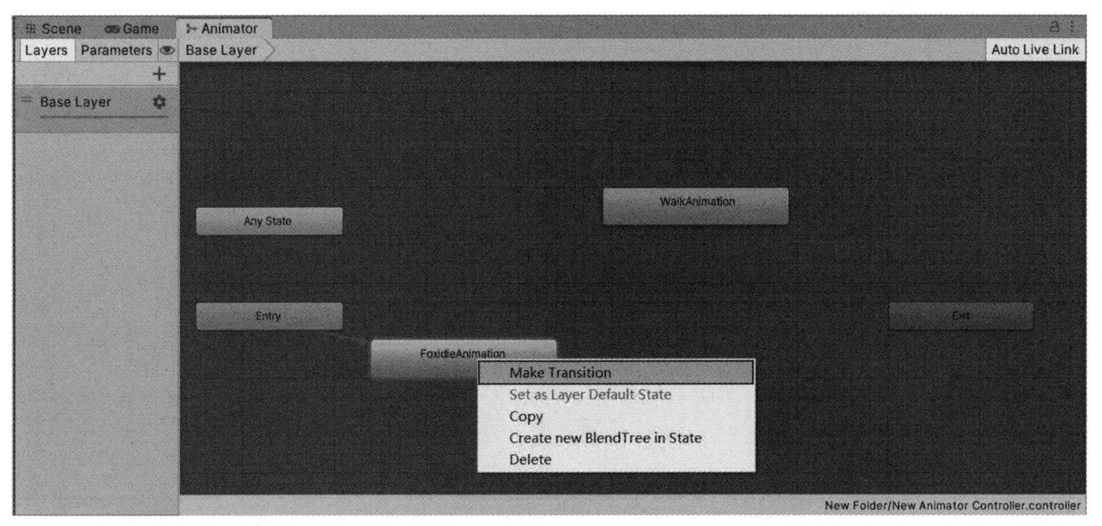

图 8-17

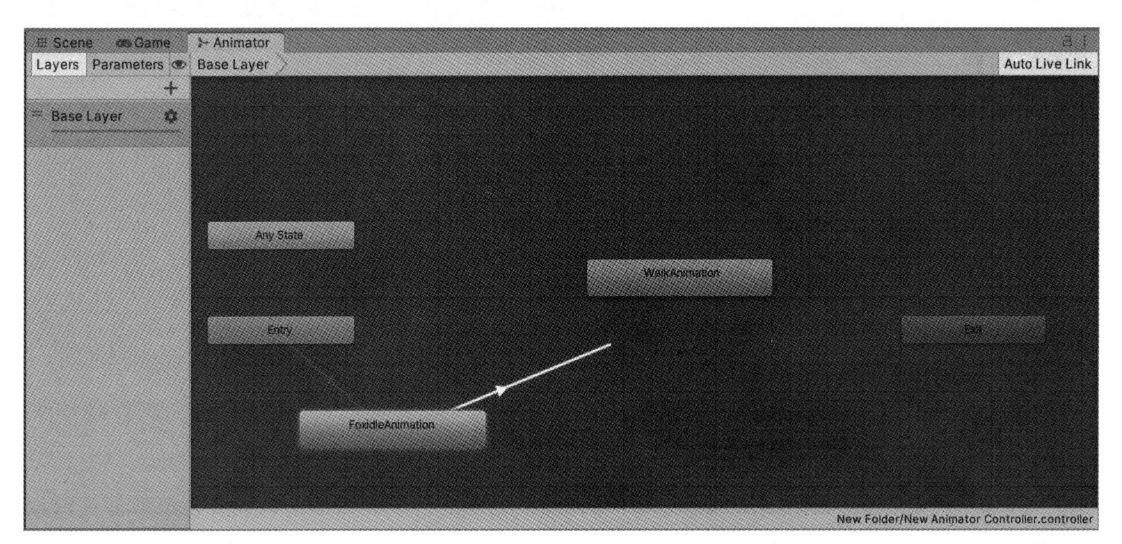

图 8-18

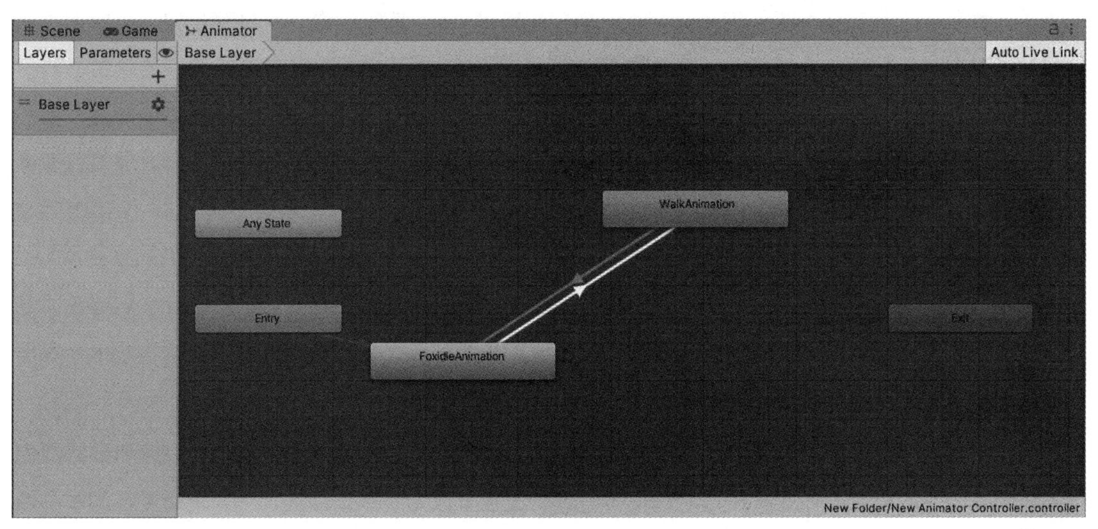

图 8-19

建立起两个动画片段之间实现“往返”方向的过渡条件后，过渡条件的设置就基本结束了。接下来开发者需要在 Animator 窗口中单击“Parameters”按钮，切换到创建过渡参数的 Parameters 界面，并在界面中单击“+”按钮，在展开的下拉列表中选择一种类型的过渡参数进行创建，如图 8-20 所示。

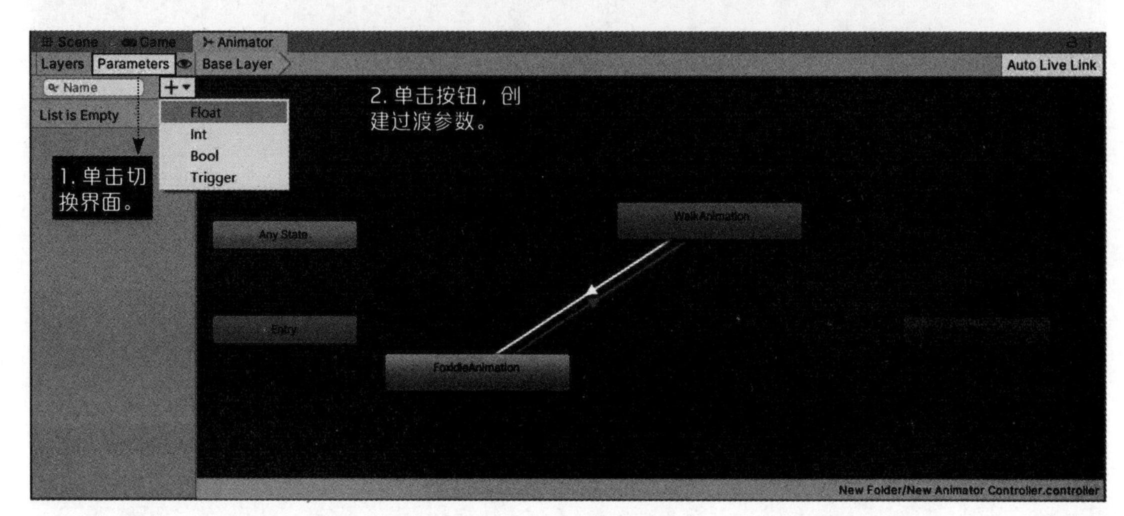

图 8-20

在展开的下拉列表中，开发者需要结合玩家的实际操作习惯选择相应类型的过渡参数，常用的过渡参数的类型有 Float、Int、Bool 和 Trigger，其功能介绍如下。

Float，即使用浮点类型的参数控制动画片段的过渡，适用于注重“过渡过程”的动画片段，例如行走、转向等。

Int，即使用整型参数控制动画片段的过渡，适用于对“过渡过程”重视程度较低的动画片段。

Bool，即使用布尔类型的参数控制动画片段的过渡，适用于对响应速度要求较高的动画片段，例如跳跃、攻击、施法等。

Trigger：该类型的参数默认数值为 false，当进行动画片段的过渡时，该类型的数值会变成 true，过渡完毕后会变回 false，常用于控制受伤、释放技能等播放时间较短的动画片段的过渡。

开发者需要选择过渡条件，在 Inspector 窗口中单击“+”按钮创建一个过渡参数，再单击过渡参数的“下三角”按钮，在展开的下拉列表中选择一个在 Parameters 界面创建的过渡参数，将过渡参数添加到过渡条件中，如图 8-21 所示。

添加过渡参数后，开发者需要在 Inspector 窗口中为过渡参数设置相应的数值条件，只有过渡参数的数值满足数值条件设置的数值时，动画片段才会进行过渡。这里以设置 Float 和 Bool 类型的参数为例进行讲解。

在 Float 过渡参数下，可选的数值条件有 Greater 和 Less 两种，过渡参数只有在大于或小于某项数值后动画片段才会过渡。为此，开发者可以单击数值条件的“下三角”按钮，在展开的下拉列表中选择数值条件，并对数值条件的数值进行设置，如图 8-22 所示。

设置数值条件后，开发者需要在脚本中使用相应的函数设置过渡参数的数值，让过渡参数的数值能够达到数值条件设置的标准。例如，开发者设置的过渡参数为 Float 类型，那么就需要在脚本中使用 SetFloat 函数，并传入过渡参数名称的字符串和设置的数值作为参数，来设置过渡参数的数值。

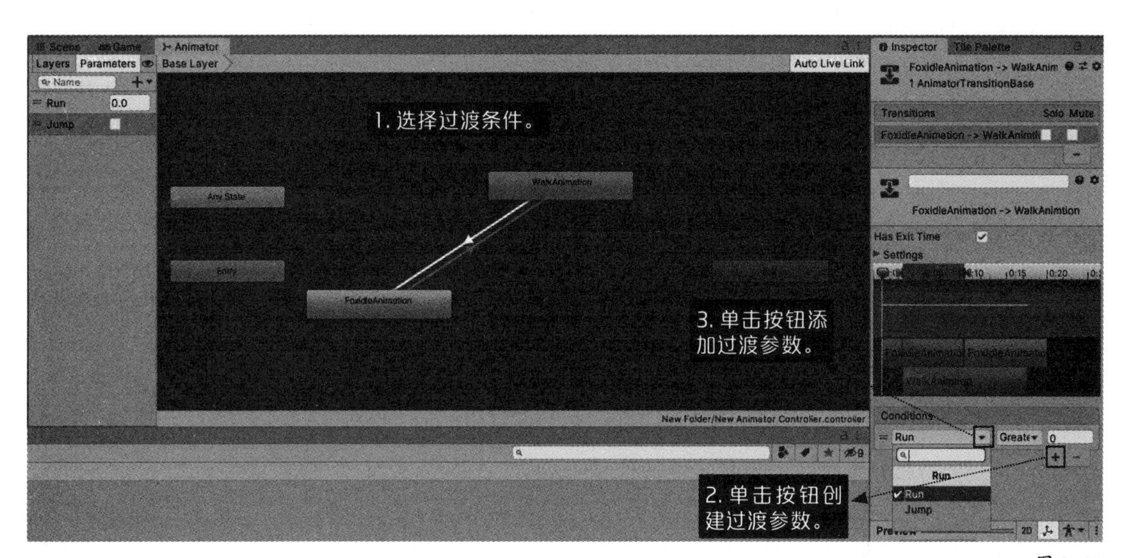

图 8-21

具体的代码如代码清单1所示。

代码清单 1

```
01. private Animator anim;
02. private void start()
03. {
04. anim=GetComponent<Animator>;
05  }
06.
07. private void Update()
08. {
09.     anim.SetFloat("Run",0.1f);
10. }
```

在 Bool 类型过渡参数下，可选的数值条件有 true 和 false 两种，即当过渡参数的数值为 true 或 false 时，就控制动画片段进行过渡。开发者单击数值条件的“下三角”按钮，在展开的下拉列表中即可对数值条件进行设置，如图 8-23 所示。

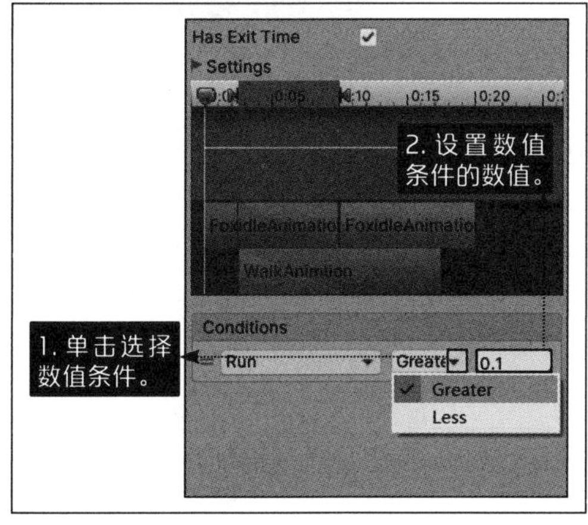

图 8-22

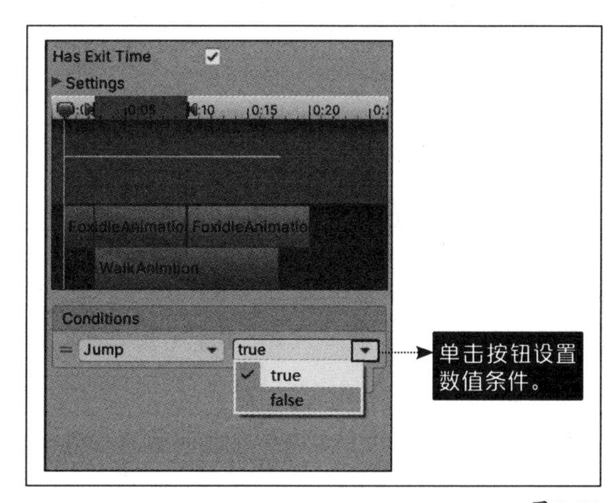

图 8-23

设置 Bool 类型过渡参数的数值条件后，开发者需要在脚本中使用 SetBool 函数分别传入过渡参数的字符串名称和数值，对过渡参数的数值进行设置，使其满足设置的数值条件，以此控制动画片段的过渡。具体的代码如代码清单 2 所示。

代码清单 2

```
01. private void start()
02. {
03. anim=GetComponent<Animator>();
04. }
05. private void Update()
06. {
07.     anim.SetBool("Run",true);
08. }
```

介绍完如何设置动画片段之间的过渡条件和过渡参数后，接下来将讲解控制动画片段过渡时的常见问题。使用输入设备控制动画片段可能会出现延迟的现象，即按下按键后，角色需要等待一段时间才能进行动画片段的过渡。具体的原因是 Animator Controller 受到了 Has Exit Time 和 Transition Duration 这两个属性的影响，详细讲解如下。

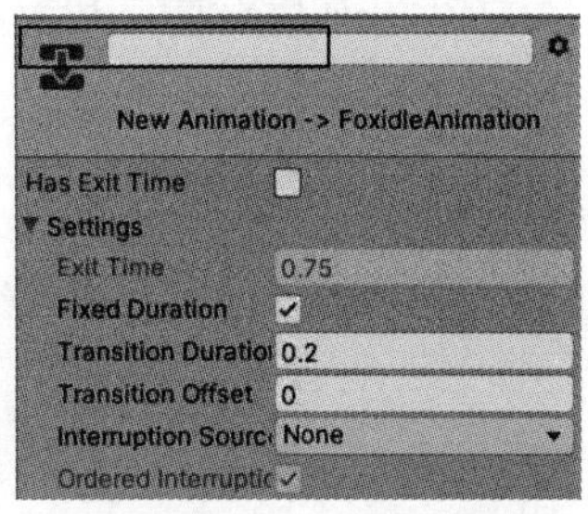

图 8-24

当 Has Exit Time 属性的复选框处于勾选的状态时，角色只有在当前动画片段播放完毕后才能过渡到下一个动画片段，这会导致动画片段在过渡时出现延迟的现象。为此，开发者需要取消 Has Exit Time 复选框的勾选，如图 8-24 所示。

Transition Duration 属性决定动画片段在过渡时的延迟时间，Transition Duration 属性设置的数值越大，动画片段过渡时的延迟时间越长。为此，开发者需要将 Transition Duration 属性的数值设置为 0（见图 8-25），以此取消动画片段播放时的延迟。

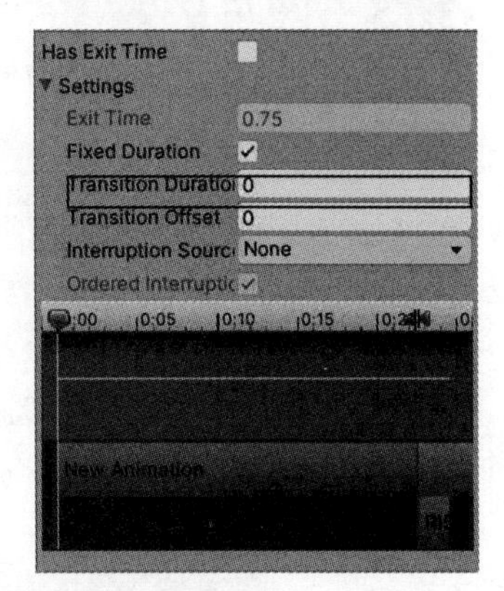

图 8-25

8.2.2 Animator Controller 中用于控制动画片段播放时机的 3 种状态——Entry、Any State 和 Exit

打开 Animator 窗口后，可以看到有 3 种不同颜色的矩形，它们是用于控制动画片段播放时机的 3 种状态，分别是 Entry、Any State 和 Exit，如图 8-26 所示。

这些状态的作用是控制动画片段的播放时机，并且每种状态控制动画片段播放时机的方式都不相同。开发者可以通过创建这些动画片段之间的过渡条件，来控制动画片段的播放时机，如图 8-27 所示。

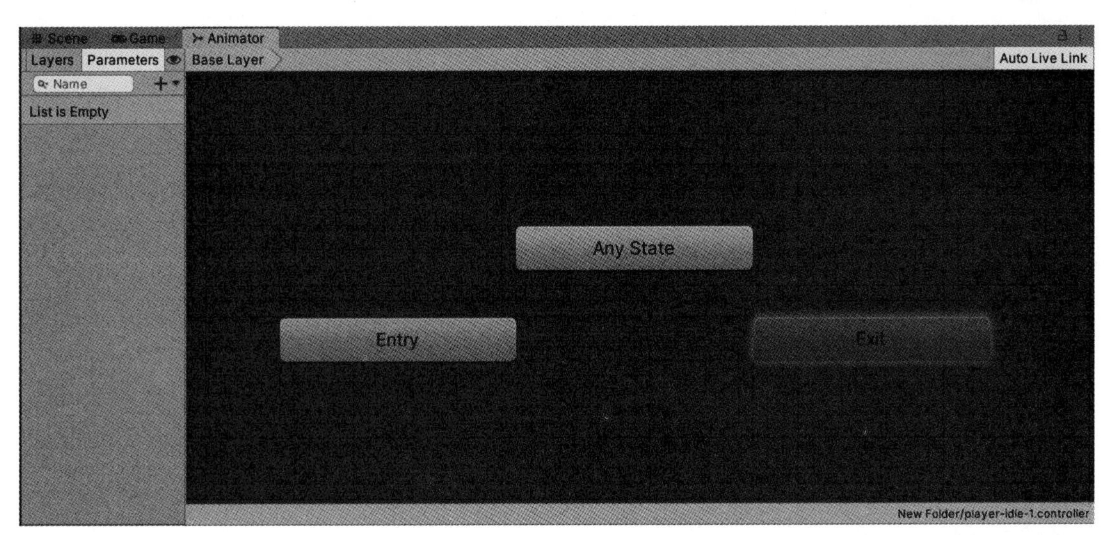

图 8-26

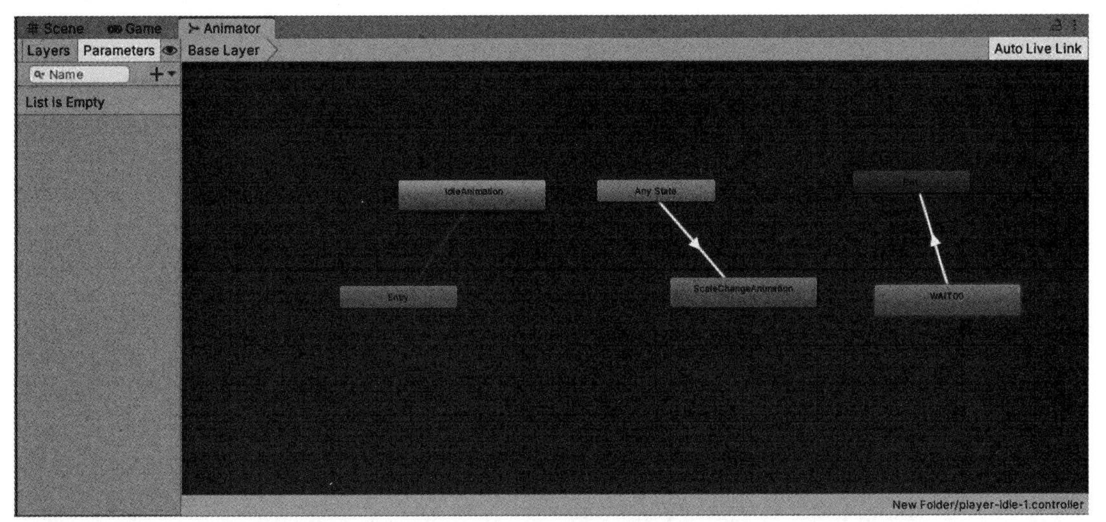

图 8-27

1. Entry

和 Entry 状态存在过渡关系的动画片段，被称为“默认动画片段”，即玩家在没有按下任何按键进行动画过渡的情况下默认播放的动画片段。一般情况下，Entry 状态会与角色“原地待命”的动画片段建立过渡关系。

2. Any State

和 Any State 状态存在过渡关系的动画片段，被称为“跳转动画片段”，即玩家可以在任意时刻播放该动画片段。无论当前播放的动画片段是否与跳转动画片段存在过渡关系，只要动画片段 Any State 状态之间的过渡参数满足设置的数值条件，Animator Controller 就会自动过渡到跳转动画片段。一般情况下，Any State 状态会与角色“跳跃”的动画片段建立过渡关系。

3. Exit

和 Exit 状态存在过渡关系的动画片段，被称为“退出动画片段”，即在播放完该动画片段后 Animator Controller 会自动退出，玩家将无法继续使用输入设备控制动画片段的过渡。一般情况下，Exit 状态会与角色“战败”的动画片段建立过渡关系。

8.3 使用 Blend Tree（混合树）轻松实现动画片段的自由过渡

虽然通过在 Animator Controller 中设置动画片段的过渡条件，已经能够实现大多数动画片段的过渡，但是有些特定的过渡方式使用 Animator Controller 来实现会非常复杂。例如，在 RPG 中，为了让玩家能够完全融入在游戏中所扮演的角色，开发者会允许玩家通过输入设备自由地控制角色进行前、后、左、右方向的移动。

因为玩家可以控制角色在 4 个不同的方向上进行移动，所以在 Animator Controller 中就需要在这些动画片段之间设置“往返”两个方向的过渡条件，如图 8-28 所示。

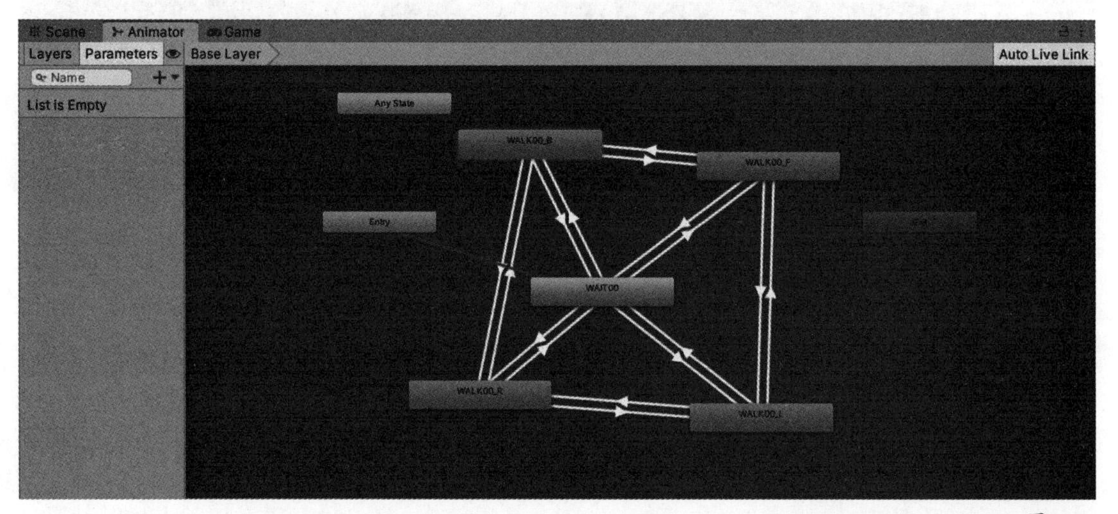

图 8-28

这会使得动画片段之间的过渡条件变得十分复杂，并且后续建立其他动画片段的过渡条件时也会变得很不方便，为此 Unity 3D 提供了 Blend Tree。在 Blend Tree 里，所有的动画片段都只由 1~2 个过渡参数控制，过渡参数的数值决定动画片段是否能够进行过渡，开发者只需在脚本中通过代码改变参数的数值即可控制动画片段的过渡，而无须在动画片段之间建立复杂的“往返”过渡条件。

根据玩家控制动画片段过渡时的操作习惯，Blend Tree 被分为 1D 和 2D 两种类型，开发者需要结合玩家的操作习惯选择对应的 Blend Tree。1D Blend Tree 的属性面板如图 8-29 所示，在 1D Blend Tree 中动画片段之间的过渡由一个参数控制。

2D Blend Tree 的属性面板如图 8-30 所示，在 2D Blend Tree 中动画片段之间的过渡由两个参数控制。

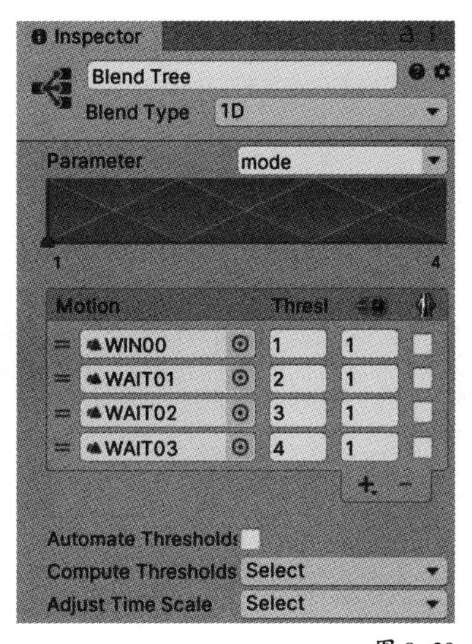

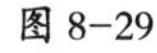
图 8-29

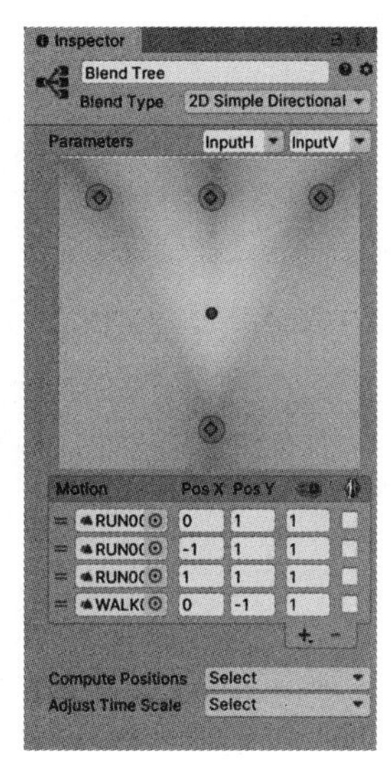

图 8-30

8.3.1 1D Blend Tree

1D Blend Tree 主要通过独立的按键来控制动画片段的过渡，例如在 ACT 游戏中切换战斗风格，在 FPS 游戏中更换枪械，在 RPG 中切换道具等。

在使用 1D Blend Tree 控制动画片段的过渡前，开发者需要在 Animator 窗口中单击鼠标右键，在弹出的快捷菜单中执行“Create State>From New Blend Tree”命令，创建一个 1D Blend Tree，如图 8-31 所示。

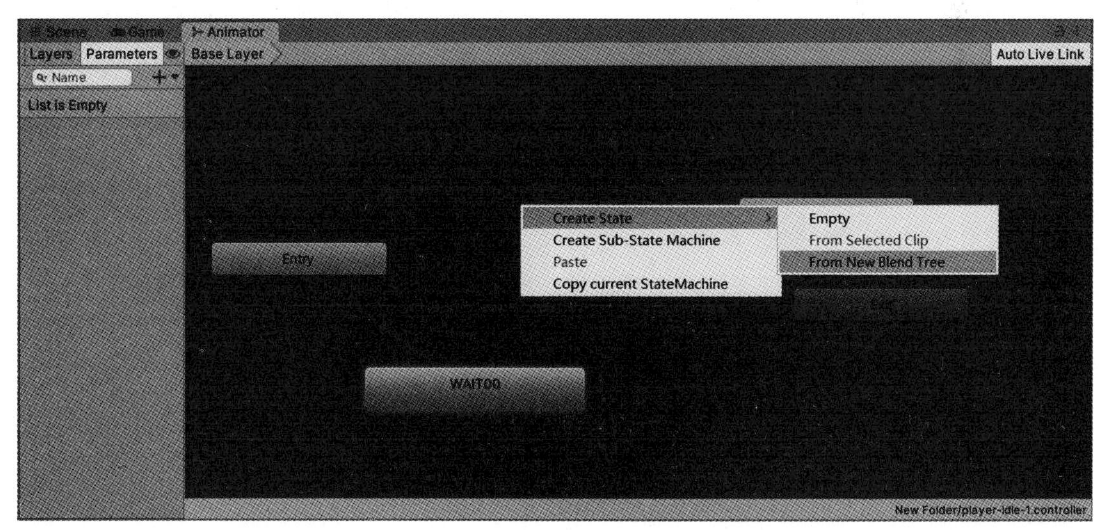

图 8-31

创建 1D Blend Tree 后，界面如图 8-32 所示。

选择创建的 1D Blend Tree，在 Inspector 窗口中单击“+”按钮，然后在展开的下拉列表中选择“Add Motion Field”选项，创建一个用于添加过渡动画片段的“空位”，如图 8-33 所示。

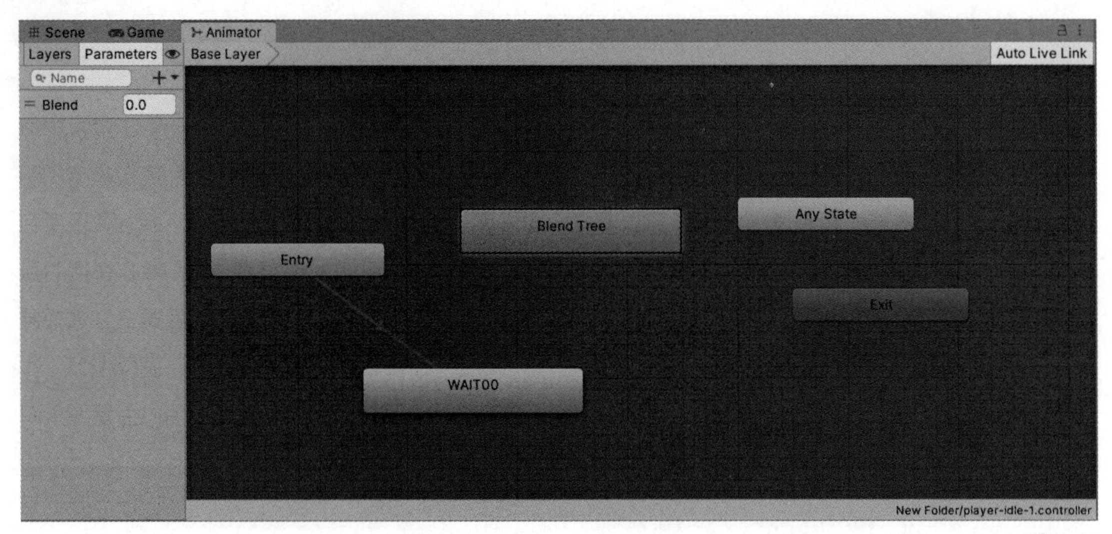

图 8-32

创建完毕后，单击动画片段名称右侧的◎按钮，在弹出的 Select Motion 窗口中即可指定动画片段的类型，如图 8-34 所示。

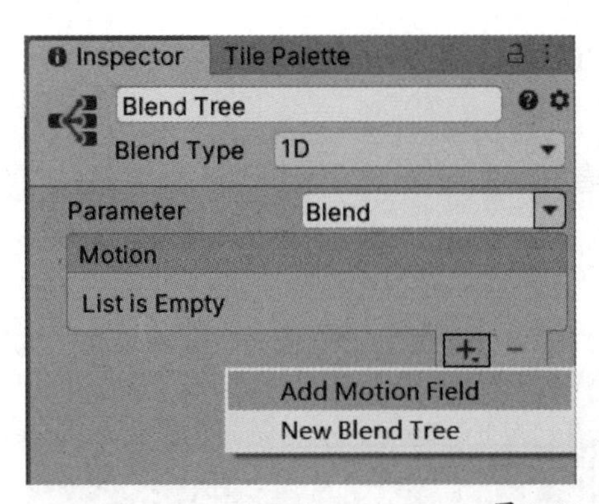

图 8-33

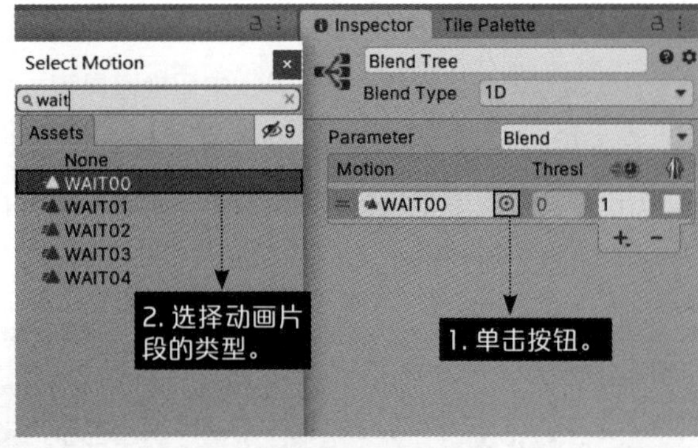

图 8-34

开发者可以使用同样的方法创建更多的动画片段，为1D Blend Tree 添加更多类型的动画片段，如图 8-35 所示。

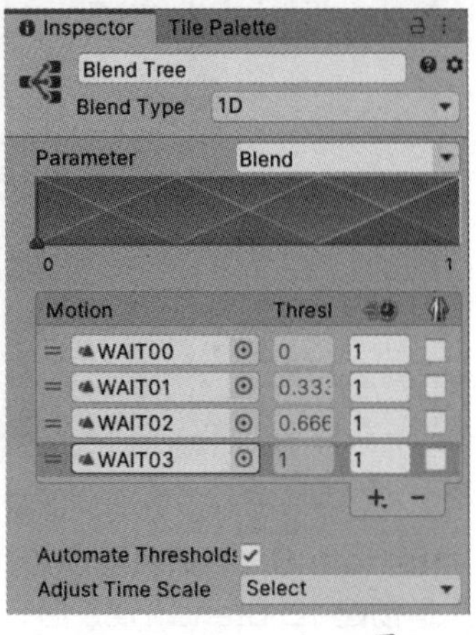

图 8-35

在向 1D Blend Tree 添加多个动画片段后，开发者需要在 Parameter 属性下设置用于控制动画片段过渡的过渡参数。这里有一点需要注意，1D 和 2D Blend Tree 能够设置的过渡参数类型只有 Float 一种。“空位”创建完毕后，开发者即可在 Blend Tree 的 Inspector 窗口中单击“下三角”按钮，在展开的下拉列表中选择用于控制动画片段过渡的过渡参数，如图 8-36 所示。

在选择过渡参数后，取消 Automate Thresholds 复选框的勾选，开启手动设置过渡参数模式，才可以在 Inspector 窗口的 Thresl 属性中设置动画片段的数值条件。当过渡参数的数值满足相应动画片段的数值条件后，Animator Controller 会自动过渡到相应的动画片段，如图 8-37 所示。

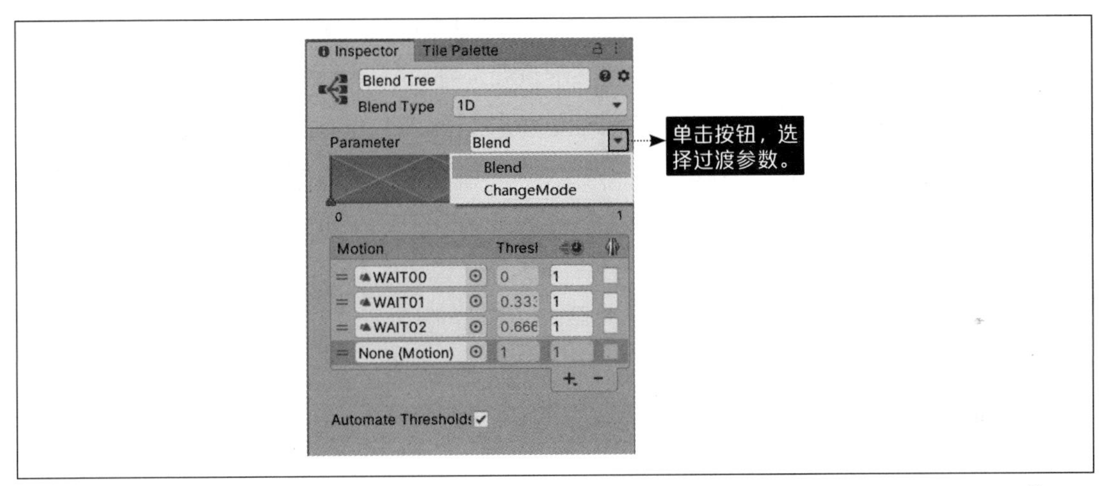

图 8-36

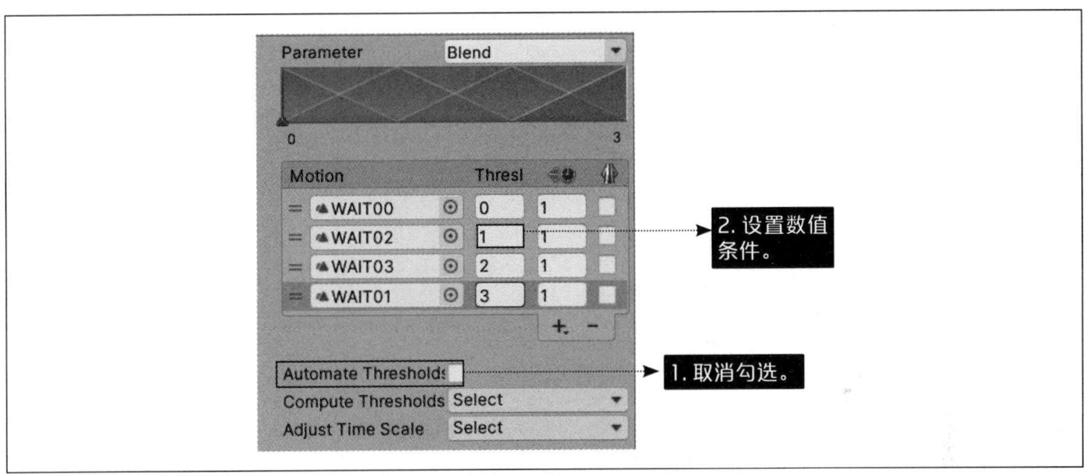

图 8-37

在添加动画片段并设置好每个动画片段的数值条件后，开发者只需在脚本中使用 SetFloat 函数对过渡参数的数值进行设置，即可控制动画片段的过渡。

8.3.2 2D Blend Tree

2D Blend Tree 常用在需要使用两个按键才能完成过渡的动画片段中。例如在 RPG 中，玩家习惯同时按住键盘的“W”键、“A”键和“D”键来控制角色的位移与转向，其中“W”键用于控制角色位移，“A”键和“D”键用于控制角色转向。

在使用 2D Blend Tree 控制动画片段的过渡前，开发者需要先创建一个 1D Blend Tree 并选择该 1D Blend Tree，然后在 Inspector 窗口中单击 Blend Type 属性右侧的“下三角”按钮，在展开的下拉列表中将 1D Blend Tree 设置成 2D Blend Tree。在展开的下拉列表中共有 3 种 2D Blend Tree 可以选择，这里以最常用的 2D Simple Directional 为例进行讲解，如图 8-38 所示。

在将 1D Blend Tree 转换为 2D Blend Tree 后，开发者即可向 2D Blend Tree 中添加用于过

渡的动画片段，添加的方法和添加 1D Blend Tree 的方法相同。首先开发者需要在选择 2D Blend Tree 后，在 Inspector 窗口中单击“+”按钮，创建多个动画片段，然后单击动画片段的⊙按钮，指定动画片段的类型，如图 8-39 所示。

添加了用于过渡的动画片段后，开发者需要设置用于控制这些动画片段进行过渡的参数。和 1D Blend Tree 相同，2D Blend Tree 也只能设置 Float 类型的过渡参数，并且在设置前，开发者需要在 Parameters 属性中对过渡参数进行创建。两者的不同点在于过渡参数的数量，2D Blend Tree 需要设置的过渡参数有两个。

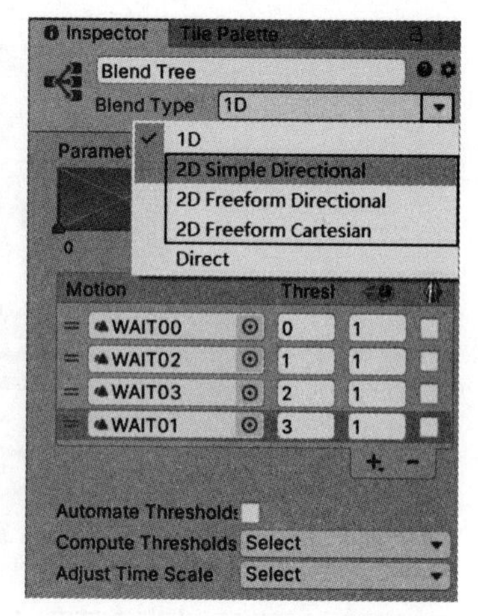

图 8-38

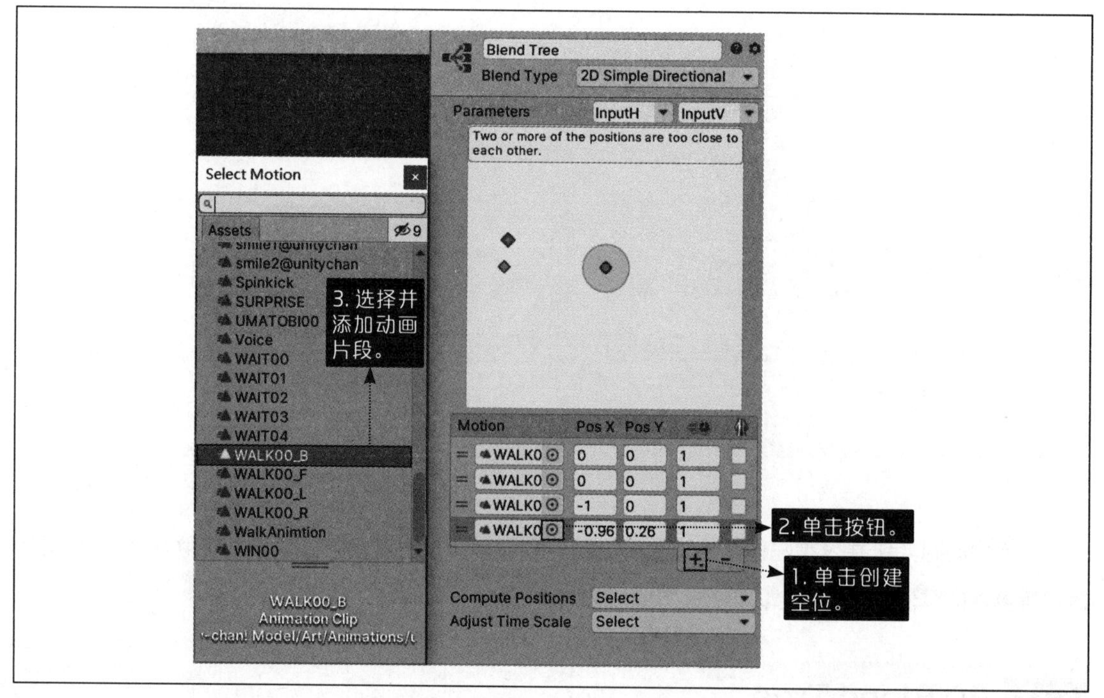

图 8-39

过渡参数创建完毕后，开发者即可在 Inspector 窗口中单击 Parameters 属性右侧的“下三角”按钮，在展开的下拉列表中设置过渡参数，如图 8-40 所示。

过渡参数设置完毕后，开发者需要在 Inspector 窗口的 PosX 和 PosY 属性中设置动画片段的数值条件。只有当两个过渡参数的数值满足动画片段的数值条件后，Animator Controller 才会过渡到相应的动画片段，如图 8-41 所示。

同样，在添加动画片段并设置过渡参数后，开发者需要在脚本中使用 SetFloat 函数设置过渡参数的数值，以此来控制动画片段的过渡。

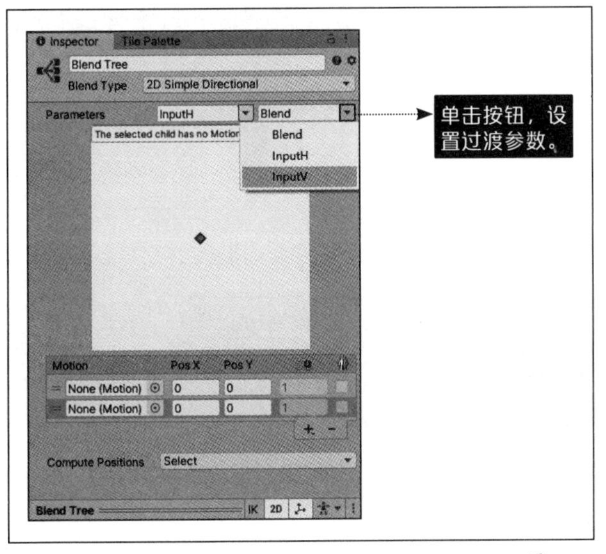

图 8-40

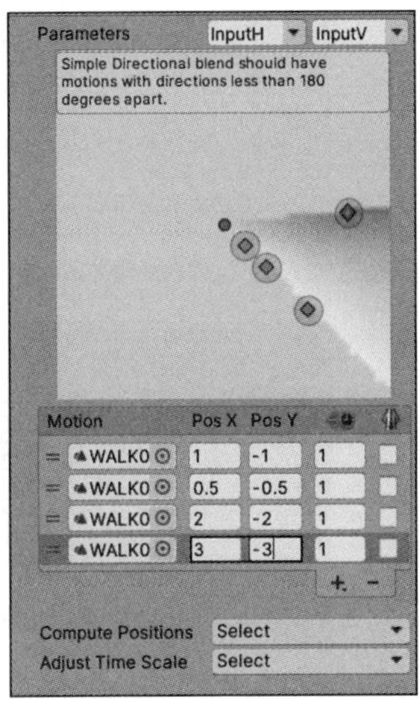

图 8-41

8.4 综合案例——制作 2D 角色控制器

经过前面 3 节的学习后，为了加深读者对 Mecanim 动画系统的理解，本节将通过制作 2D 游戏中常见的角色控制器，帮助读者进一步掌握 Mecanim 动画系统的使用方法。角色控制器是指使用物理系统和 Mecanim 动画系统，实现玩家在操作角色进行位移、跳跃等运动时，可以过渡到相应动作的动画片段。

这里使用 Unity 商店的免费素材包“Sunnyland”，制作一个玩家能够操作角色在原地待命、跳跃、奔跑等动画片段之间进行过渡的 2D 角色控制器，效果如图 8-42 所示。为了在控制角色过渡动画片段的时候，角色能够做出例如位移和跳跃等当前动画片段所需要的物理动作，需要用到一些 3D 数学的知识来控制角色物理动作的方向和速度。

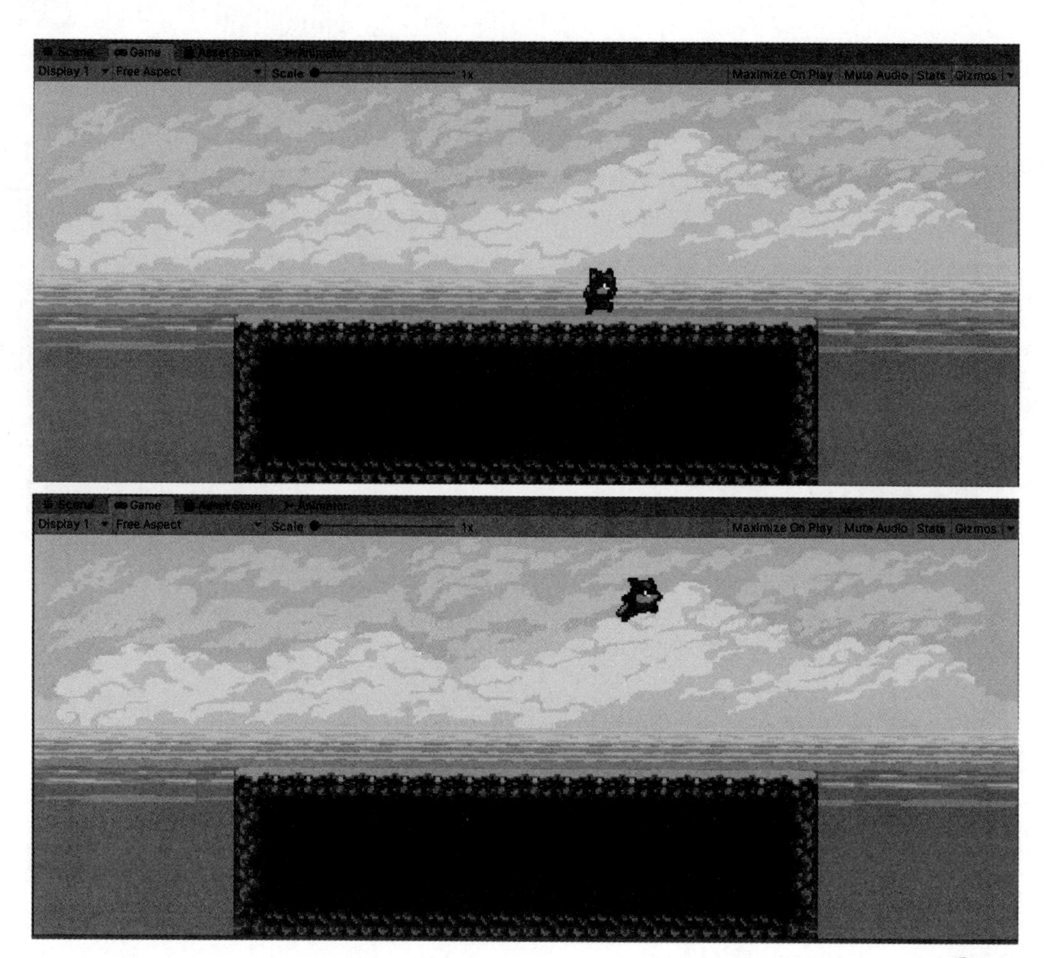

图 8-42

8.4.1 场景搭建

在制作 2D 角色控制器之前，开发者需要使用 sprite 组件和 Tilemap 搭建出 2D 角色控制器运动的场景。首先开发者需要将 sprite 组件显示的图片设置为配套素材中的图片“back”，作为场景中的天空背景，如图 8-43 所示。

图 8-43

然后新建一个 Palette 文件，将配套素材中的图片“tileset-sliced”导入新建的 Palette 文件中，然后使用 Tilemap 的笔刷工具，按照图 8-44 显示的效果将场景绘制出来。

图 8-44

8.4.2 制作角色的动画片段

接下来将以制作原地待命的动画片段为例，讲解如何制作角色的动画片段。首先从 Unity 商店下载“Sunnyland”素材包，然后在 Project 窗口中按照“Assets>Sunnyland>artwork>Sprites>player”的顺序打开素材包文件夹，如图 8-45 所示。

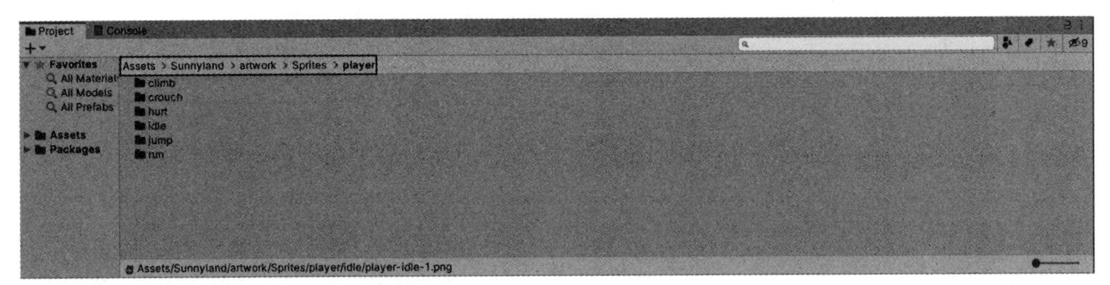

图 8-45

打开 player 文件夹下的 idle 文件夹，选择名为 player-idle-1 的图片素材，并拖曳到 Hierarchy 窗口中，将该图片重命名为 Player，再按快捷键“Ctrl+6”调出 Animation 编辑窗口，如图 8-46 所示。

单击 Animation 编辑窗口中的“Create”按钮新建一个动画文件，然后选中 idle 文件夹下的所有图片，将它们拖曳到窗口的时间轴上，并设置 Samples 属性的数值，再对动画的播放速度进行设置，即可制作出原地待命的动画片段，如图 8-47 所示。使用制作原地待命动画片段的方法，同样可以制作出角色跳跃和奔跑的动画片段。

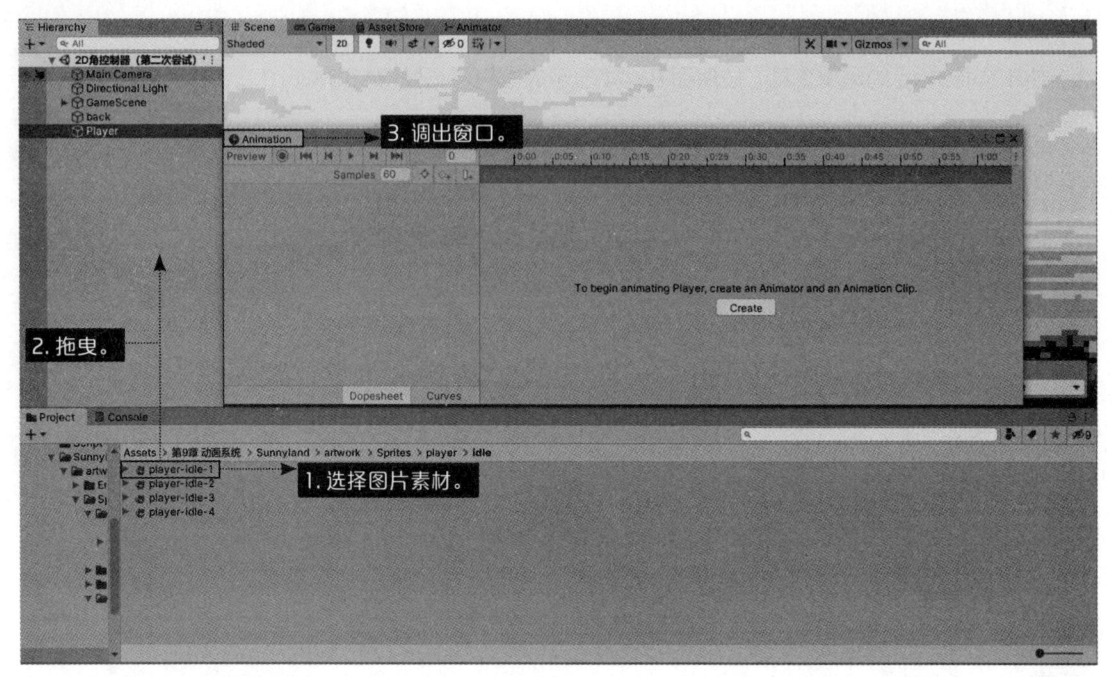

图 8-46

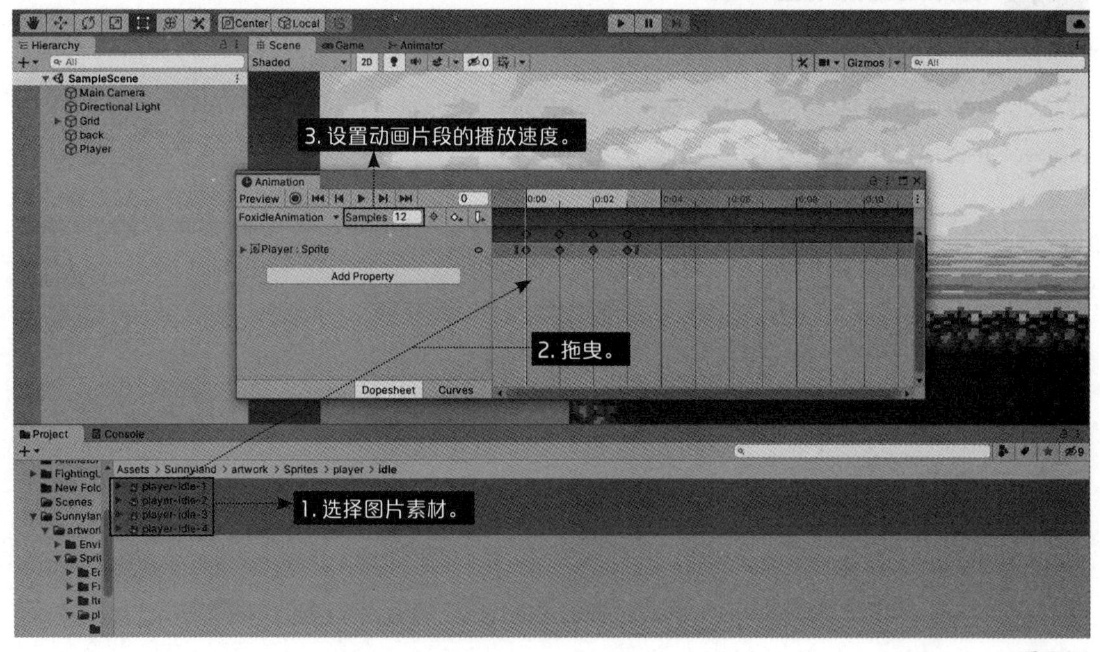

图 8-47

8.4.3 控制角色的奔跑

在制作完角色奔跑的动画片段后，角色可以在原地做出奔跑的动作，但玩家还不能控制角色实现奔跑的效果，需要开发者使用脚本来实现。为此，开发者需要先在 Project 窗口中创建一个 TwoDPlayerController 脚本，并在脚本中通过编写代码的方式实现控制角色奔跑的物理动作。

如图 8-48 所示，在开始写代码前，开发者需要在 Hierarchy 窗口中选择角色，并在 Inspector 窗口中为角色添加 2D 刚体组件（Rigidbody 2D）和 2D 胶囊碰撞体组件（Capsule Collider 2D），让 2D 角色具备做出奔跑、跳跃等物理动作的能力，以及防止控制器在做出这些物理动作时角色从场景中穿过。如果角色没有添加胶囊碰撞体组件，那么角色会受到 2D 刚体组件重力的影响而下降，并且不会因为与场景发生接触而停止，而是会从场景中穿过，并保持下降的状态。

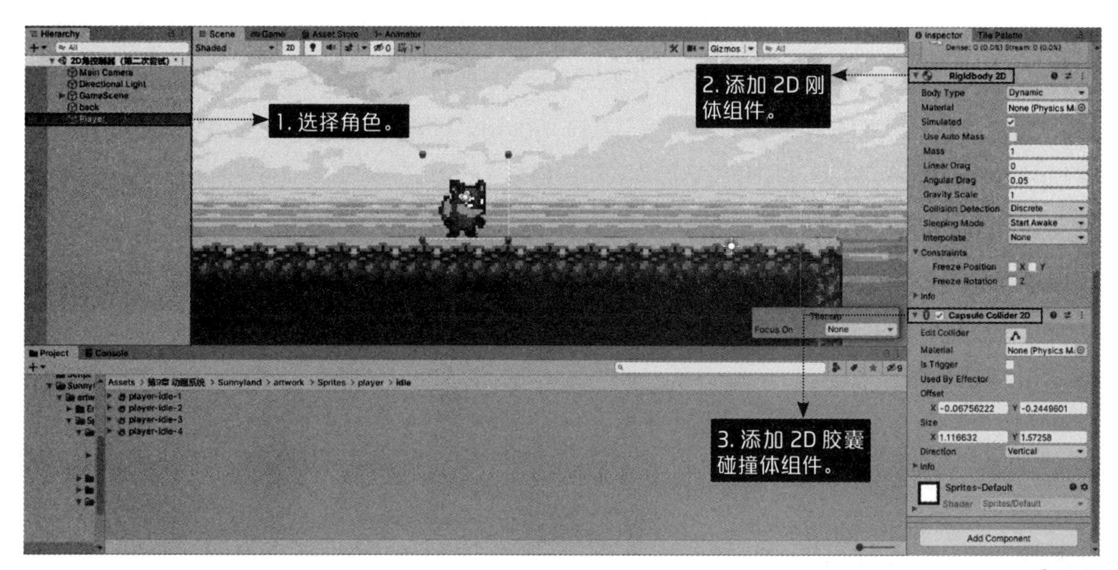

图 8-48

添加 2D 刚体组件和 2D 胶囊碰撞体组件后，双击 TwoDPlayerController 脚本，进入 Visual Studio 编辑器里开始编写控制角色位移的代码。控制角色位移的关键是要根据玩家当前按键的情况获取角色位移的方向，以及设置角色的位移速度。

为此，开发者需要在 Visual Studio 里定义两个 float 类型的变量 MoveDir 和 Speed，用于获取位移的方向和设置位移的速度。为了能够方便对角色位移的速度进行设置，一般会把变量 Speed 的访问权限设置为 public，以此在 Inspector 窗口中对变量 Speed 的数值进行设置。具体的代码如代码清单 3 所示。

代码清单 3

```
01. private float MoveDir;
02. public float Speed;
```

定义变量后，在 Update 函数的大括号内调用 Input.GetAxisRaw(“Horizontal”) 函数，并使用变量 MoveDir 存储函数的返回值。变量的返回值由玩家当前按下的按键决定：当玩家按“A”键时函数的返回值为 1，按“D”键时函数的返回值为 -1。当变量 MoveDir 存储的返回值为 1 时，代表角色向前位移；存储的返回值为 -1 时，角色向后位移。具体的代码如代码清单 4 所示。

代码清单 4

```
01. private void Update()
02. {
03.       MoveDir = Input.GetAxisRaw("Horizontal");
04. }
```

在 Update 函数获取了位移的方向，并且在 Inspector 窗口中设置了位移的速度后，开发者需要在 FixedUpdate 函数中定义一个 Vector2 类型的对象，用于存储角色位移的方向和速度。角色奔跑的物理动作只限于水平方向，因此开发者只需在 Vector2 对象的 *x* 轴分量上使用“*”运算符对变量 Speed 和变量 MoveDir 进行乘法运算，即可使用键盘的“A”键和“D”键控制角色的位移。具体的代码如代码清单 5 所示。

代码清单 5

```
01. private void FixedUpdate()
02. {
03.      rig.velocity = new Vector2(Speed * MoveDir,0);
04. }
```

8.4.4 控制角色的转向

实现角色的奔跑后，接下来需要实现的是角色的转向功能，让角色向左奔跑时面朝左并向左转，向右位移时向右转。具体的代码如代码清单 6 所示。

代码清单 6

```
01. private void Flip()
02. {
03.   TurnRight = !TurnRight;
04.    transform.localScale = Vector3.Scale(transform.localScale, new Vector3(-1, 1, 1));
05. }
06. private void Update()
07. {
08.   if (moveDir > 0 && TurnRight)
09.   {
10.       Flip();
11.   }
12.   else if (moveDir < 0 && !TurnRight)
13.   {
14.       Flip();
15.   }
16.  }
```

第 1 到第 5 行代码：定义一个用于实现调整角色朝向的 Filp 函数，在函数中对变量 TurnRight 的数值进行设置，角色向右转时将变量的数值设置为 true，角色向左转时将变量的数值设置为 false。调用 Vector3.Scale 函数对 transform.localScale 对象进行赋值，以此来对角色的转向进行设置。

第 6 到第 16 行代码：在 Update 函数中使用 if...else if 语句判断变量 moveDir 和变量 TurnRight 的数值。当变量 moveDir 的数值大于 0、TurnRight 的数值等于 true 时，表示角色正在向右位移，此时需要调用 Filp 函数控制角色面朝右并向右转；当变量 moveDir 的数值小于 0、TurnRight 的数值等于 false 时，表示角色正在向左奔跑，此时需要调用 Filp 函数控制角色面朝左并向左转。

8.4.5 控制角色的跳跃

制作完跳跃的动画片段后，角色可以在原地做出跳跃的动作，但玩家还不能控制角色实现跳跃起来的效果，需要开发者在 TwoDPlayerController 脚本中编写代码来实现。

为此，开发者需要在脚本中定义一个 Float 类型的变量 JumpSpeed，用于控制角色跳跃的速度，以及一个 Bool 类型的变量 PressJump，用于控制角色是否能够跳跃。为了方便在 Inspector 窗口中修改跳跃的速度，变量 JumpSpeed 的访问权限会设置为 public。具体的代码如代码清单 7 所示。

代码清单 7

```
01. public float JumpSpeed;
02. private bool PressJump;
03. FixedUpdate()
04. {
05.         rig.velocity = new Vector2(Speed * MoveDir,0);
06.
07.         rig.velocity = new Vector2(0, JumpSpeed);
08. }
```

经过上述的操作流程后，开发者还需要使用 Physics2D. Raycast 函数和 PressJump 变量判断当前的角色是站立在地面上，还是正处于半空中。如果角色站立在地面上，玩家就可以控制角色跳跃，如果角色正处于半空中则不能跳跃。具体的代码如代码清单 8 所示。

代码清单 8

```
01. private void Update()
02. {
03.     MoveDir = Input.GetAxisRaw("Horizontal");
04.
05.     PressJump = Physics2D.Raycast(transform.position, CheckPos, 0f);
06.
07. }
```

在上述代码中，Physics2D.Raycast 函数用于判断当前角色是站立在地面上，还是正处于半空中，并且判断的结果会被保存在 PressJump 变量中。

将 PressJump 变量存储的结果与 Input.GetButtonDown(“Jump”) 变量相结合，即可通过按“Space”键的方式控制角色的跳跃。具体的代码如代码清单 9 所示。

代码清单 9

```
01. private void FixedUpdate()
02.     {
03.         rig.velocity = new Vector2(Speed * MoveDir, 0);
04.
05.         if (PressJump && Input.GetButtonDown("Jump"))
06.         {
07.             rig.velocity = new Vector2(0, JumpSpeed);
08.         }
09.     }
```

8.4.6 创建动画片段的过渡条件

经过前面的操作，已基本实现角色的物理动作，但是角色还不能在做出物理动作的同时过渡到相应的动画片段。为此，开发者需要在 Animator Controller 中创建动画片段的过渡条件，实现角色在做出物理动作的同时能够过渡到相应的动画片段。

在设置动画片段的过渡关系前，首先需要明确动画片段之间的过渡关系。在本案例中，玩家可以操控角色在原地待命、奔跑和跳跃 3 种动画片段之间进行自由的往返切换，因此 Animator Controller 中动画片段的过渡条件可以按照图 8-49 所示的形式进行设置。

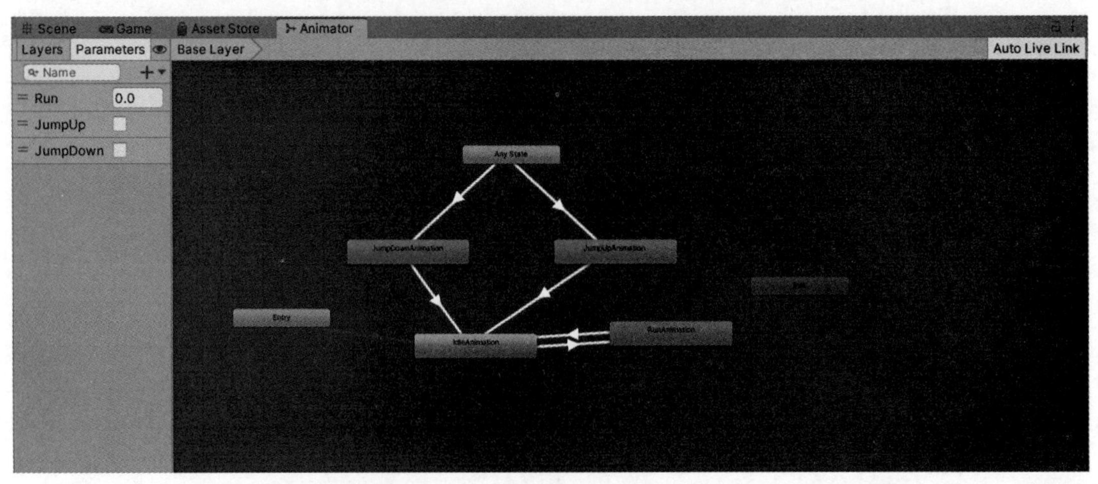

图 8-49

在设置动画片段之间的过渡条件后，开发者还需根据玩家的操作习惯设置 Float、Int、Bool 等类型的过渡参数，并在 TwoDPlayerController 脚本中使用 SetFloat、SetBool 等方法修改这些参数的数值，以此控制角色在这些动画片段之间进行过渡。这里有一点需要注意，为了避免玩家在操作角色时出现动画片段的过渡延迟过长的情况，开发者需要在过渡条件中取消 Has Exit Time 复选框的勾选，并且把 Transition Duration 属性的数值设置为 0。

8.5 本章总结

本章以自由控制游戏里的动画过渡为目标，分别讲解了 Mecanim 动画系统的 Animation 编辑界面、Animator Controller、Blend Tree 等知识点，并通过综合案例制作了控制角色在原地待命、位移、跳跃动画片段之间进行过渡的 2D 角色控制器，对 Mecanim 动画系统的功能进行了基本的运用。

下一章将讲解 Unity 3D 的 UI 系统，会使用本章讲解的 Mecanim 动画系统制作游戏 UI 的过渡动画。

UI 系统

UI 是玩家和游戏世界交换信息的媒介，例如在 RPG 中，如果玩家操控角色的生命进入危险状态，那么显示角色生命值的 UI 图标会由健康状态的“绿色”变成危险状态的“红色”，以警示玩家谨慎操作。

Unity 3D 提供了一套功能齐全的 UI 系统，即 UGUI（Unity 3D GUI，Unity 3D 图形用户界面），本章将针对 UGUI 在游戏中的实际运用进行详细的讲解。

9.1 常用的 UI 组件

UGUI 的功能被划分成了不同的 UI 组件，利用这些 UI 组件就能完成 UI 的制作。开发者可在 Hierarchy 窗口中单击鼠标右键，并在弹出的快捷菜单中执行“UI”命令，根据需要创建的 UI 组件名称，选择相应的命令进行创建。例如需要创建一个 Image 组件（图片组件，下文统称为 Image 组件），可以在快捷菜单中执行“Image”命令进行创建，如图 9-1 所示。

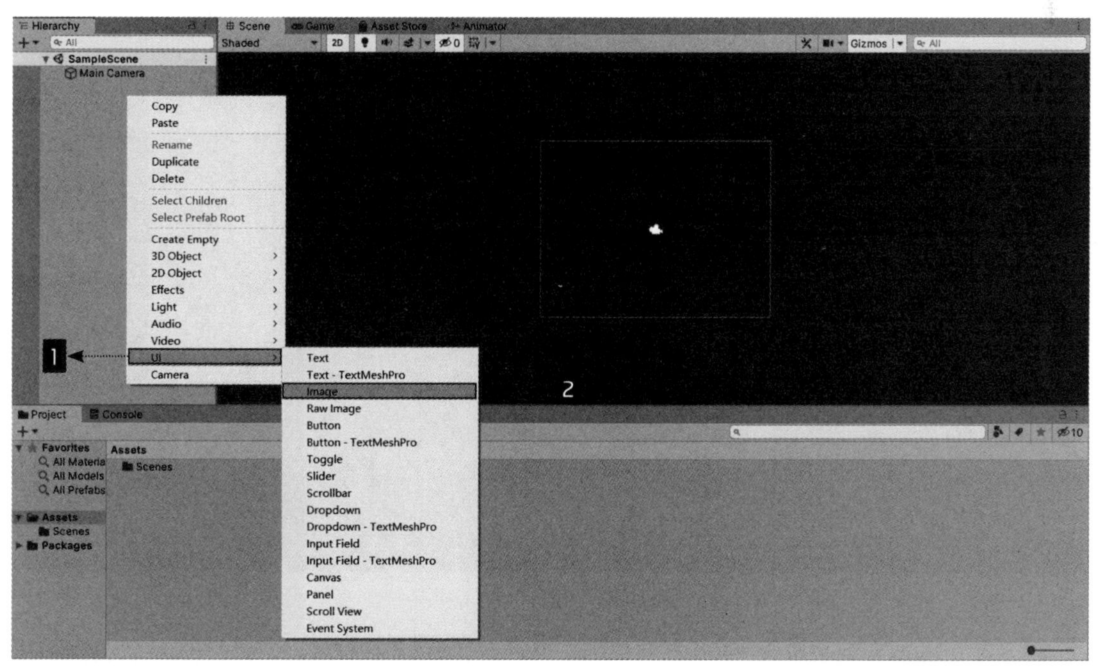

图 9-1

创建完毕后，在 Hierarchy 窗口中选择 Image 组件。可在 Unity 3D 右侧的 Inspector 窗口中看到 Image 组件的属性面板，如图 9-2 所示。

9.1.1 Image 组件——显示图片

Image 组件的功能是显示游戏 UI 中的各部分 UI 元素的图片，例如常见的按钮、物品栏、对话框等 UI 元素，都是使用 Image 组件进行显示的，如图 9-3 所示。

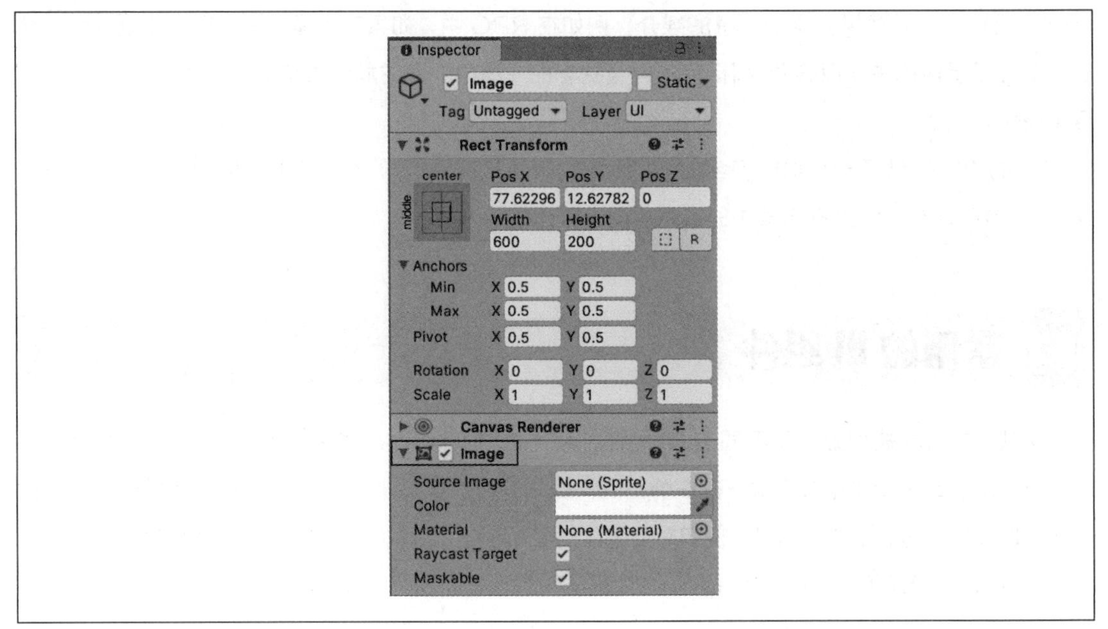

图 9-2

图 9-3

在设置 Image 组件显示的图片前，必须先在 Project 窗口中选择图片，并在图片的 Inspector 窗口中单击 Texture Type 属性右侧的“下三角”按钮，在展开的下拉列表中把图片的类型设置为 Sprite（2D and UI），否则 Image 组件将无法显示该图片，如图 9-4 所示。

设置完毕后，在 Image 组件的 Inspector 窗口中单击 Source Image 属性右侧的⊙按钮，可调出用于设置 Image 组件显示的图片的 Select Sprite 窗口。开发者可在 Select Sprite 窗口中搜索图片的名称，并对 Image 组件显示的图片进行设置，如图 9-5 所示。

在设置 Image 组件显示的图片后，图片大小默认和 Image 组件相同。设置 Image 组件显示图片前的效果如图 9-6 所示。

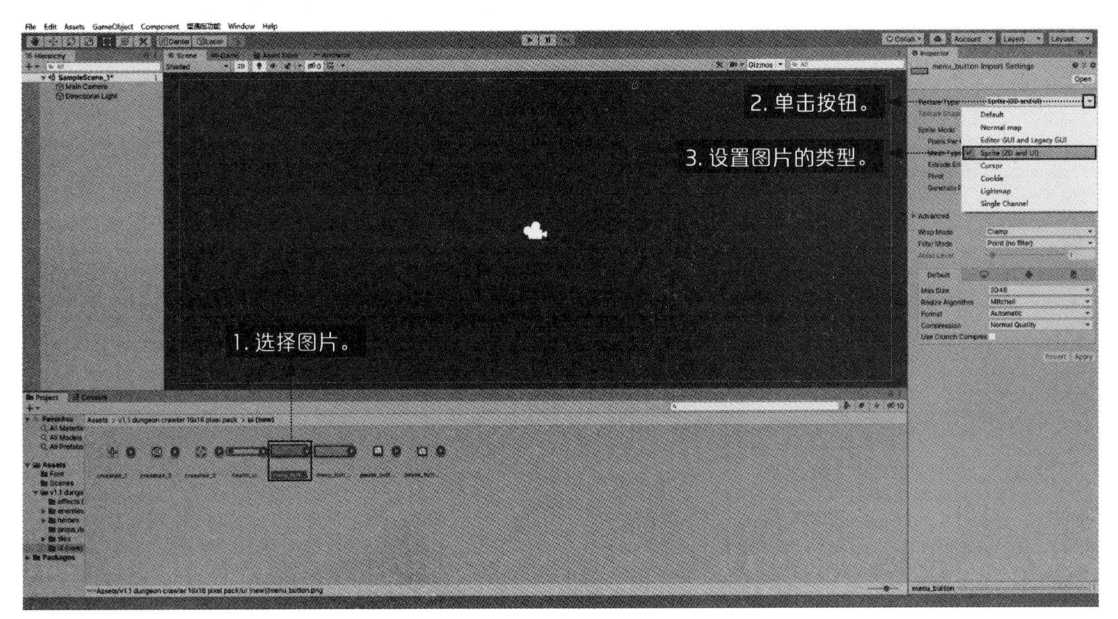
2. 单击按钮。
3. 设置图片的类型。
1. 选择图片。

图 9-4

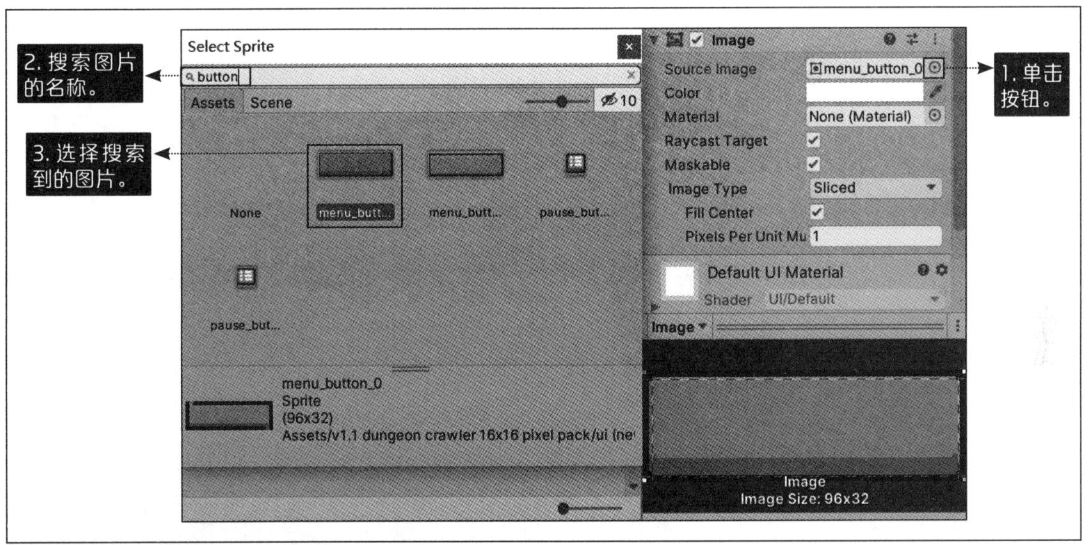
2. 搜索图片的名称。
3. 选择搜索到的图片。
1. 单击按钮。
Select Sprite
Image
Source Image
Color
Material
None (Material)
Raycast Target
Maskable
Image Type
Sliced
Fill Center
Default UI Material
Shader
UI/Default
menu_button_0
Sprite
(96x32)
Image Size: 96x32

图 9-5

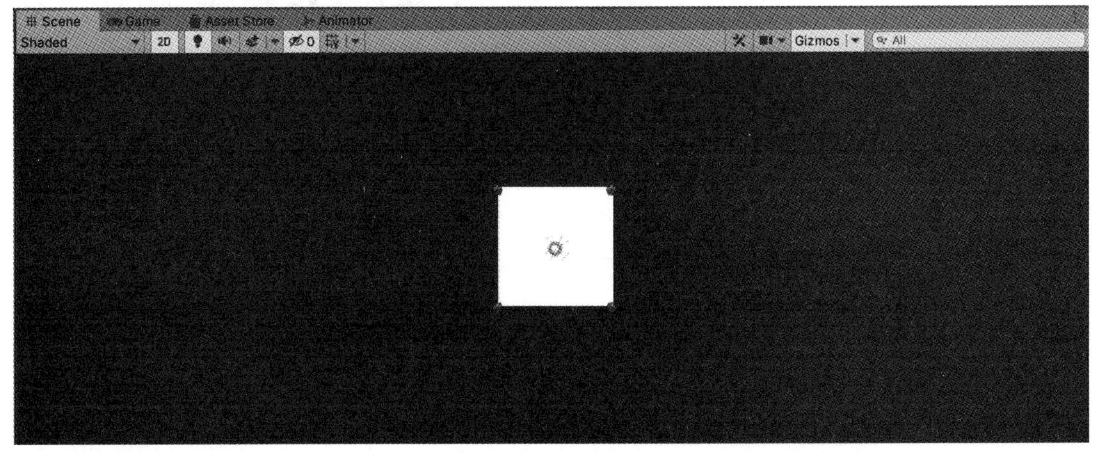
Scene
Game
Asset Store
Animator
Shaded
2D
Gizmos

图 9-6

设置 Image 组件显示图片后的效果如图 9-7 所示。

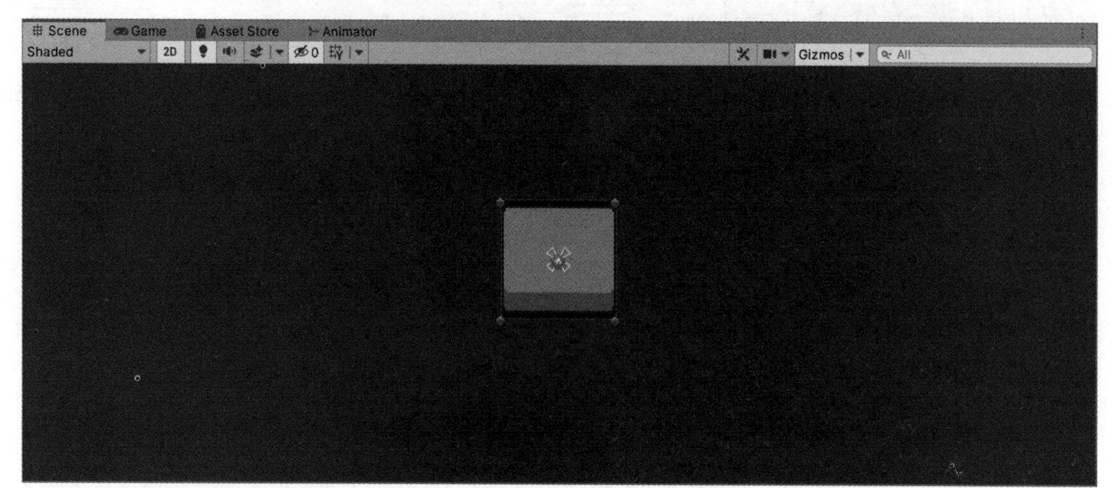

图 9-7

从图 9-6 和图 9-7 可以看出，让显示的图片保持 Image 组件默认的大小会使图片变形，显得很不美观。因此在设置 Image 组件显示的图片后，通常会在 Image 组件的属性面板中单击“Set Native Size”按钮，让 Image 组件显示的图片恢复成原始大小，如图 9-8 所示。

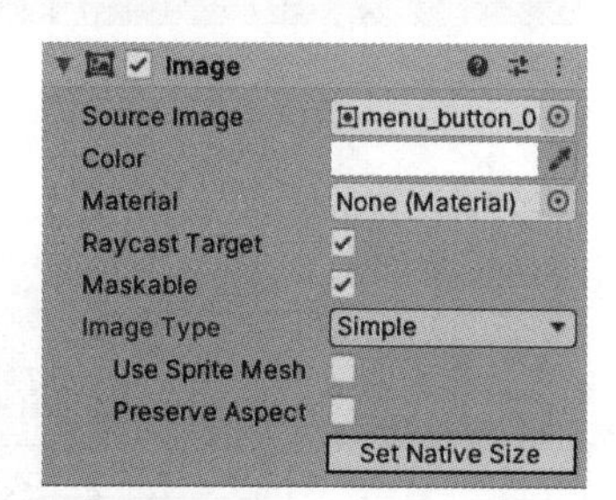

图 9-8

显示图片恢复成原始大小的效果如图 9-9 所示。

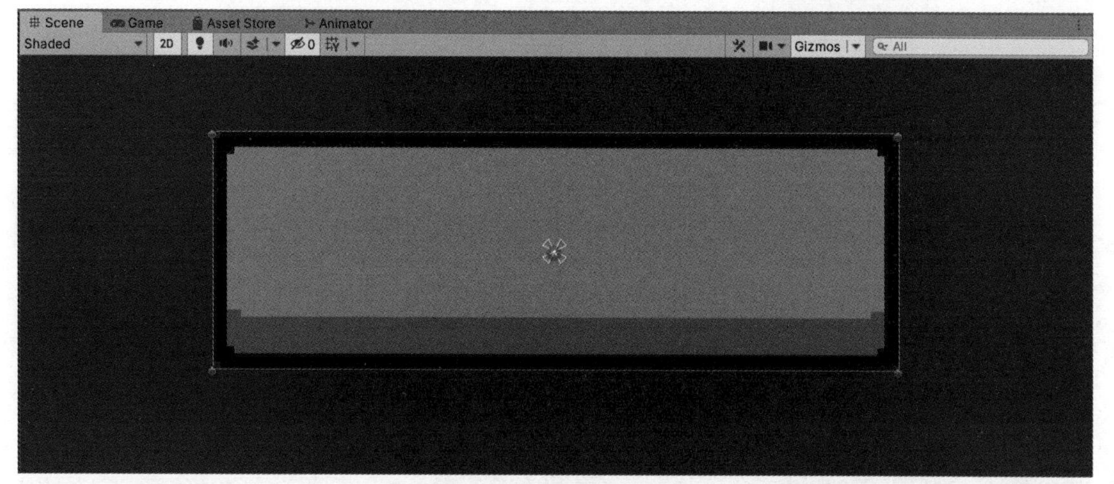

图 9-9

如果 Image 组件显示的图片清晰度不够，则可以选择图片，在 Inspector 窗口中单击 Filter Mode 属性右侧的“下三角”按钮，将图片的过滤模式设置为 Point(no filter)，以提高图片的清晰度，如图 9-10 所示。

为了满足游戏对不同背景图片的显示需求，Image 组件提供了 4 种不同类型的显示方式，分别是 Simple、Sliced、Tiled 和 Filled，开发者可以在 Image 组件的 Inspector 窗口中单击 Image Type 属性的“下三角”按钮对显示方式进行选择，如图 9-11 所示。下面分别讲解 3 种常用的显示方式 Simple、Tiled 和 Filled。

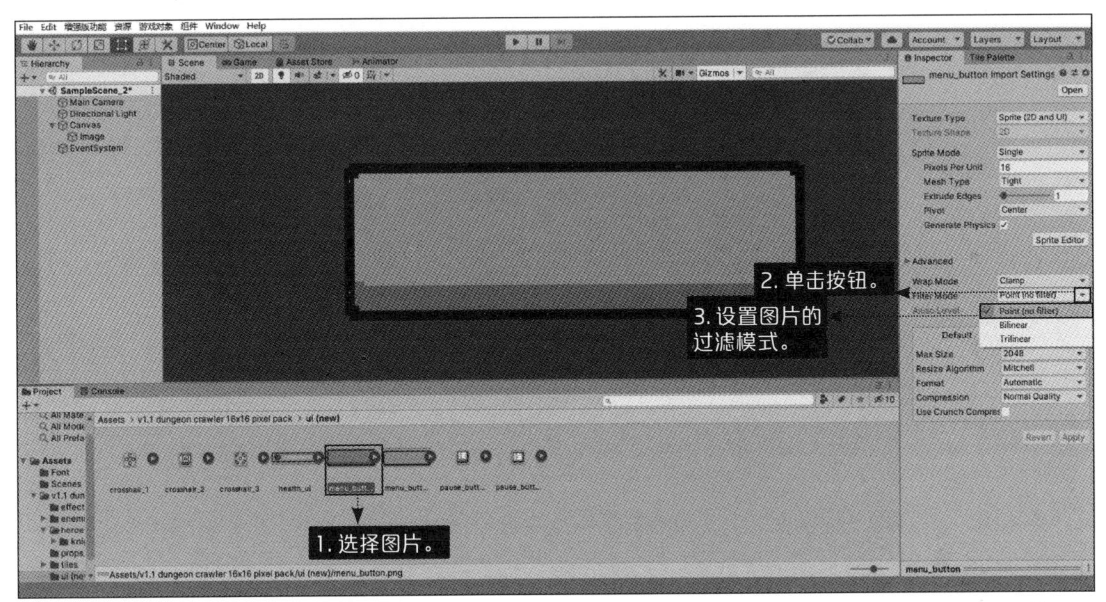

图 9-10

Simple，即按照图片原本的样子显示，是游戏 UI 最常用的一种显示方式，如图 9-12 所示。

Tiled，即复制显示的图片，让图片在 Image 组件中尽可能多地重复显示。图片显示的数量由 Image 组件的大小范围决定，如图 9-13 所示。

提示

Image 组件的大小范围可使用矩形工具进行修改，详细操作参见 9.2 节“矩形工具”。

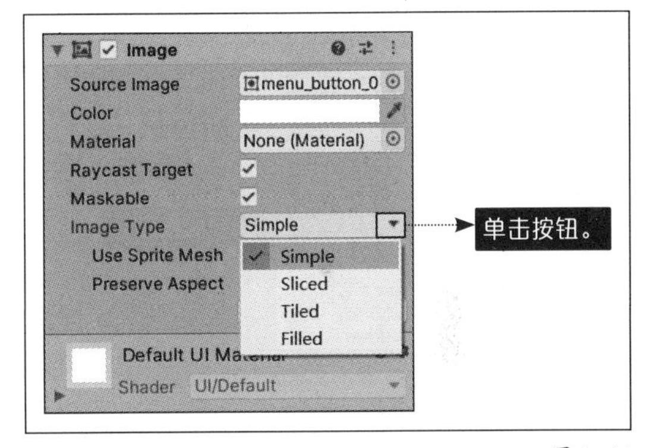

图 9-11

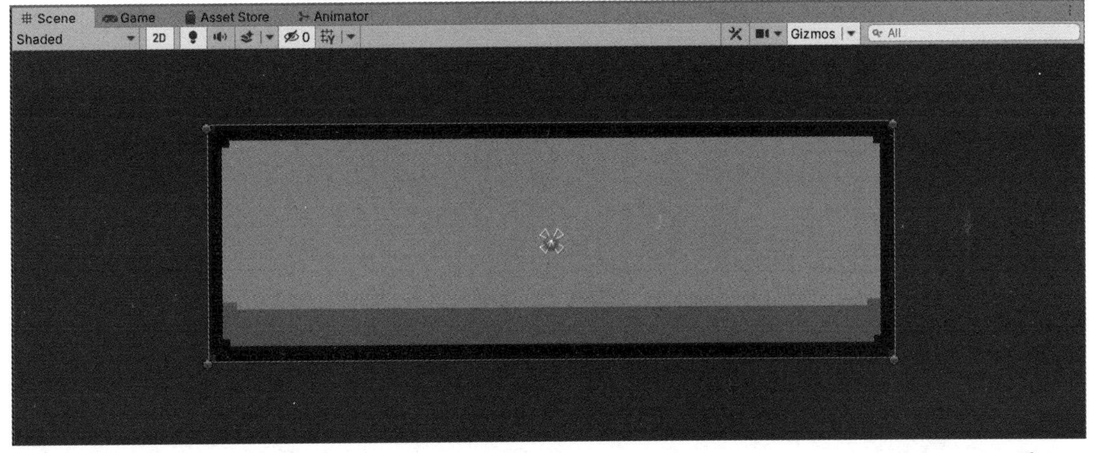

图 9-12

Filled，即让图片以填充的方式显示，开发者可修改填充方式、填充起点和填充比例，以控制图片的填充。开发者可以在 Image 组件的属性面板中单击 Fill Method 属性旁的“下三角”按钮，在展开的下拉列表中对填充方式进行设置，如图 9-14 所示。

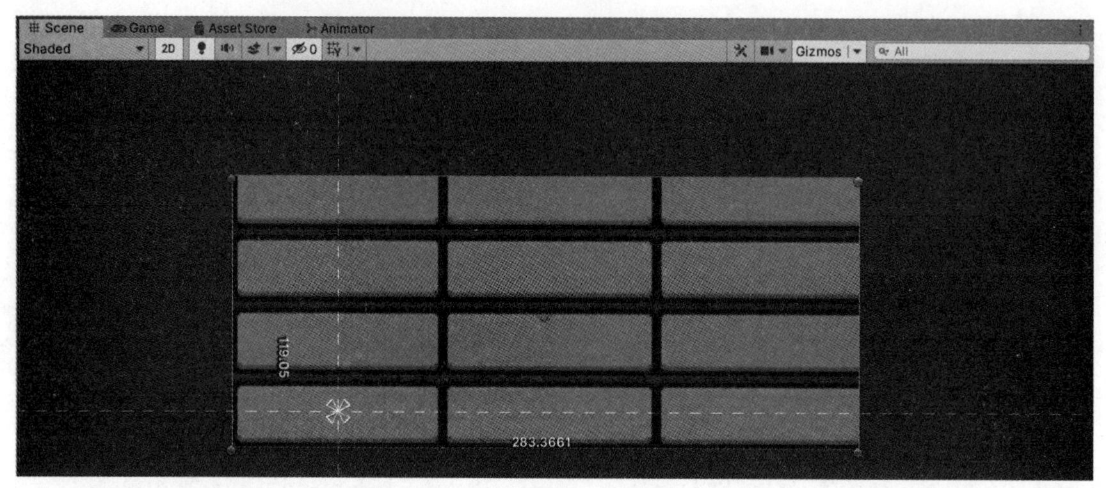

图 9-13

这里有一点值得一提，填充比例控制的是图片内容显示的多少：填充比例的数值越大图片显示的内容越多，数值越小显示的内容越少。在 Image 组件的属性面板中，开发者可以通过拖曳 Fill Amount 属性的滑块的方式对填充比例进行设置，如图 9-15 所示。

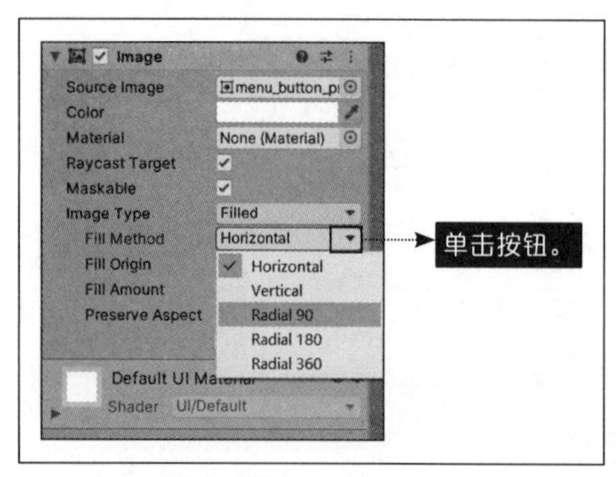

图 9-14

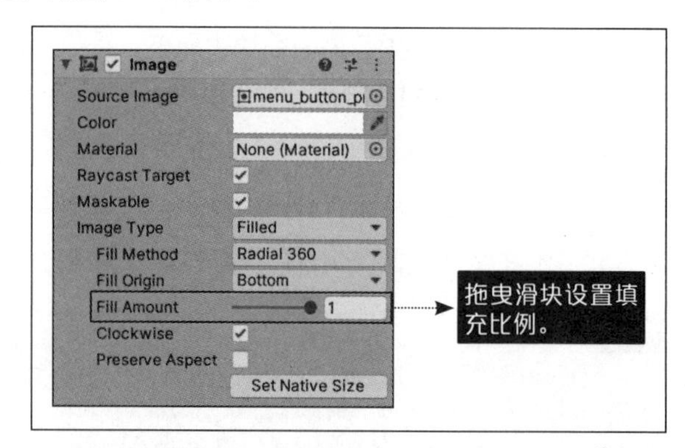

图 9-15

不同 Fill Amount 数值下，图片填充比例的对比效果如图 9-16 和图 9-17 所示，其中图 9-16 的 Fill Amount 数值要小于图 9-17 的。

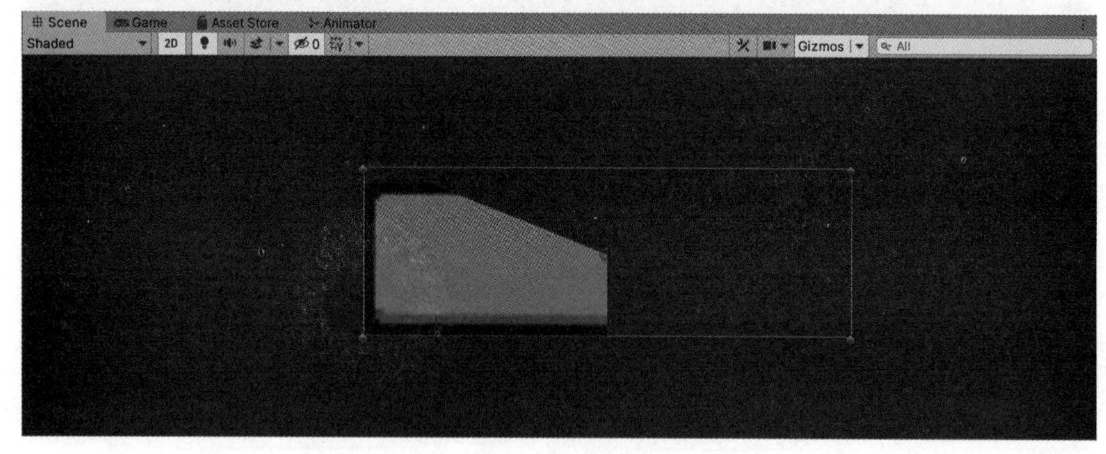

图 9-16

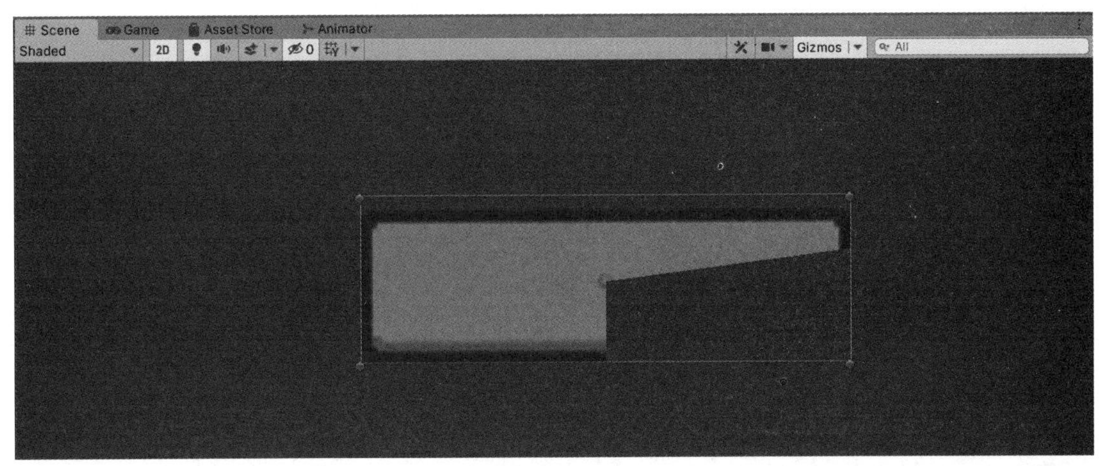

图 9-17

介绍完如何设置图片的填充方式和填充比例后，接下来将详细讲解每种填充方式的具体效果。

Horizontal：横向填充，即图片沿水平方向进行填充，如图 9-18 所示。

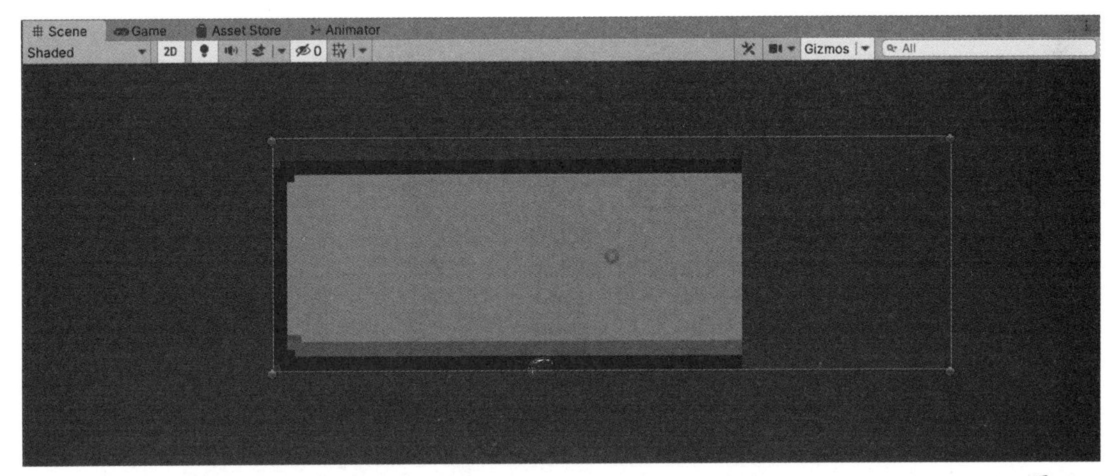

图 9-18

Vertical：纵向填充，即图片沿垂直方向进行填充，如图 9-19 所示。

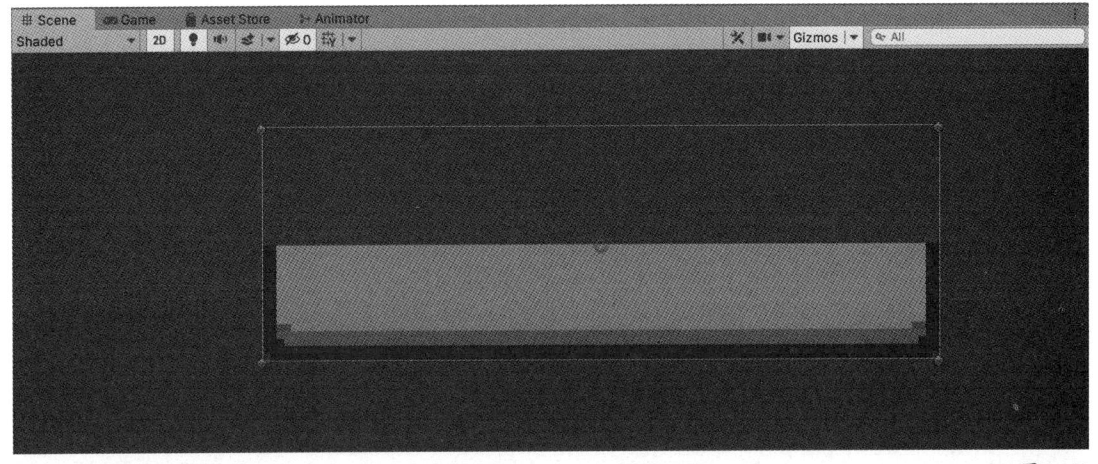

图 9-19

Radial 90：径向 90° 填充，即图片以自身矩形 4 个角的其中一个角为起点，旋转 90° 进行填充，如图 9-20 所示。

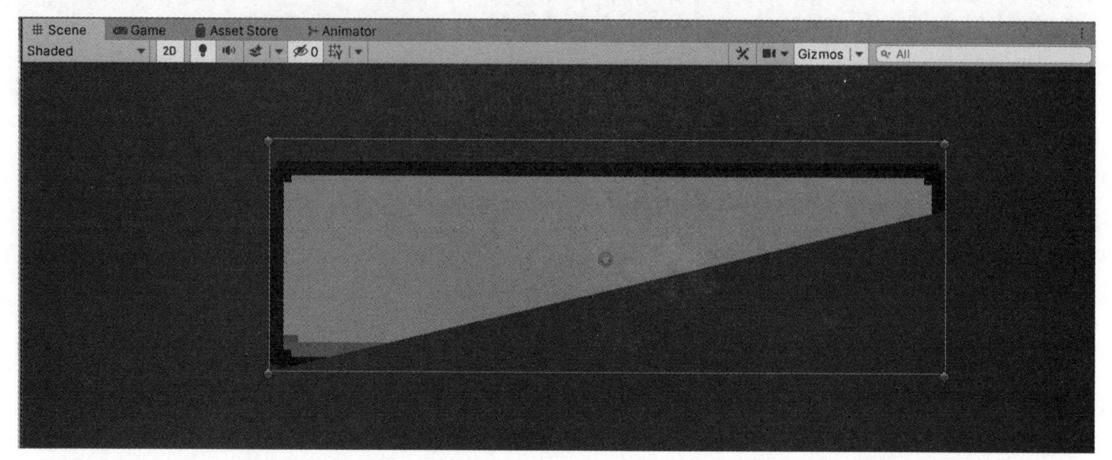

图 9-20

Radial 180：径向 180° 填充，即图片以自身矩形一条边的中点为起点，旋转 180° 进行填充，如图 9-21 所示。

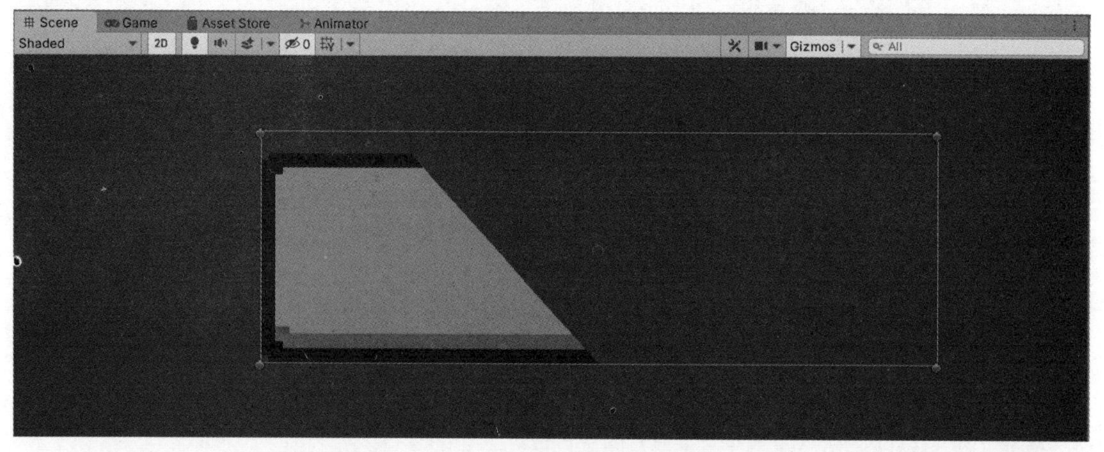

图 9-21

Radial 360：径向 360° 填充，即图片绕自身中心进行填充，如图 9-22 所示。

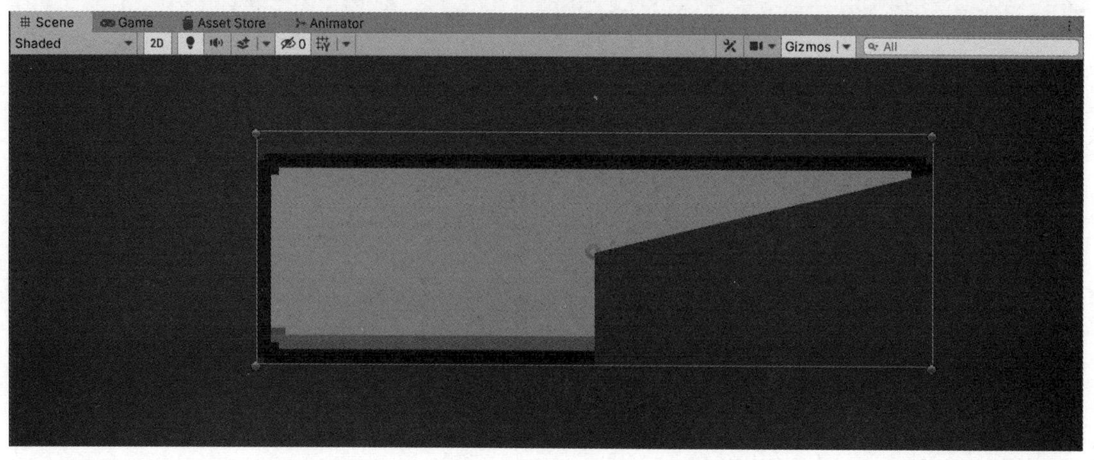

图 9-22

介绍完每种填充方式的具体效果后，接下来将讲解填充起点。Image 组件中的 Fill Origin 属性决定了填充起点，开发者可以单击 Fill Origin 属性右侧的“下三角”按钮，在展开的下拉列表中设置图片的填充起点。不同的填充起点决定了图片的填充方向，并且在不同的填充方式下 Fill Origin 属性的下拉列表中可选的填充起点也会不同。这里以设置 Horizontal（横向填充）为例进行讲解。

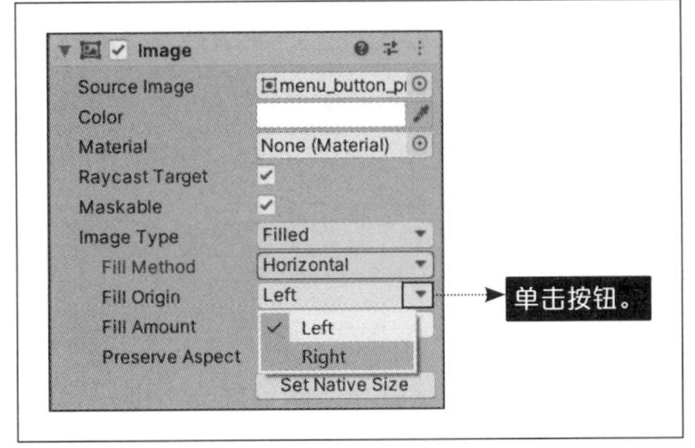

图 9-23

在 Horizontal 填充方式下，可选的填充起点分为 Left 和 Right。开发者可以单击 Fill Origin 属性右侧的“下三角”按钮，在展开的下拉列表中对填充起点进行设置，如图 9-23 所示。

其中，Left 指的是以图片矩形边框的左侧为起点进行填充，此时图片的填充方向为从左向右，如图 9-24 所示。

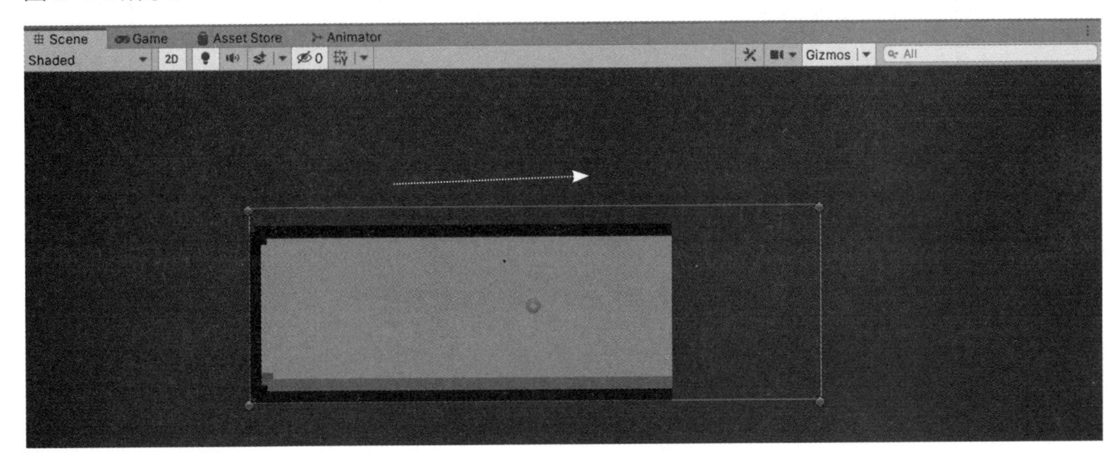

图 9-24

Right 指的是以图片矩形边框的右侧为起点进行填充，此时图片的填充方向为从右向左，如图 9-25 所示。

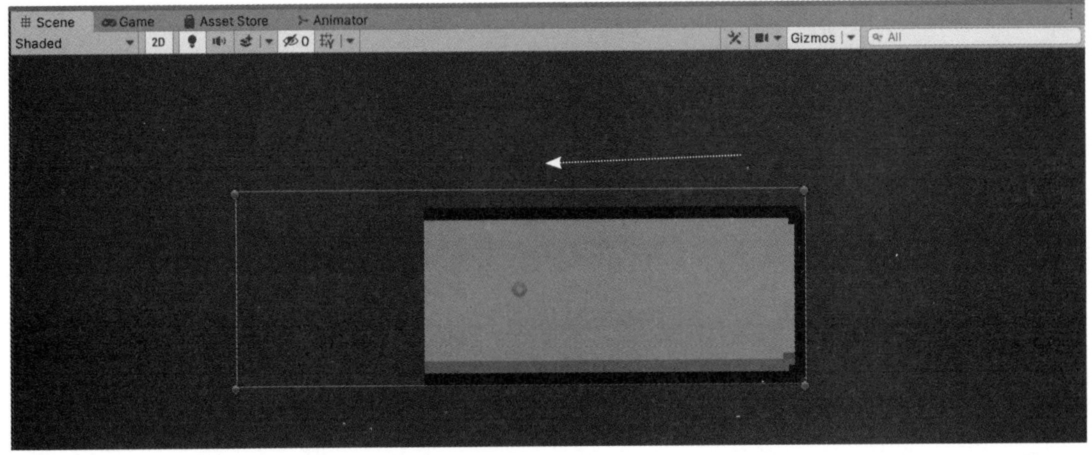

图 9-25

9.1.2 Text 组件——显示文字

Text 组件（文本组件，下文统称为 Text 组件）的功能为显示游戏 UI 的文字，开发者可以通过 Text、Font、Font Style、Font Size 等常用属性，以及 Shadow 和 Outline 组件对文字的显示效果进行设置（其中 Shadow 和 Outline 组件需要开发者在 UI 组件的 Inspector 窗口中手动添加）。本小节将对这些常用属性和组件的运用方法进行讲解。

Text 属性用于设置显示的文字，开发者在 Text 属性的文本框中输入相关的文字，即可对文字进行显示，如图 9-26 所示。

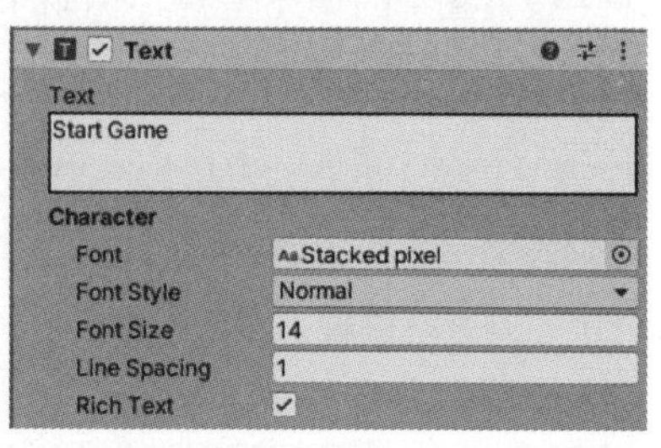

图 9-26

显示文字的效果如图 9-27 所示。

图 9-27

Font 属性用于设置字体，单击 Font 属性右边的⊙按钮，在弹出的 Select Font 窗口中可以对字体进行选择，如图 9-28 所示。

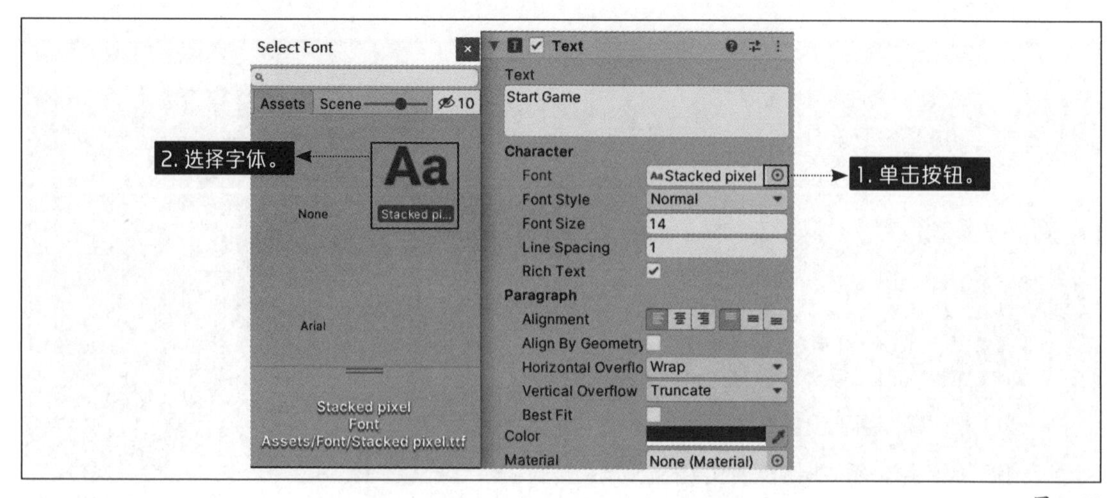

图 9-28

设置显示字体前默认的显示效果如图 9-29 所示。

图 9-29

设置显示字体后的显示效果如图 9-30 所示。

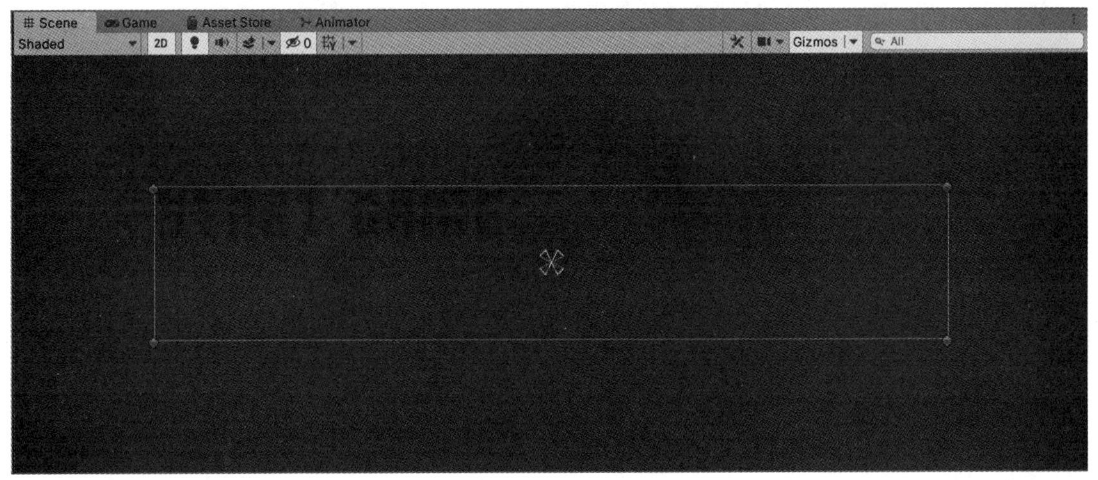

图 9-30

Font Style 属性用于设置字体的样式，单击 Font Style 属性右侧的“下三角”按钮即可对字体样式进行设置，如图 9-31 所示。每种样式详细讲解如下。

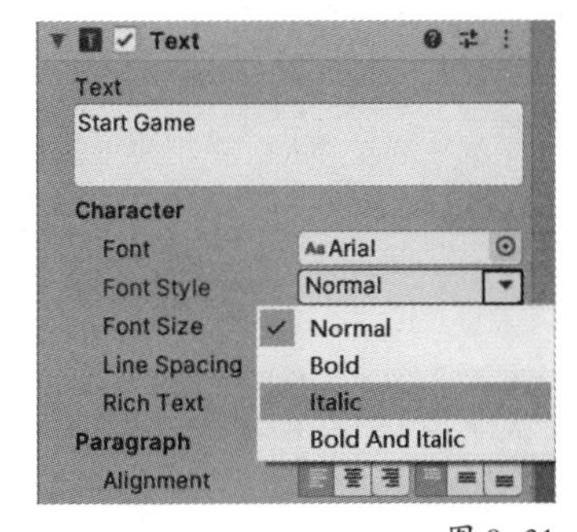

图 9-31

Normal：字体默认样式，即以字体自身的样式显示，如图 9-32 所示。

Bold：字体加粗样式，具体的效果如图 9-33 所示。

Italic：字体斜体样式，具体的效果如图 9-34 所示。

Bold And Italic：字体加粗并倾斜，具体的效果如图 9-35 所示。

Font Size 属性用于设置字体的大小，不同字体大小的效果对比如图 9-36 和图 9-37 所示，其中图 9-36 所示字体的大小要小于图 9-37 所示字体的大小。

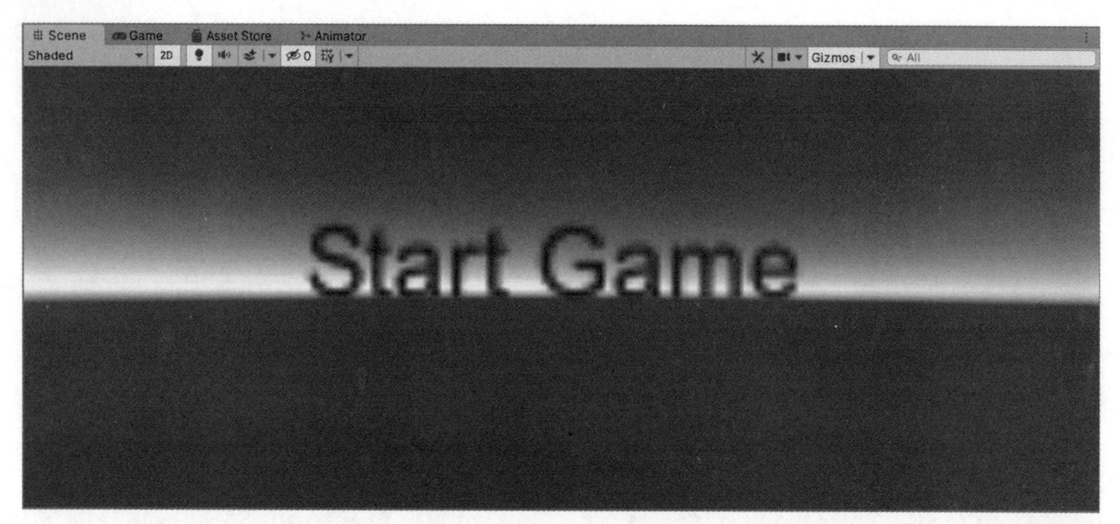

图 9-32

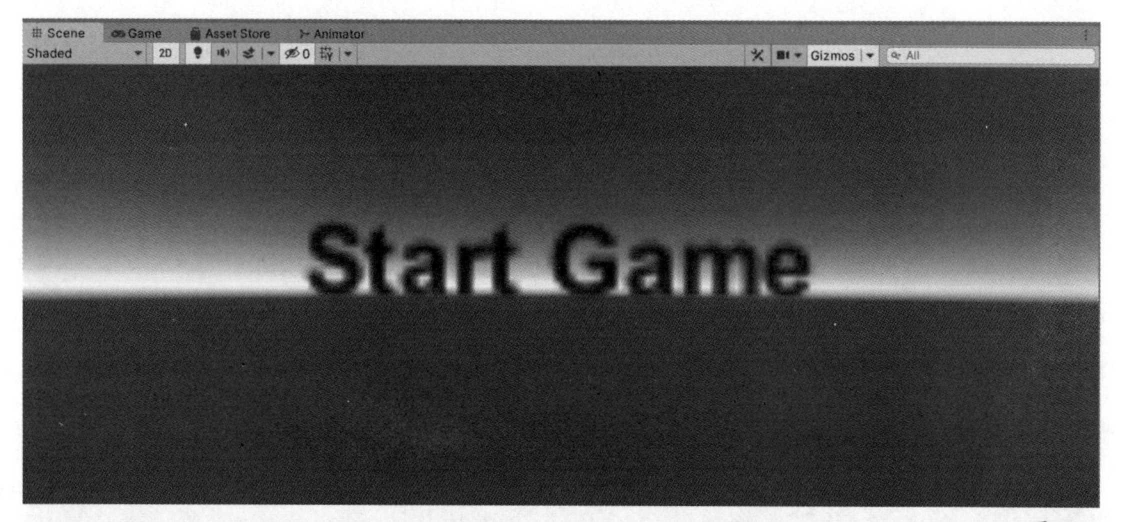

图 9-33

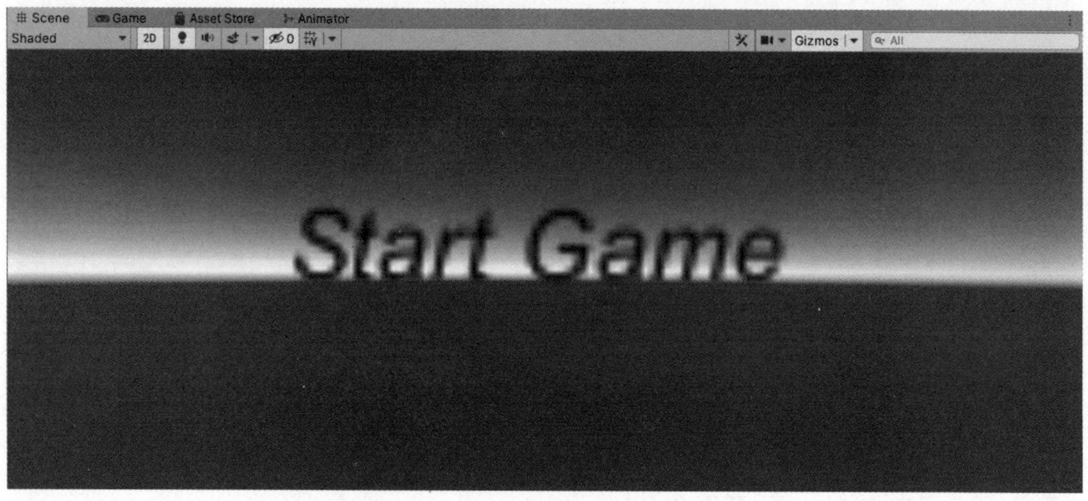

图 9-34

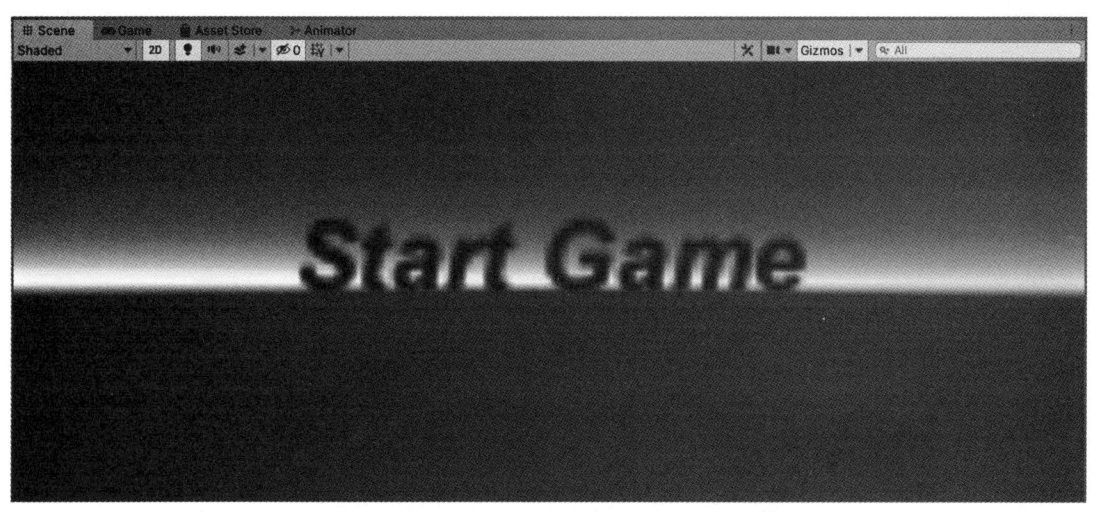

图 9-35

图 9-36

图 9-37

Alignment 属性用于设置文字的对齐方式，开发者可单击 Alignment 属性右侧的按钮对文字对齐方式进行设置，如图 9-38 所示。

图 9-38

Color 属性用于设置文字显示的颜色，开发者可单击 Color 属性右侧的“颜色条”，并在弹出的 Color 对话框中设置颜色的 RGB 值，如图 9-39 所示。

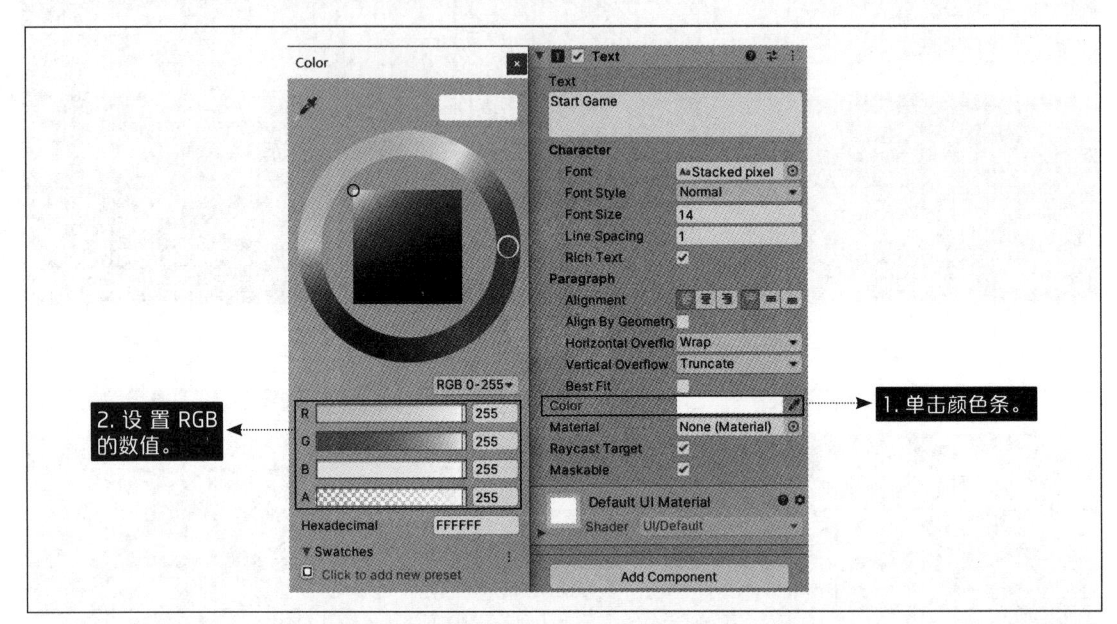

图 9-39

设置完毕后的效果如图 9-40 所示。

图 9-40

Shadow 组件用于为文字添加阴影效果，开发者可以修改 Effect Color 和 Effect Distance 属性，来设置阴影的颜色和阴影与文字之间偏移的距离，如图 9-41 所示。

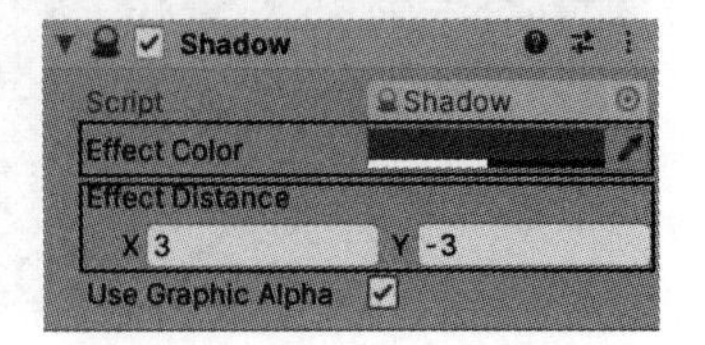

图 9-41

设置文字阴影后的效果如图 9-42 所示。

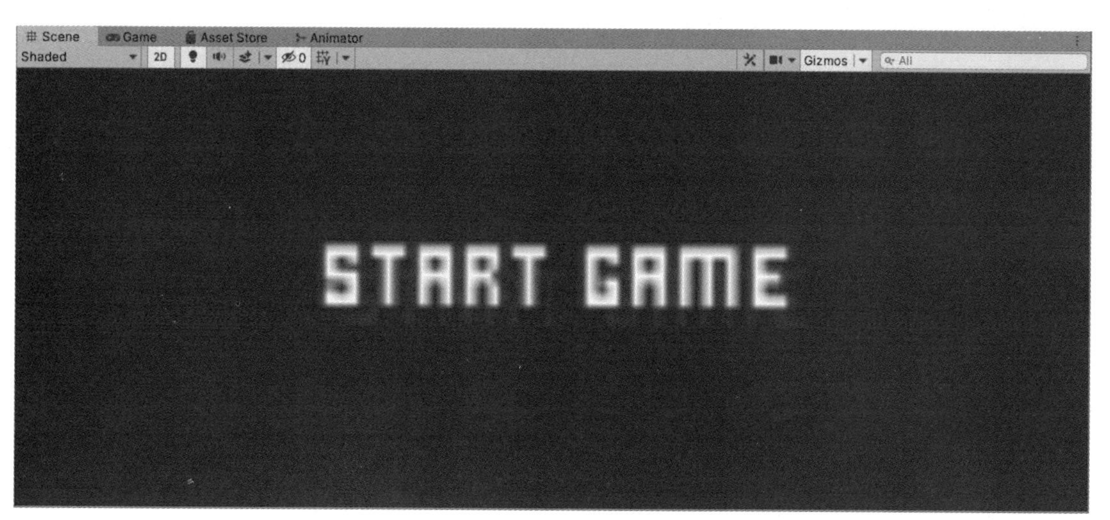

图 9-42

Outline 组件用于为文字添加外部轮廓，开发者可以修改 Effect Color 和 Effect Distance 属性，来设置外部轮廓的颜色和外部轮廓与文字之间偏移的距离，如图 9-43 所示。

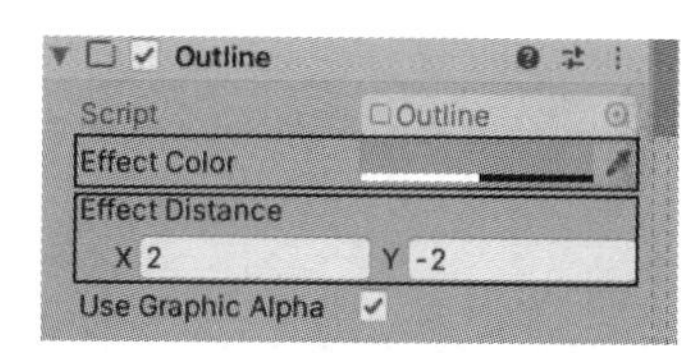

图 9-43

设置文字外部轮廓后的效果如图 9-44 所示。

图 9-44

9.1.3 Rect Transform 组件——设置 UI 组件的位置、旋转角度、缩放比例

Rect Transform 组件（矩形变换组件，下文统称为 Rect Transform 组件）的功能为设置 UI 组件的位置、旋转角度和缩放比例。所有的 UI 组件都会自带一个 Rect Transform 组件，该组件在 Inspector 窗口的属性面板中，如图 9-45 所示。

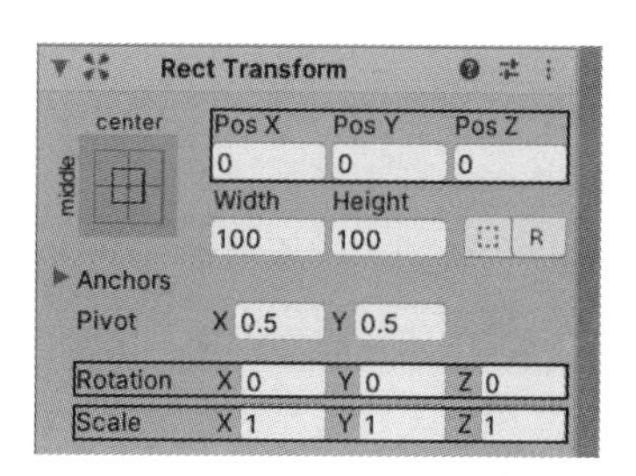

图 9-45

Rect Transform 组件各属性详细讲解如下。

Pos X、Pos Y、Pos Z：用于设置 UI 组件在画面中的位置。

Rotation：用于设置 UI 组件的旋转角度。

Scale：用于设置 UI 组件的缩放比例。

每个 UI 组件在被创建时都会自动添加一个 Rect Transform 组件，并且在 Rect Transform 组件中设置 UI 组件的位置、旋转角度和缩放比例的方法与 Transform 组件基本相同，这里不再赘述。

9.1.4 Button 组件——游戏中的按钮

Button 组件（按钮组件，下文统称为 Button 组件）常用于制作各种功能按钮，它是玩家与游戏世界进行交互的一种方式。开发者可以为 Button 组件设置各种不同功能的函数，当玩家单击 Button 组件时，Button 组件就会执行相应函数的功能。利用这种方法，玩家可以通过 Button 组件控制游戏功能的执行。创建 Button 组件后的效果如图 9-46 所示。

图 9-46

这里值得一提的是，Button 组件主要由 Image 和 Text 组件构成，因此开发者可以通过设置 Image 与 Text 组件显示的图片和文字来设置功能按钮显示的图片和文字。Image 与 Text 组件在 Hierarchy 窗口中的名称分别为 Button 和 Text，开发者在 Hierarchy 窗口中选择相应名称的组件后，即可在 Inspector 窗口中对其进行设置。例如选择 Hierarchy 窗口中的 Button 后，开发者可在 Inspector 窗口中通过 Image 组件的 Source Image 属性来设置显示的图片；而选择 Text 后，则可以在 Inspector 窗口中通过 Text 组件的 Text 属性来设置显示的文字。其中 Button 代表 Image 组件，Text 代表 Text 组件，如图 9-47 所示。

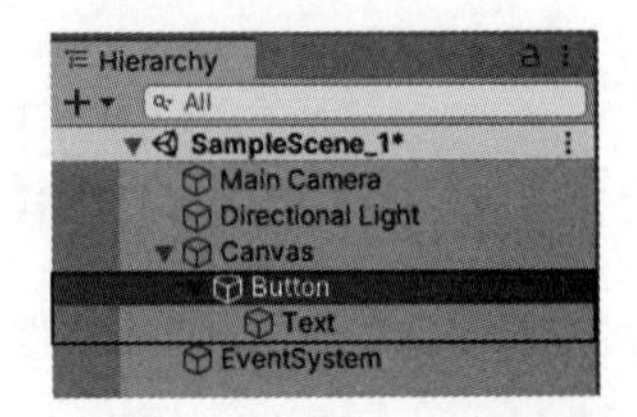

图 9-47

设置完毕后的效果如图 9-48 所示。

创建完毕后，开发者需要先在 Hierarchy 窗口中选择创建的 Button 组件，并在 Inspector 窗口中单击 Button 组件属性面板中的“+”按钮，创建一个用于获取脚本的“空位”，然后从 Hierarchy 窗口中将一个添加有脚本的游戏对象拖曳到这个“空位”中，如图 9-49 所示。

图 9-48

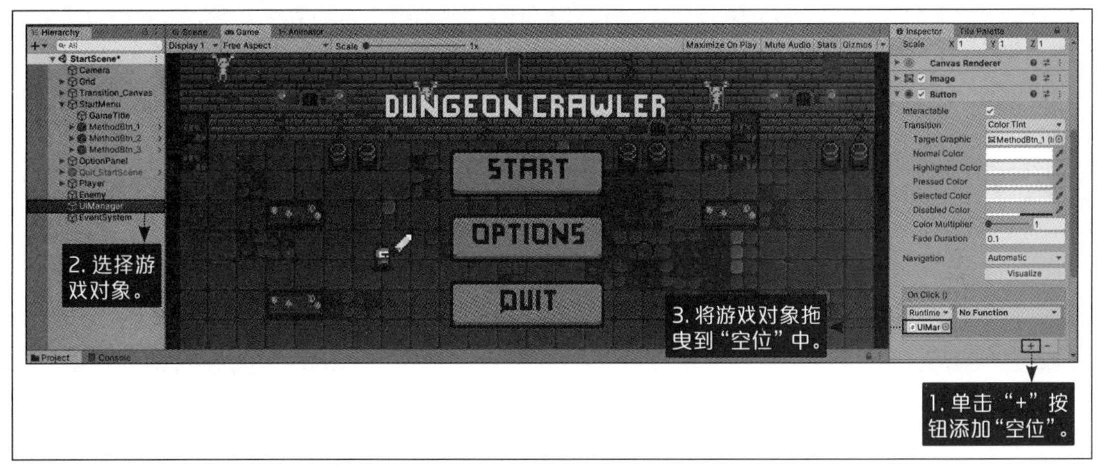

图 9-49

获取脚本后，开发者即可单击 Button 组件属性面板右下方的“下三角”按钮，在展开的下拉列表中设置 Button 组件的执行函数，如图 9-50 所示。这里有一点需要注意，设置的执行函数均来源于获取的脚本，并且只有函数在脚本中的访问权限是 public 的情况下，才可将函数设置为 Button 组件的执行函数。设置完毕后运行游戏，单击 Button 组件控制函数的执行。

9.1.5 Slider 组件——调节游戏音量

Slider 组件（滑动条组件，下文统称为 Slider 组件）常用于制作游戏中控制音量大小的滑动条，玩家可以在游戏运行后，拖曳 Slider 组件的滑块来控制组件的填充比例，填充比例越大，Slider 组件显示的填充内容越多，如图 9-51 所示。

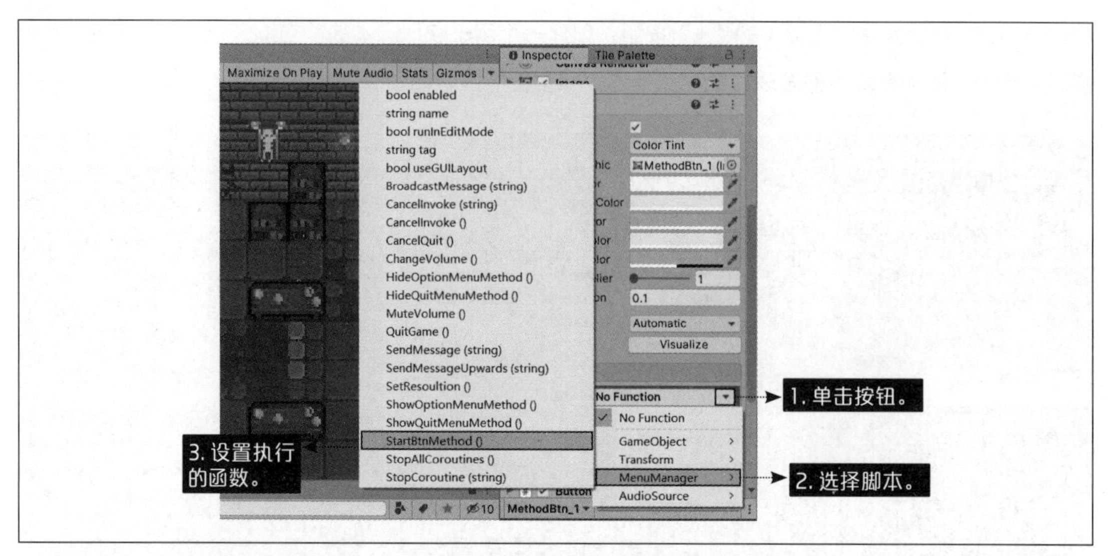

图 9-50

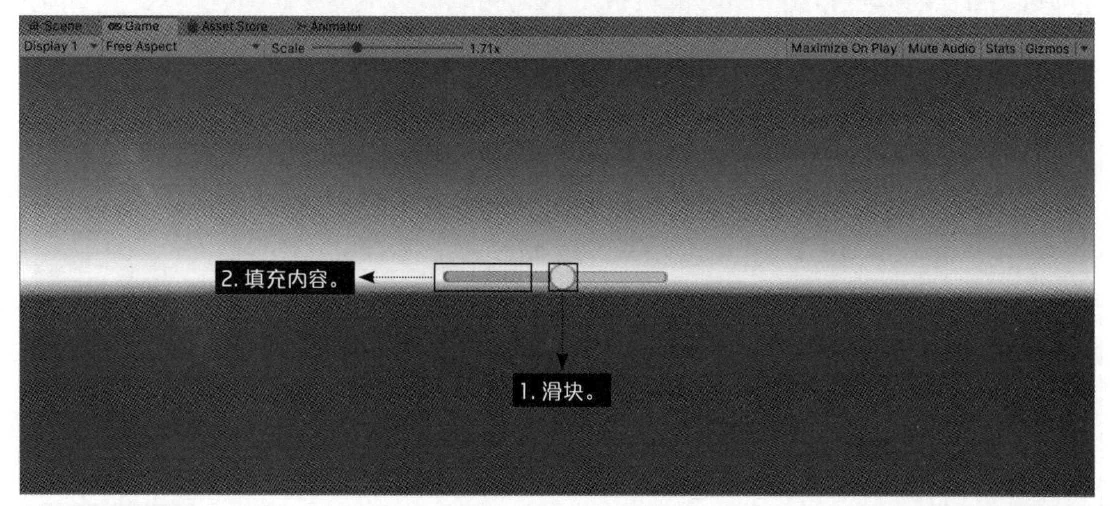

图 9-51

当开发者在拖曳 Slider 组件的滑块改变组件的填充比例时，Slider 组件属性面板中的 Value 属性会更新填充比例的数值，如图 9-52 所示。

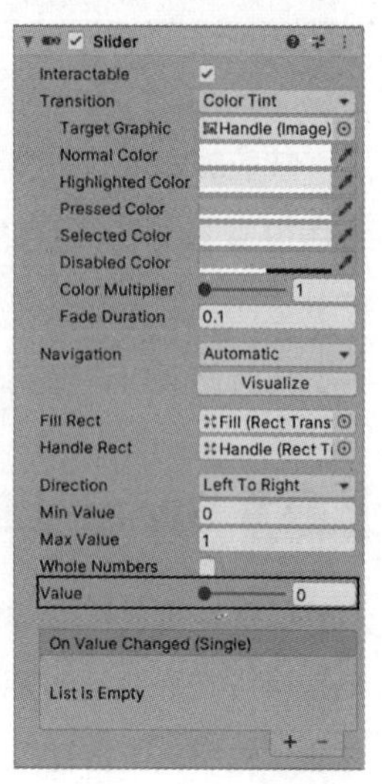

图 9-52

9.1.6 Toggle 组件——游戏的功能开关

Toggle 组件（切换组件，下文统称为 Toggle 组件）常用于制作游戏中的复选框，玩家可通过 Toggle 组件控制某项功能的开启或关闭，例如游戏是否开启或关闭背景音乐和高清画质模式等。

运行游戏后，可单击 Toggle 组件来控制功能的开启或关闭。当 Toggle 组件前面的“对钩”图标为显示状态时，功能处于开启状态；当“对钩”图标为隐藏状态时，功能则处于关闭状态，如图 9-53 所示。利用这一点，开发者可以在脚本中控制游戏声音的开启和关闭，详细内容将在 9.5.2 小节中讲解。

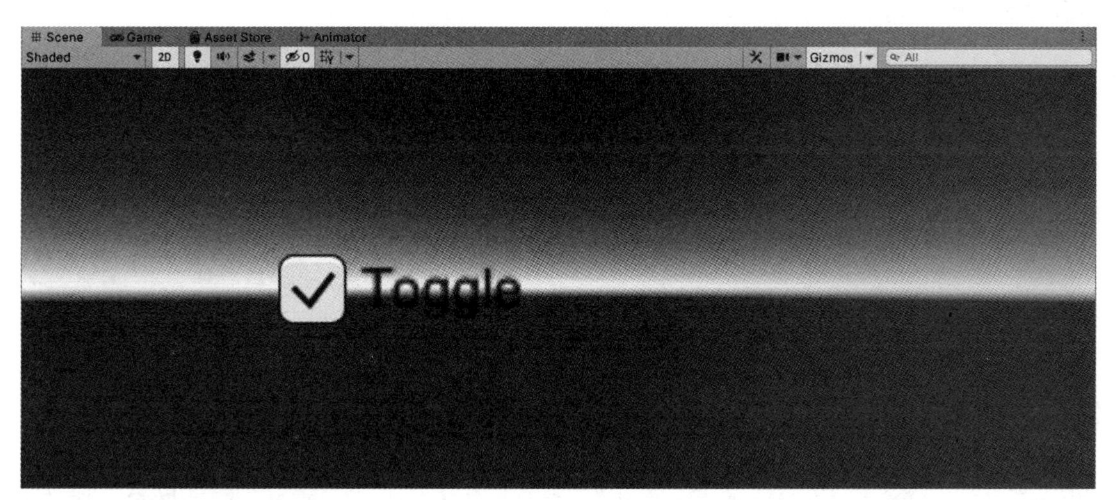

图 9-53

开发者在勾选或取消勾选 Toggle 组件的复选框时，Toggle 组件属性面板中的 Is On 属性的数值会根据“对钩”图标的显示和隐藏状态进行更新。“对钩”图标处于勾选（显示）状态时 Is On 属性值为 true，处于取消勾选（隐藏）状态时则为 false，如图 9-54 所示。利用这一点，开发者可以在脚本中控制游戏音乐的开启和关闭，详细内容会在 9.5.2 小节中讲解。

9.1.7 Dropdown 组件

Dropdown 组件（下拉列表框组件，下文统称为 Dropdown 组件）通常用于制作游戏的下拉列表，可以用于实现设置游戏的难度的功能。开发者可以在 Dropdown 组件属性面板的 Options 属性中设置下拉列表中选项显示的内容，如图 9-55 所示。

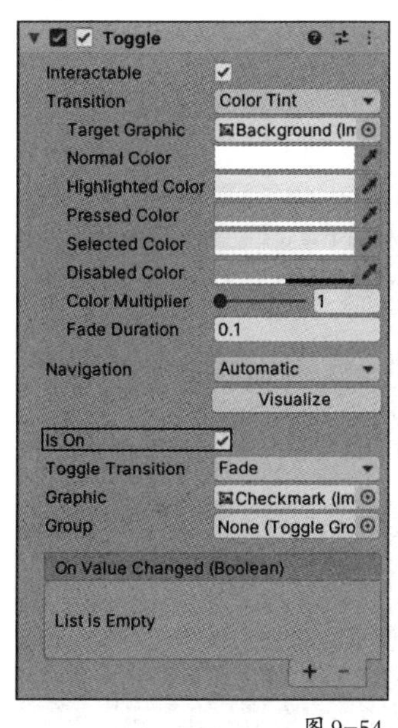

图 9-54

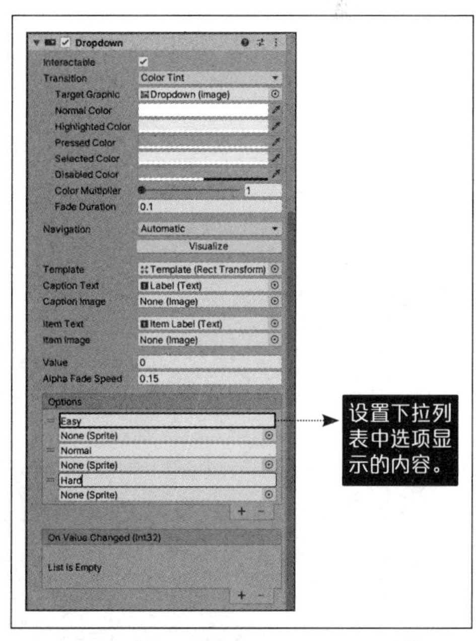

图 9-55

设置完毕后运行游戏，单击 Dropdown 组件即可在展开的下拉列表中预览选项内容。展开下拉列表后，选择下拉列表中的选项可以设置 Dropdown 组件显示的选项，如图 9-56 所示。

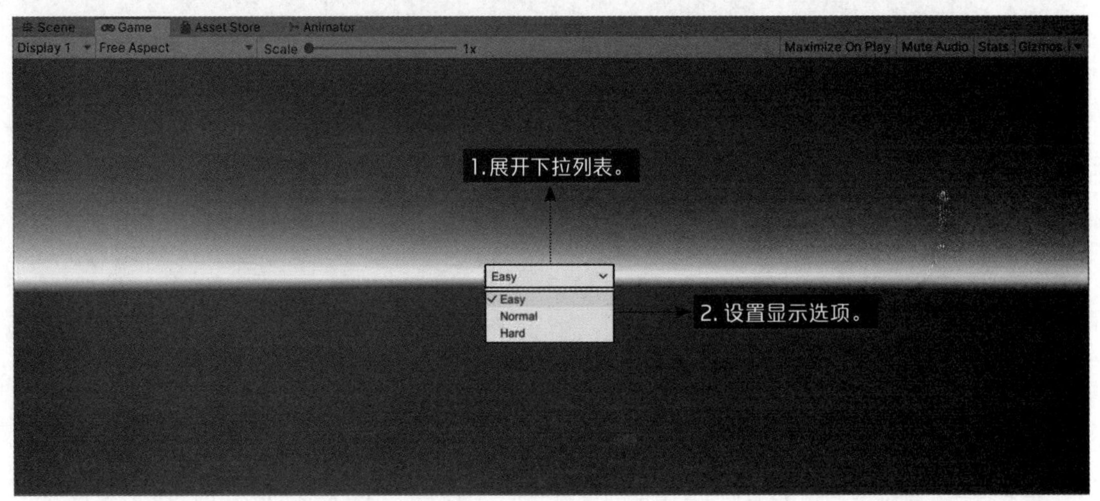

图 9-56

9.1.8 自动布局组件——设置窗口布局

在游戏中，UI 组件常用的布局方式可分为水平布局、垂直布局和网格布局 3 种，不同的布局方式适用于不同的 UI 窗口。为了能方便地在游戏中实现这些布局方式，UGUI 提供了 3 种自动布局组件，它们分别是 Horizontal Layout Group（水平布局组，下文统称为 Horizontal Layout Group 组件）、Vertical Layout Group（垂直布局组，下文统称为 Vertical Layout Group 组件）和 Gird Layout Group（网格布局组，下文统称为 Gird Layout Group 组件）。

开发者向游戏对象添加这些自动布局组件，并将 UI 组件设置为游戏对象的子物体后，UI 组件就会根据当前添加的自动布局组件进行自动布局。下面分别展示水平布局、垂直布局和网格布局这 3 种自动布局组件的具体效果。

Horizontal Layout Group 组件的布局效果如图 9-57 所示。

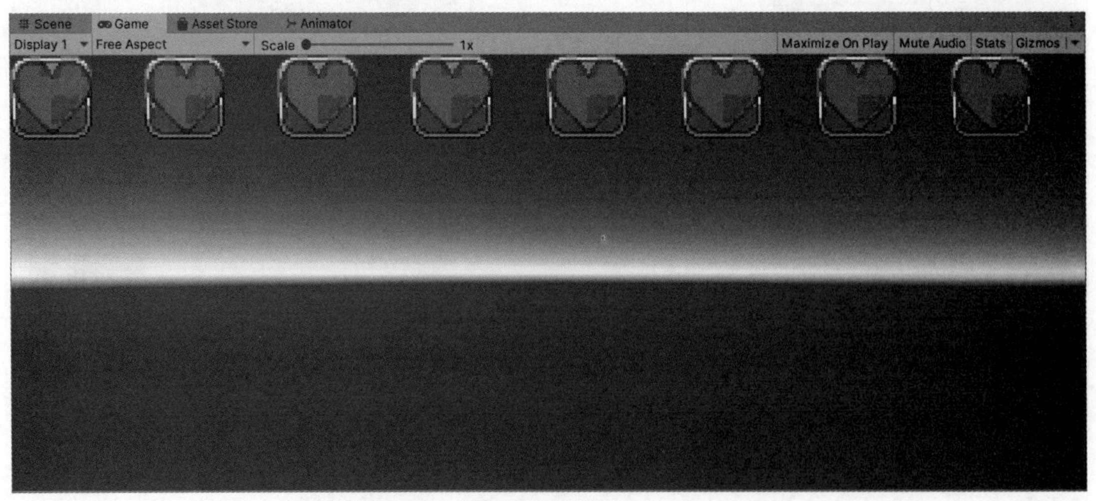

图 9-57

Vertical Layout Group 组件的布局效果如图 9-58 所示。

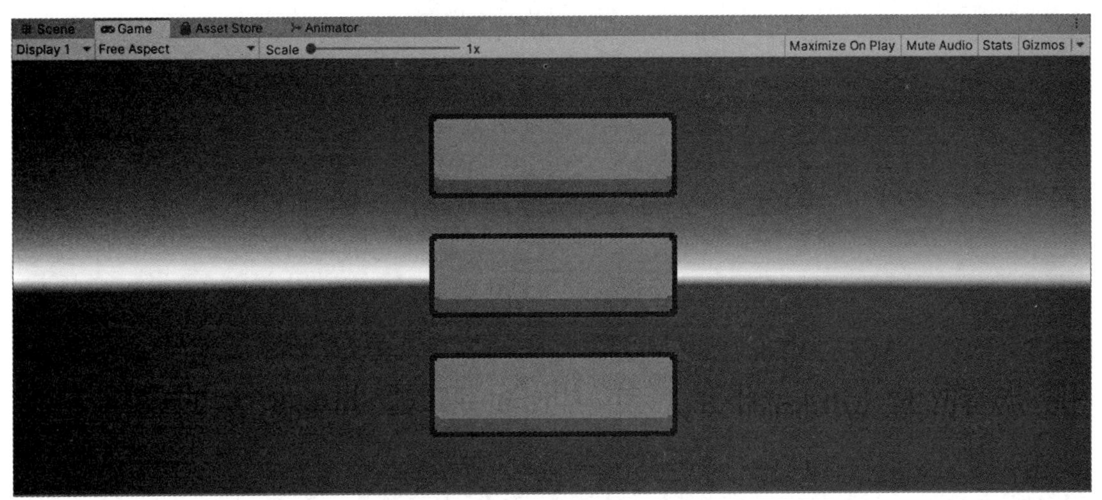

图 9-58

Grid Layout Group 组件的布局效果如图 9-59 所示。

图 9-59

9.2 矩形工具

矩形工具（Rect Tool）的作用是让开发者能通过拖曳的方式设置 UI 组件的位置、旋转角度和缩放比例，它的作用与 Rect Transform 组件的作用一致，但是矩形工具的效果更加直观。开发者可以单击 Unity 3D 窗口上方的■按钮或按“T”键选择矩形工具，如图 9-60 所示。

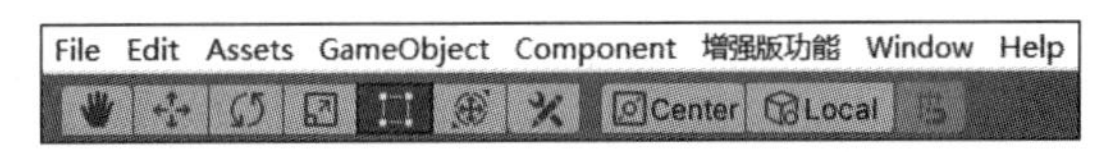

图 9-60

使用矩形工具后，UI 组件会被由 4 个小圆点构成的矩形框住，如图 9-61 所示。当鼠标指针处在矩形的内部时，按住鼠标左键并拖曳即可调整 UI 组件的位置。

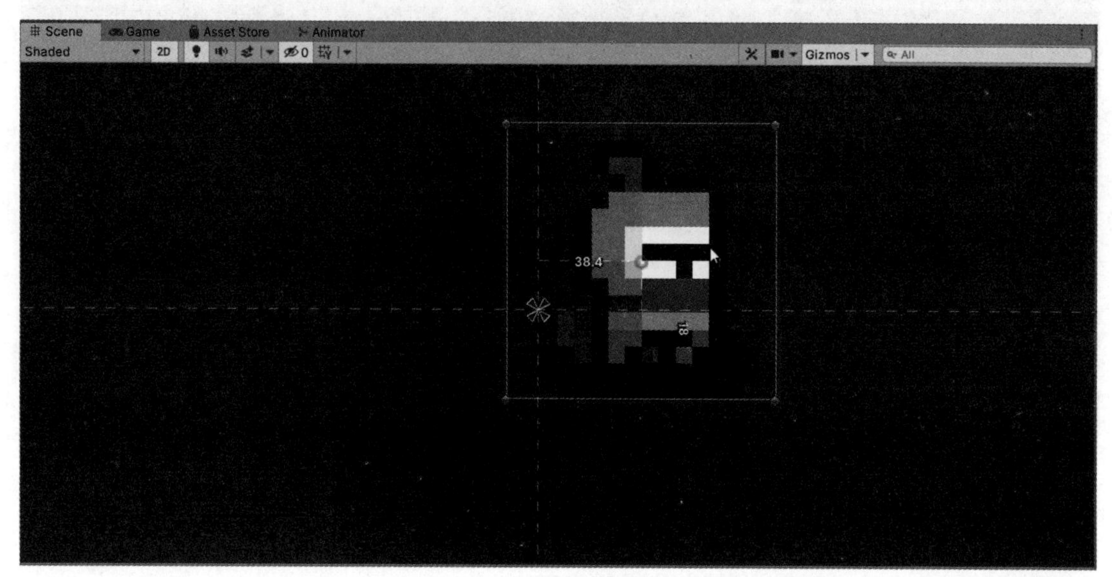

图 9-61

当鼠标指针处在小圆点附近的位置时，按住鼠标左键并拖曳即可调整 UI 组件的旋转角度，如图 9-62 所示。

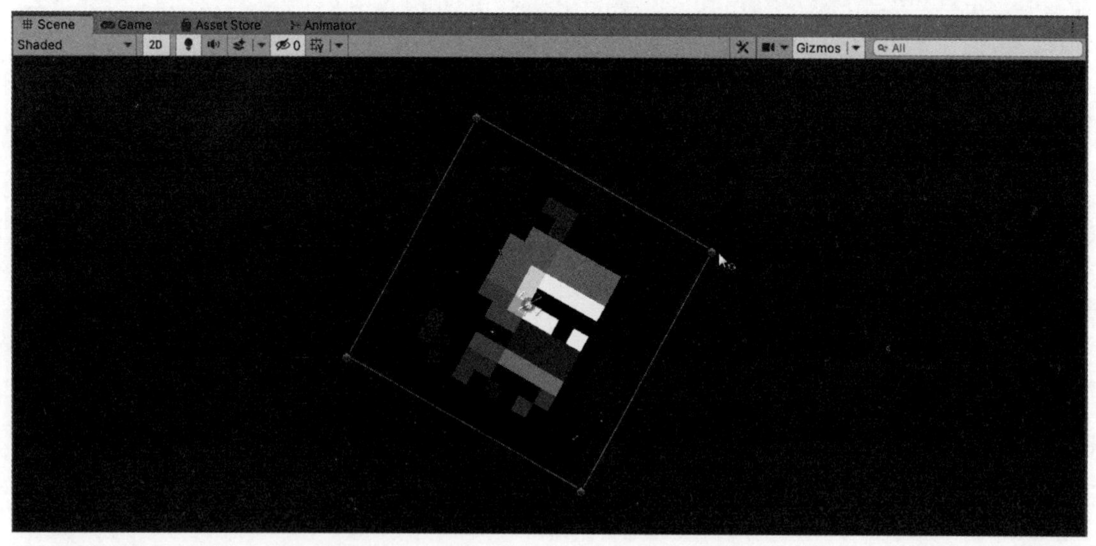

图 9-62

当鼠标指针处在小圆点或矩形边框上时，按住鼠标左键并拖曳即可调整 UI 组件的缩放比例。其中，将鼠标指针放在小圆点的位置拖曳时，UI 组件会按照等比例的方式进行缩放；而将鼠标指针放在矩形边框的位置拖曳时，UI 组件只会以某一条边为参照物进行缩放，如图 9-63 所示。

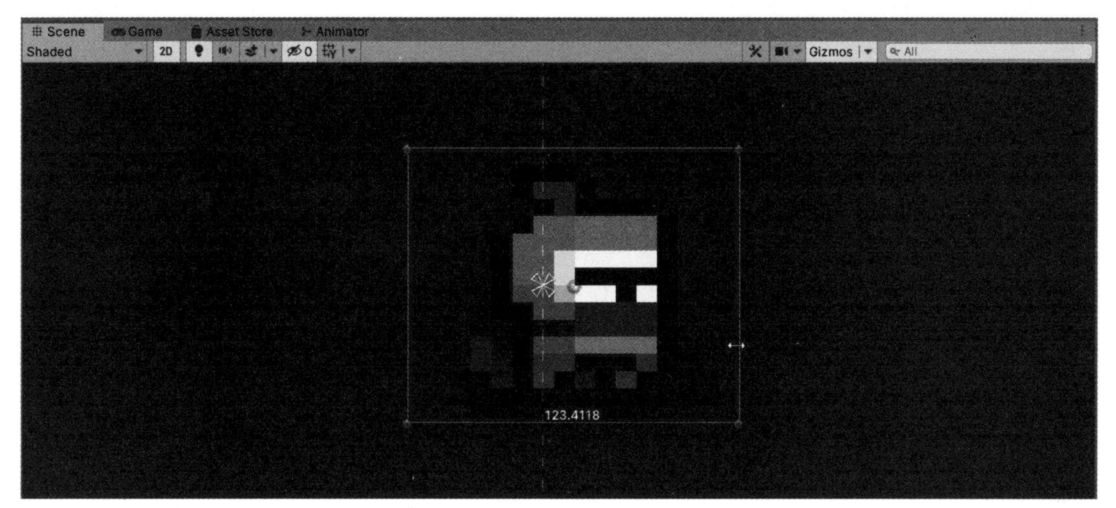

图 9-63

9.3 Canvas（画布）游戏对象——控制所有 UI 组件的显示方式

开发者第一次创建 UI 组件时，Unity 3D 会在 Hierarchy 窗口中自动创建一个 Canvas 游戏对象，该游戏对象是所有 UI 组件的父物体，并且这些 UI 组件的显示方式都会受到 Canvas 游戏对象的控制，如图 9-64 所示。

图 9-64

开发者在 Hierarchy 窗口中选择 Canvas 游戏对象后，在 Canvas 游戏对象的 Inspector 窗口中可以看到 3 种 UI 组件，它们分别是控制 UI 组件渲染方式和渲染顺序的 Canvas 组件、控制 UI 组件在不同分辨率下进行自适应的 Canvas Scaler 组件，以及控制 UI 单击事件的 Graphic Raycaster 组件，这里主要讲解 Canvas 和 Canvas Scaler 组件。

9.3.1 Canvas 组件——控制所有 UI 组件的渲染顺序和渲染方式

Canvas 组件（画布组件，下文统称为 Canvas 组件）的功能是控制 Canvas 游戏对象下所有 UI 组件的渲染顺序和渲染方式。UI 组件的渲染顺序是指 UI 组件在画面中渲染的先后顺序，由 UI 组件在 Hierarchy 窗口中排列的先后顺序决定，顺序靠前的 UI 组件会被优先渲染，反之顺序靠后的 UI 组件则会被延后渲染。

图 9-65 所示的 Image 组件排在 Text 组件的前面，因此 Image 组件会被优先渲染，并且 Image 组件显示的图片会被渲染在 Text 组件显示的文字后面，如图 9-66 所示。

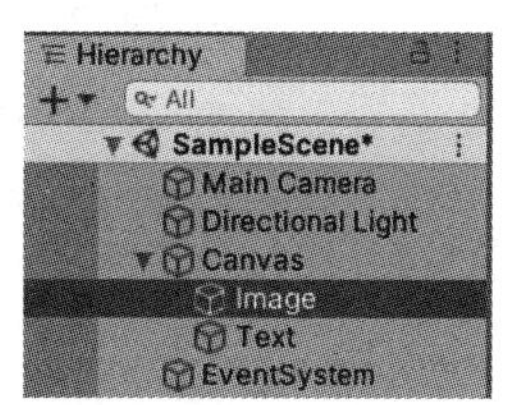

图 9-65

图 9-66

如果修改它们的排列顺序，让 Text 组件排在 Image 组件的前面，那么 Text 组件显示的文字则会被优先渲染。由于 Text 组件被优先渲染，Image 组件显示的图片会遮挡住 Text 组件显示的文字，如图 9-67 所示。

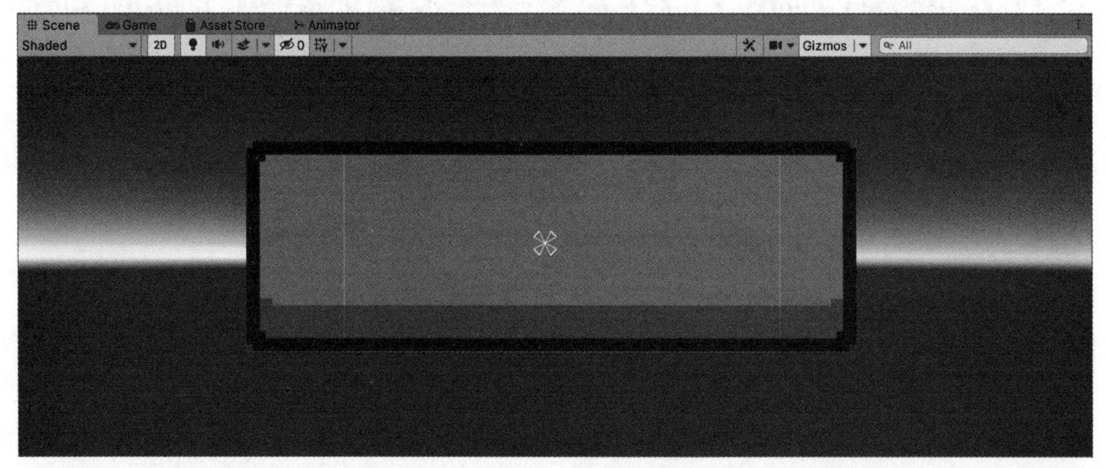

图 9-67

对 UI 组件进行渲染，即设置 UI 组件所在的渲染空间。在 Unity 3D 中 UI 组件的渲染空间分为 Screen Space 和 World Space 两种，即屏幕空间和世界空间，且 Screen Space 又分为 Screen Space-Overlay 和 Screen Space-Camera 两种。开发者可在 Canvas 组件的属性面板中单击 Render Mode 属性右侧的“下三角”按钮，对渲染空间进行选择设置，如图 9-68 所示。

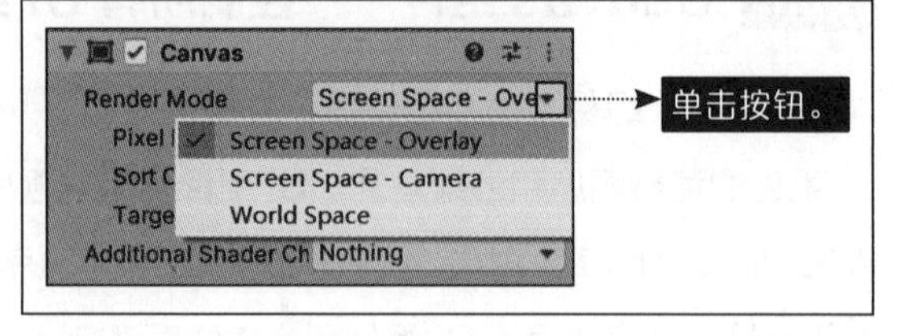

图 9-68

在不同的渲染方式下，UI 组件将呈现出不一样的渲染效果，下面对这些渲染方式进行详细讲解。

Screen Space-Overlay：最常用的一种渲染方式，在这种渲染方式下，所有 UI 组件将无视自身与场景中游戏对象的距离，默认显示在画面中所有游戏对象的最前面，如图 9-69 所示。

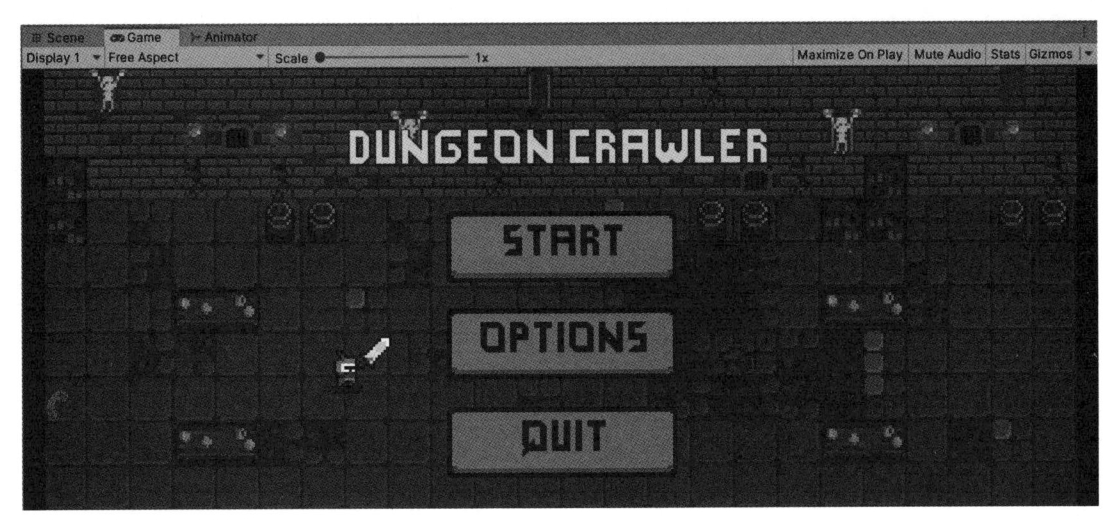

图 9-69

Screen Space-Camera：在该渲染方式下，开发者可以向 Canvas 组件属性面板中的 Rerder Camera 属性指定一台渲染 UI 组件的相机，让场景中的游戏对象能有机会显示在 UI 组件的前面（见图 9-70），而不像 Screen Space-Overlay 渲染方式一样无视场景中游戏对象和 UI 组件的距离，让 UI 组件默认显示在所有游戏对象的最前面。

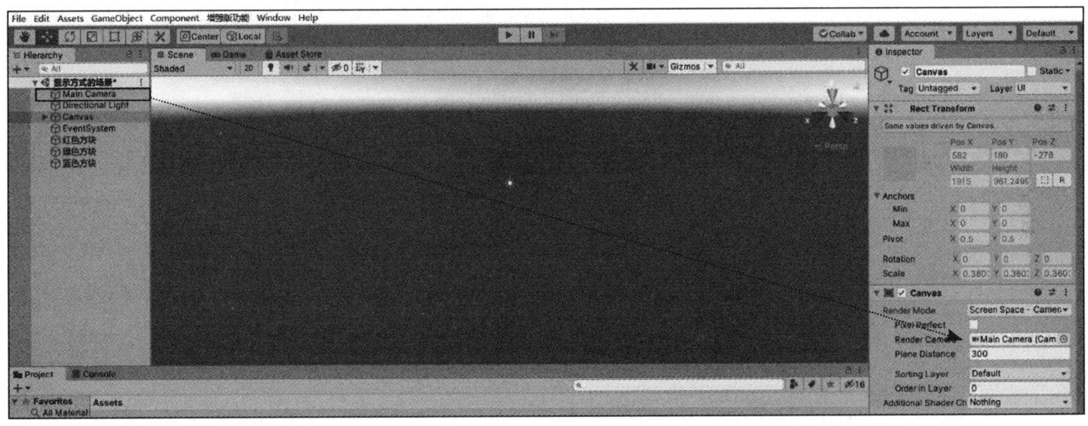

图 9-70

指定渲染 UI 组件的相机后，UI 组件和游戏对象在画面中渲染的先后顺序将由它们与相机之间的距离决定。

图 9-71 所示的场景中包含的元素有相机、3 种不同颜色的立方体游戏对象和两块灰色幕布 UI 组件，其中立方体游戏对象和灰色幕布 UI 组件在 z 轴方向上与相机的距离，决定了它们在画面中的渲染顺序，与相机距离更近的一方会被渲染在与相机距离更远的一方的前面。

灰色幕布 UI 组件与立方体游戏对象相比要离相机更近一些，因此灰色幕布 UI 组件会被渲染在立方体游戏对象的前面，如图 9-72 所示。

反之，如果立方体游戏对象距离相机更近一些，那么立方体游戏对象就会被渲染在灰色幕布 UI 组件的前面，如图 9-73 所示。

图 9-71

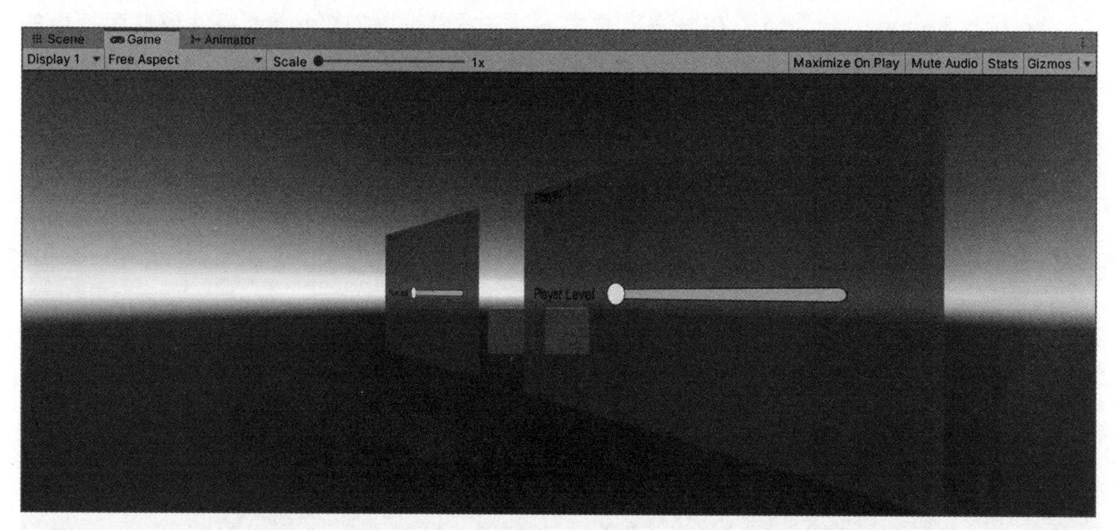

图 9-72

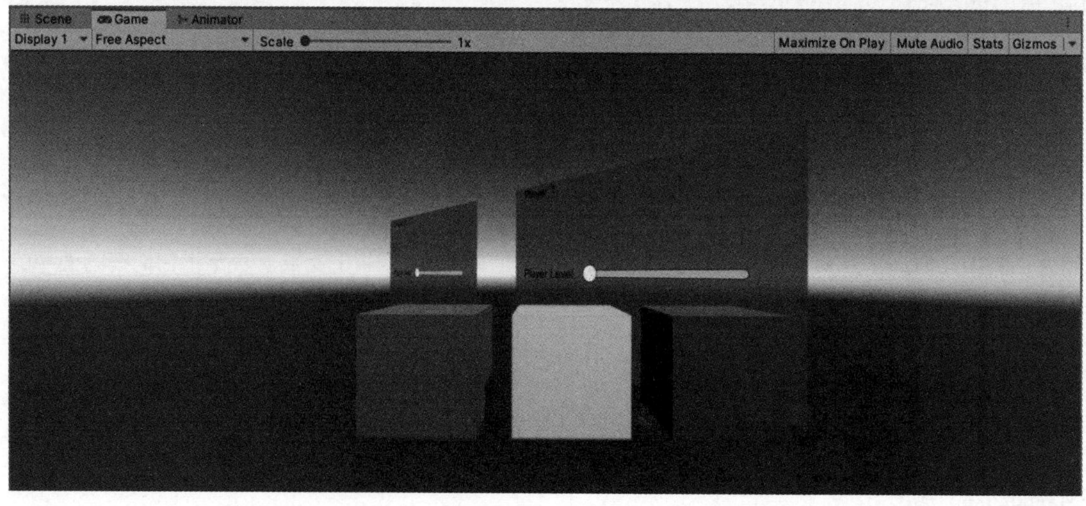

图 9-73

World Space：Canvas 组件在 Screen Space-Overlay 和 Screen Space-Camera 渲染方式下，Canvas 游戏对象的 Rect Transform 组件的属性面板将会呈现半透明的状态；此时开发者将无法通过设置 Rect Transform 组件的参数值，或使用矩形工具改变 Canvas 游戏对象的位置、旋转角度和缩放比例，如图 9-74 所示。

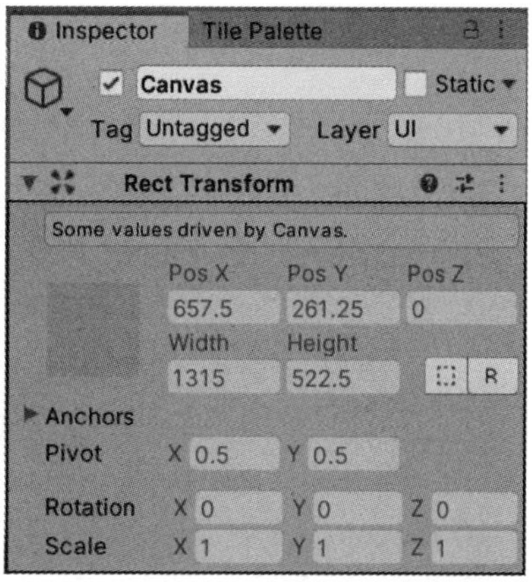

只有在 World Space 渲染方式下，开发者才能通过设置 Rect Transform 组件的属性或使用矩形工具改变 Canvas 游戏对象的位置、旋转角度和缩放比例。

图 9-74

因此在制作具有一定位移效果的 UI 组件时，为了方便控制这些 UI 组件在场景中的位移，开发者会把 Canvas 组件的渲染方式设置为 World Space，例如显示角色生命值的血槽、显示伤害的动态数值等，如图 9-75 所示。

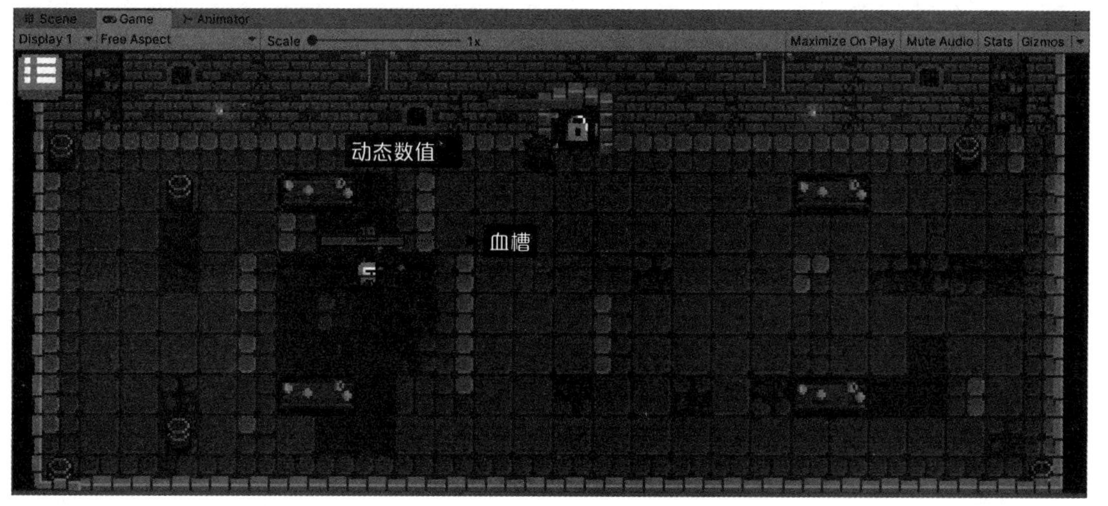

图 9-75

9.3.2 Anchor 和 Canvas Scaler——控制 UI 组件在不同分辨率下的自适应

随着硬件技术的高速发展，可供玩家选择的游戏设备变得更加多样化，例如注重游戏画面的 PC（Personal Computer，个人计算机）、PS4、Xbox-One，以及注重便携性的 Android 手机 / 平板电脑、iOS 手机 / 平板电脑等。

每种游戏设备的性能都存在差异，其分辨率也各不相同，这会使得 UI 组件在游戏画面中显示的位置和尺寸比例发生变化。

开发者可在 Game 窗口中单击左上方的“下三角”按钮，并在展开的下拉列表中设置画面的分辨率，如图 9-76 所示。

图 9-77 所示为设置画面分辨率前的效果，此时的 UI 组件能够正常显示在画面中。

图 9-78 所示为设置画面分辨率后的效果。此时由于分辨率发生了变化，Canvas 游戏对象的尺寸比例也发生了变化，导致 UI 组件脱离了 Canvas 游戏对象的显示范围。

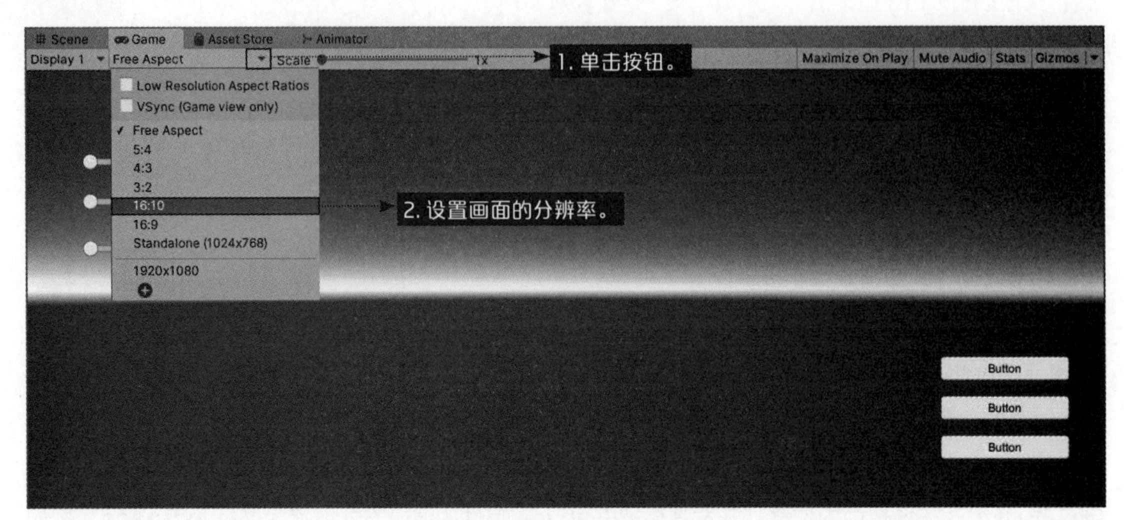

图 9-76

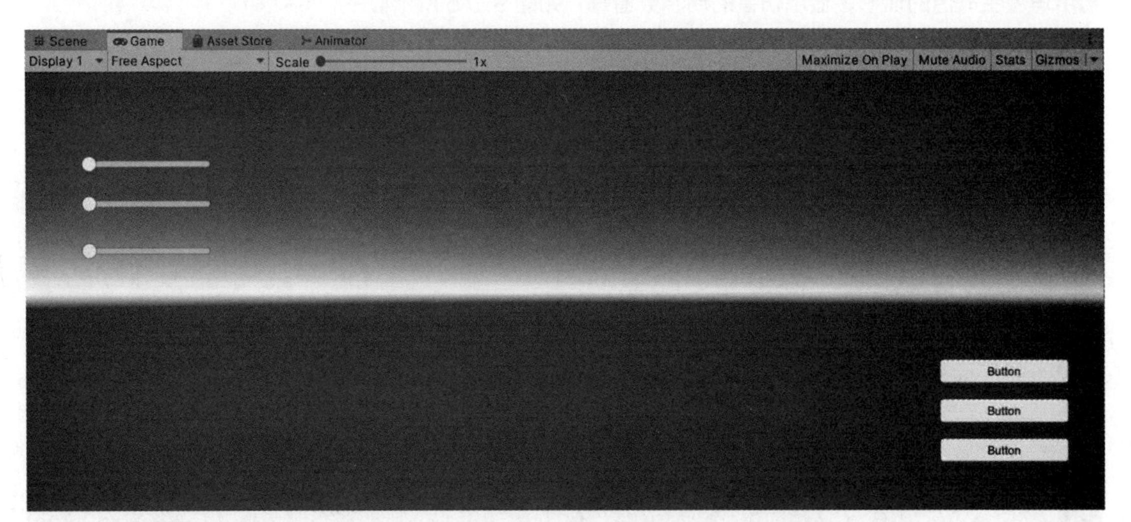

图 9-77

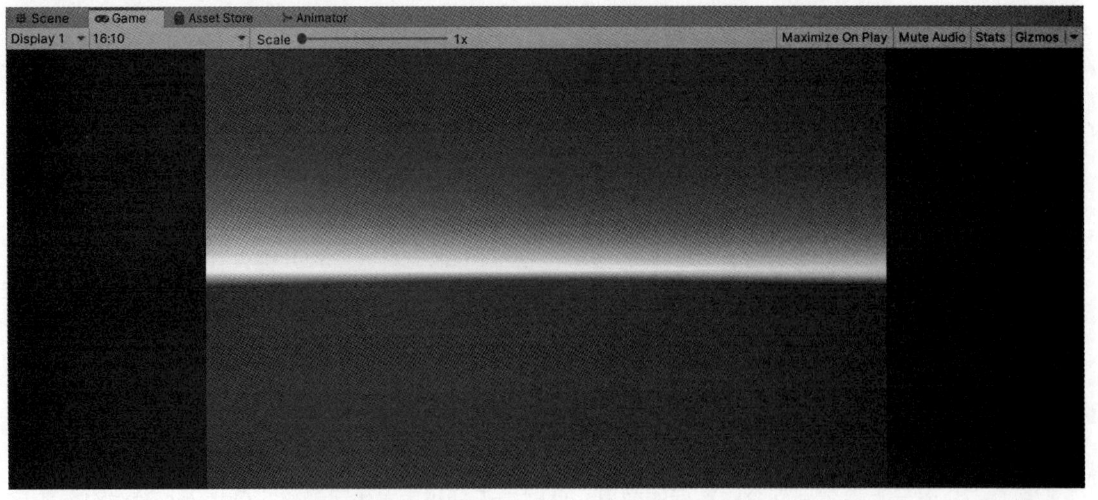

图 9-78

图 9-79 所示的白色矩形就是 Canvas 游戏对象的显示范围，开发者在 Hierarchy 窗口中选择 Canvas 游戏对象，并切换到矩形工具后就可看到它。从图中可以知道所有的 UI 组件都在 Canvas 游戏对象的显示范围之外，所以无法在画面中看到它们。

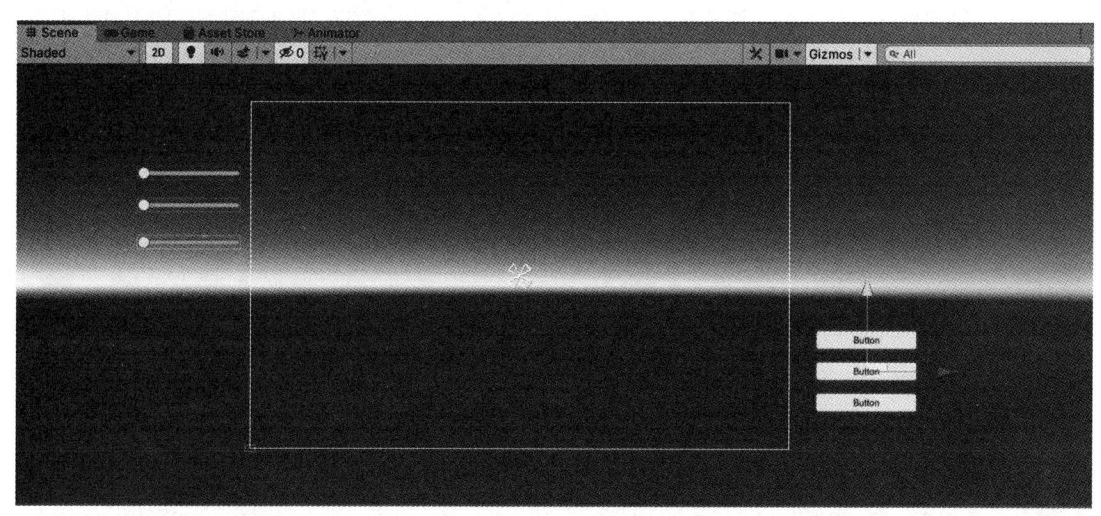

图 9-79

为了避免出现这样的问题，UI 组件中的 Rect Transform 组件提供了 Anchor（锚点）功能来固定 UI 组件在画面中的位置。开发者通过设置 UI 组件锚点所在的位置，可以将 UI 组件永远固定在 Canvas 游戏对象的某个位置。

图 9-80 所示的锚点呈现出一朵花瓣的形状，开发者可在选择矩形工具后拖曳锚点，设置 UI 组件在 Canvas 游戏对象中固定的位置。例如，如果无论在什么分辨率下，都希望图 9-80 右下角的 UI 组件能够永远显示在画面右下角的位置，那么开发者可以将这些 UI 组件的锚点设置在 Canvas 游戏对象可视范围之内的右下角。

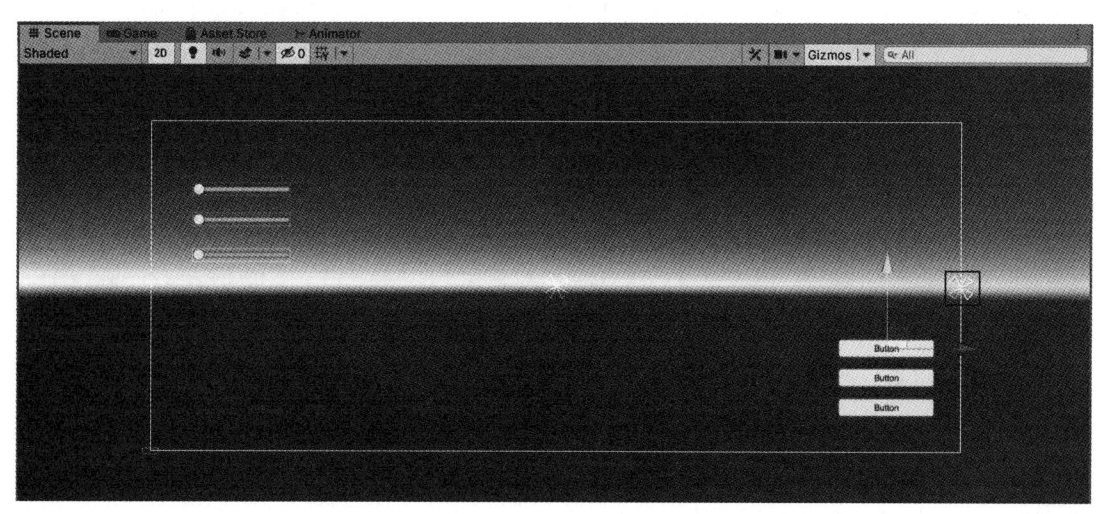

图 9-80

这里有一点需要注意，图 9-80 所示的 Canvas 游戏对象的右侧其实有 3 个锚点，其作用是让右下角的 3 个 UI 组件能够永远显示在画面的右下角，所以它们都被设置在了 Canvas 游戏对象可视范围内的右侧，因此画面中才会看起来只有一个锚点。

同理，如果希望图 9-80 左上角的 UI 组件能够永远固定在 Canvas 游戏对象可视范围内左上角的位置，则需要把它们的锚点设置在 Canvas 游戏对象可视范围内左侧的位置，如图 9-81 所示。和图 9-80 右下角的 UI 组件相同，这些锚点的 UI 组件都设置在相同的位置，所以在 Canvas 游戏对象的可视范围内才会看起来只有一个锚点。

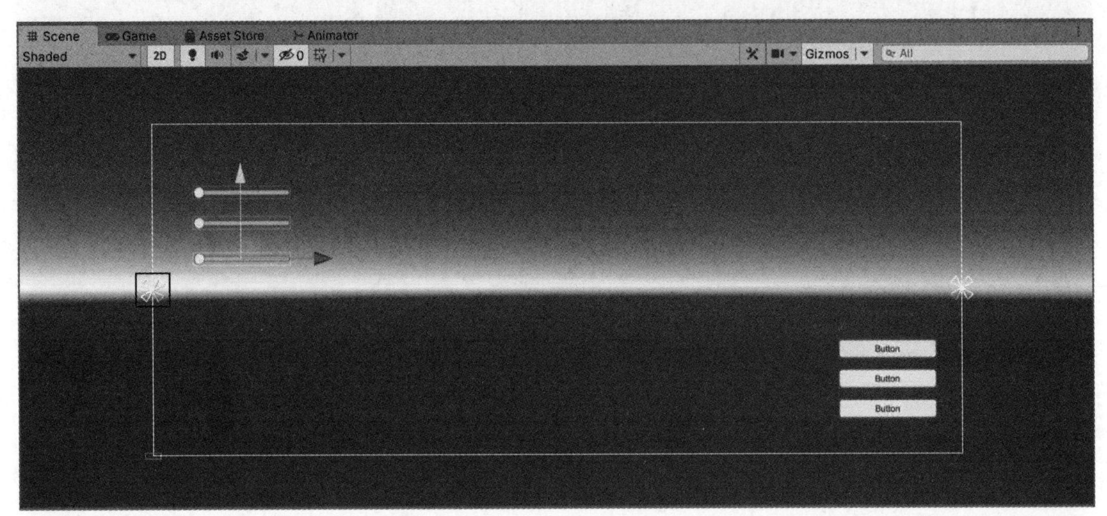

图 9-81

锚点设置完毕后，通过在不同分辨率下的对比可以发现，无论怎么修改画面的分辨率，UI 组件都能固定显示在画面中的特定位置。不同分辨率下 UI 组件显示位置的对比如图 9-82 和图 9-83 所示。

图 9-82

解决了 UI 组件在不同分辨率下会脱离画面可视范围的问题后，还有一个问题需要解决，那就是开发者在修改游戏画面的分辨率后，UI 组件在不同分辨率下的尺寸适配问题。

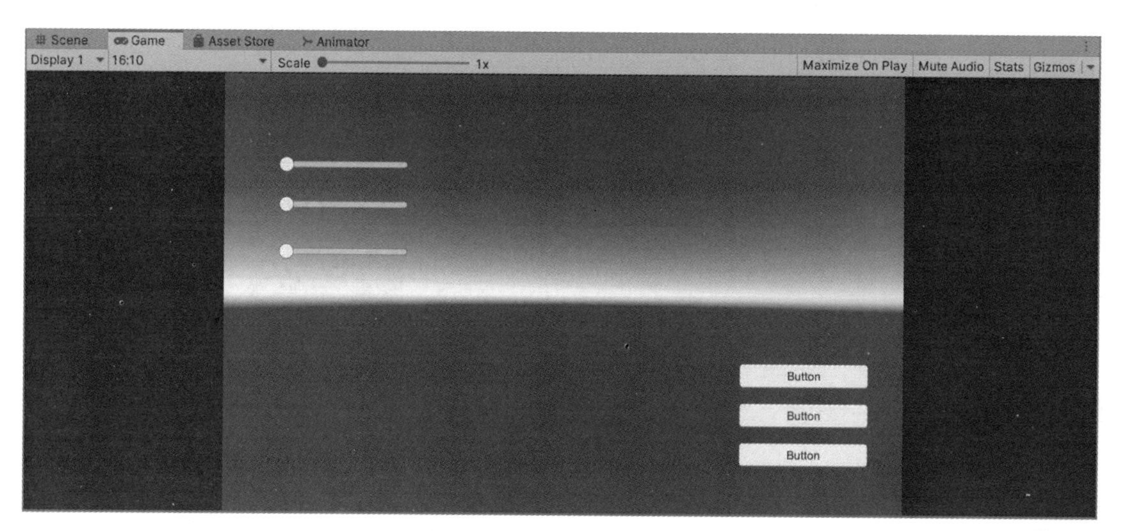

图 9-83

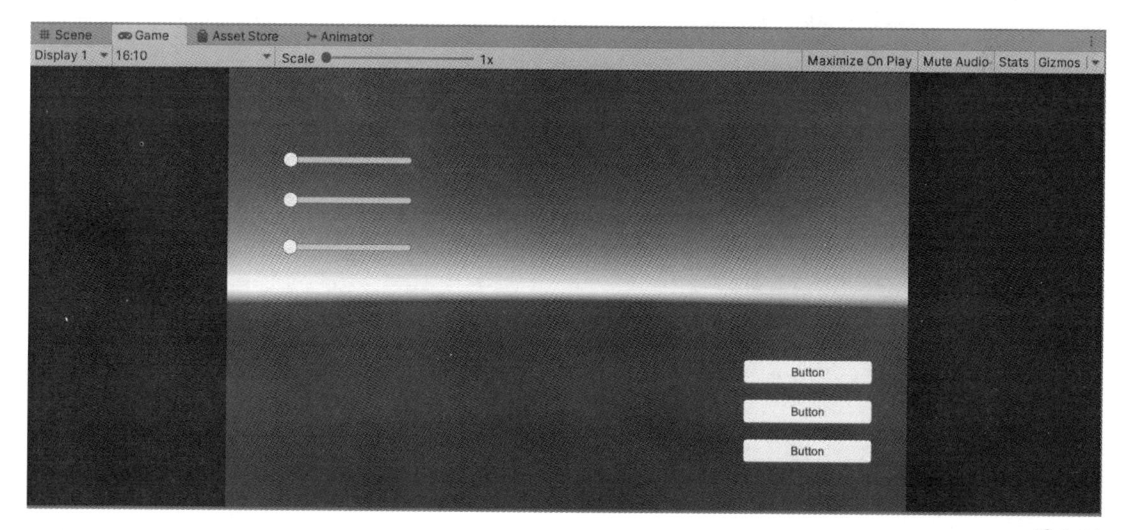

图 9-84

图 9-84 和图 9-85 所示分别为 UI 组件在不同分辨率下的显示效果。其中图 9-84 所示分辨率下的 UI 组件都能正常显示在画面的可视范围内，但图 9-85 所示画面的分辨率发生了变化，同时 UI 组件的尺寸并没有针对变化的分辨率进行适配，所以导致部分 UI 组件相对过大，显示在了画面的可视范围之外。

由于 Unity 3D 自身的原因，在 Game 窗口中设置分辨率将无法预览 UI 组件尺寸的适配情况。为此，开发者可以在游戏发布后修改设备分辨率，或在 Unity 3D 中向左拖曳 Inspector 窗口进行预览。有关游戏发布的详细操作流程请见本书的第 11 章“游戏发布”。

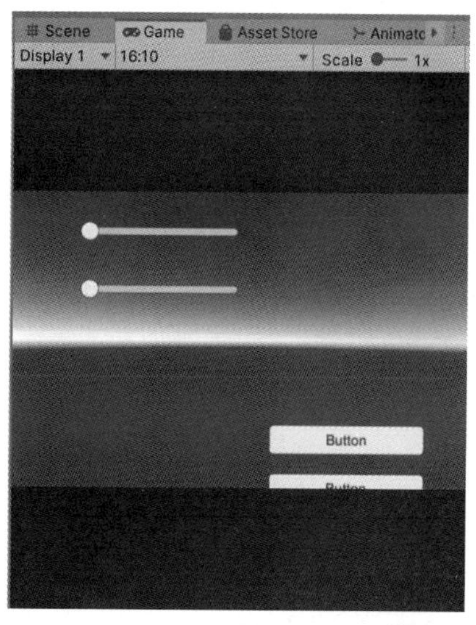

图 9-85

向左拖曳 Inspector 窗口前后的效果如图 9-86 和图 9-87 所示。

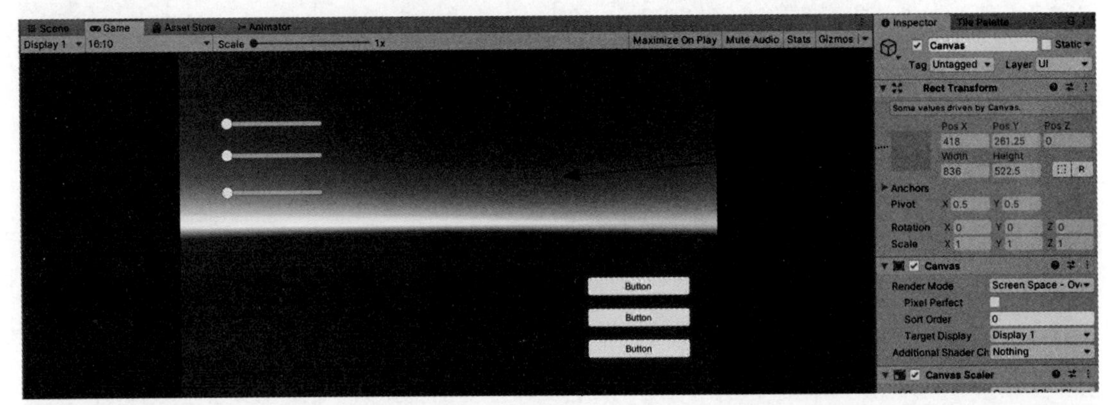

图 9-86

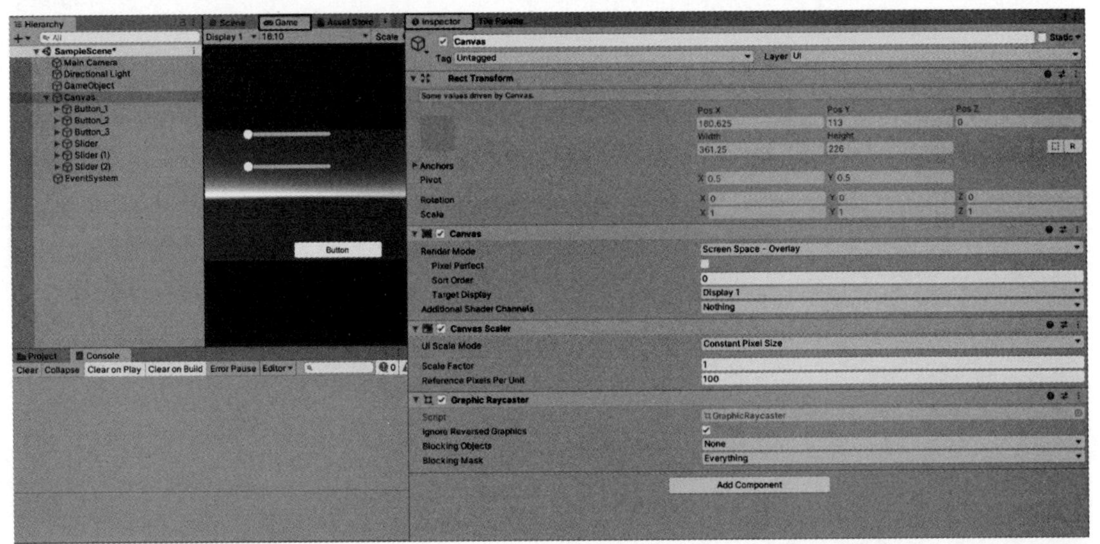

图 9-87

为了解决这个问题，Unity 3D 提供了 Canvas Scaler 组件（画布缩放组件，下文统称为 Canvas Scaler 组件），并提供了 3 种 UI 组件尺寸比例的适配方式。单击 UI Scale Mode 属性的“下三角”按钮可对适配方式进行选择，如图 9-88 所示。

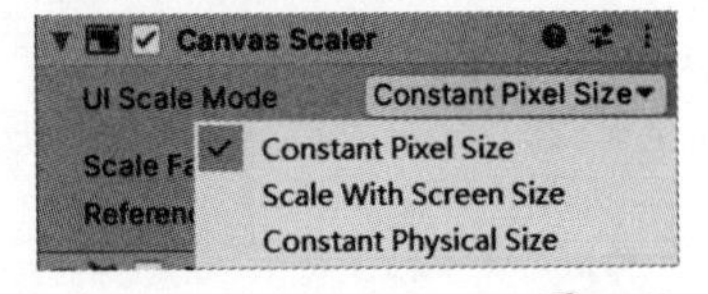

图 9-88

UI Scale Mode 属性的 3 种适配方式分别为 Constant Pixel Size、Scale With Screen Size 和 Constant Physical Size，每种适配方式的作用各不相同，开发者需要根据实际需求进行选择。Constant Pixel Size 是根据 UI 组件的像素大小进行适配，Scale With Screen Size 是根据屏幕的分辨率大小进行适配，Constant Physical Size 是根据 UI 组件的物理大小进行适配。这里选择最常用的 Scale With Screen Size 进行讲解。

Scale With Screen Size 最常用的属性为 Reference Resolution 和 Match，如图 9-89 所示。

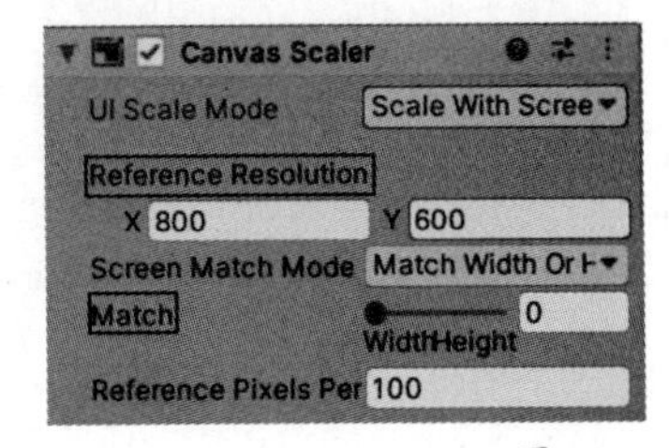

图 9-89

Reference Resolution 属性用于设置 UI 组件进行尺寸适配的参考分辨率，通常情况下保持默认数值 X=800、Y=600 即可。

Match 属性用于设置尺寸适配的权重。当属性的数值为 0 时，Canvas Scaler 组件只会针对 UI 组件的宽度进行适配；数值为 1 时，组件会只针对 UI 组件的高度进行适配；数值为 0.5 时，则会同时根据 UI 组件的宽度和高度进行适配。一般情况下推荐将 Match 属性的数值设置为 0.5。

了解了两种属性的作用后，开发者只需根据上述推荐数值对属性进行设置，即可实现 UI 组件在不同分辨率下的尺寸比例适配，适配后的效果如图 9-90 所示。

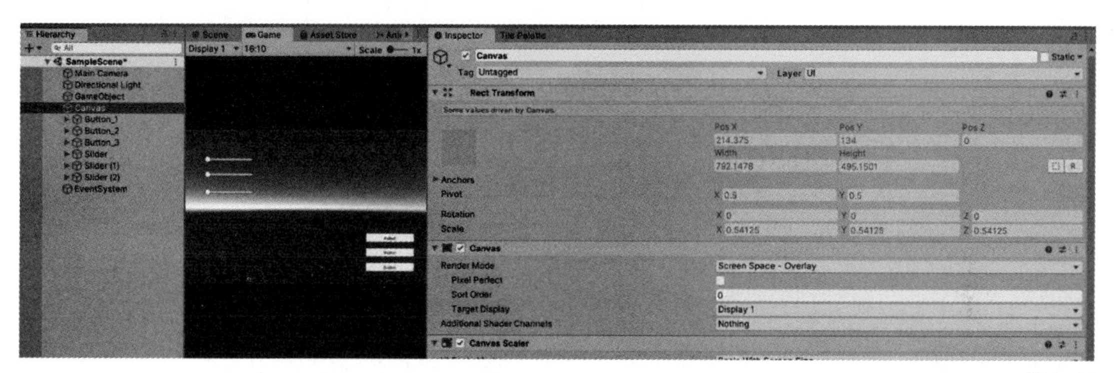

图 9-90

9.4 游戏 UI 的过渡动画

在游戏中，开发者会为游戏 UI 制作许多过渡动画，这些动画会根据玩家当前在 UI 中的操作进行切换。例如，玩家在主菜单选择游戏的 Button 组件时，Button 组件会切换到“功能选择”的过渡动画；当玩家单击选择的 Button 组件时，功能按钮则会切换到“确认选择”的过渡动画，如图 9-91 所示。

图 9-91

本节将通过一个案例，讲解如何制作 Button 组件的过渡动画的动画片段，以及如何使用脚本来控制它们之间的切换。

在制作这些过渡动画的动画片段前，开发者需要先打开本书配套素材中提供的第 9 章的工程文件“第 9 章 UI 系统”，然后在工程文件中打开场景文件 SampleScene1，进入本案例的场景，在场景中创建 3 个 Button 组件，将 Button 组件显示的图片设置为 menu_button，将 Button 组件显示的字体设置为 pixelfont，并参照图 9-91 所示的 Button 组件，输入 Button 组件显示的文字。然后使用 Mecanim 动画系统的 Animation 编辑窗口制作过渡动画的动画片段。在本案例中，Button 组件拥有 3 种 UI 过渡动画，它们分别是默认动画、选择动画和确认动画，每种过渡动画的动画片段制作方式主要通过设置 Button 组件上的 Scale 和 Color 属性来实现。

默认动画：指的是玩家不对 Button 组件进行任何操作的过渡动画。在该动画片段下，Scale 和 Color 属性均保持默认值即可，如图 9-92 所示。

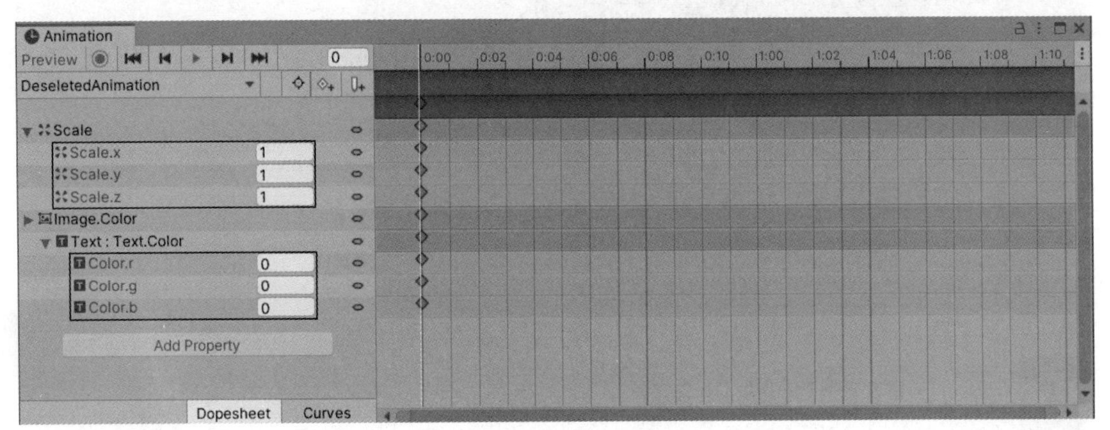

图 9-92

选择动画：指的是玩家选择 Button 组件时切换的动画。在该动画片段下，功能按钮的尺寸会被放大，并且按钮显示的文字会伴有颜色渐变的效果。为此，开发者需要在 Animation 编辑窗口中分别设置 Image 组件的 Scale 属性，以及 Text 组件的 Color 属性，如图 9-93 所示。

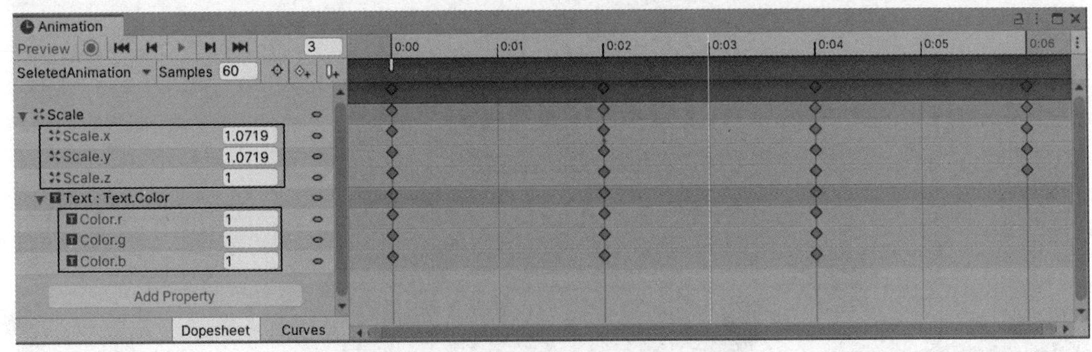

图 9-93

确认动画：指的是玩家单击选择的 Button 组件时切换的动画。在该动画片段下，Button 组件的尺寸会被缩小。为此，开发者需要在 Animation 编辑窗口中设置 Button 组件的 Scale 属性，如图 9-94 所示。

制作 UI 过渡动画后，开发者需要在两个不同的脚本中分别编写获取玩家当前按键输入情况的代码，以及根据获取的按键输入情况控制 Button 组件在 3 种过渡动画之间进行切换的代码。有关获取玩家按键输入情况的代码如代码清单 1 所示。为了方便讲解，这里将该脚本命名为 ButtonController。

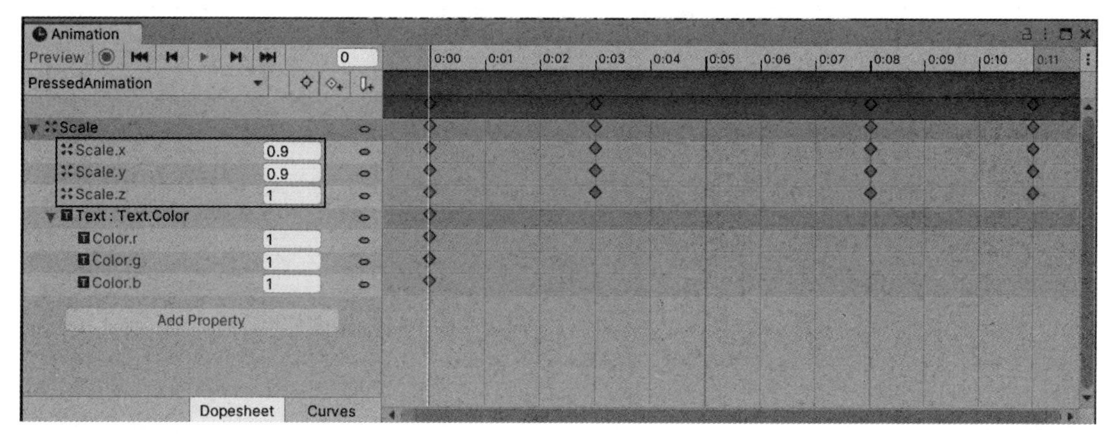

图 9-94

代码清单 1

```
01. private bool KeyDown;
02. public int index;
03. public int MinIndex;
04. public int MaxIndex;
05. public static ButtonController _instance;
06. private void Start()
07. {
08.     _instance = this;
09. }
10.
11. private void Update()
12. {
13.     if (Input.GetAxisRaw("Vertical") != 0)
14.     {
15.         if (!KeyDown)
16.         {
17.             if (Input.GetAxisRaw("Vertical") > 0)
18.             {
19.                 if (index>MinIndex)
20.                 {
21.                     index--;
22.                 }
23.                 else
24.                 {
25.                     index = MaxIndex;
```

```
26.                 }
27.             }
28.             else if (Input.GetAxisRaw("Vertical") < 0)
29.             {
30.                 if (index <MaxIndex)
31.                 {
32.                     index++;
33.                 }
34.                 else
35.                 {
36.                     index = MinIndex;
37.                 }
38.             }
39.         }
40.         KeyDown = true;
41.     }
42.     else
43.     {
44.         KeyDown = false;
45.     }
46. }
```

第 1 到第 9 行代码：开发者需要定义一个 bool 类型的变量 KeyDown，3 个 int 类型的变量 index、MinIndex 和 MaxIndex，一个静态对象 _instance；变量 KeyDown 用于避免玩家持续“按住”按键，导致过渡动画的切换频率太高；变量 index 用于表示当前选择的 Button 组件；变量 MinIndex 和 MaxIndex 用于限制变量 index 的数值，避免变量 index 的数值小于 MinIndex 或大于 MaxIndex 的数值；对象 _instance 用于让 Button 组件能够访问到 ButtonController 脚本中的变量 index；定义变量后，开发者需要在 Start 函数的大括号内使用 this 关键字初始化 _instance 对象。

第 13 行代码：在 Update 函数的大括号内，使用 if 语句判断 Input.GetAxisRaw(“Vertical”) 函数的返回值是否不等于 0，以此来判断玩家是否“按下”按键。

第 15 行代码：为了避免玩家持续“按住”按键导致过渡动画的切换频率太高，需要使用 if 语句对变量 KeyDown 的值进行判断，只有在变量 KeyDown 的值为 false 的情况下才可以获取玩家“按下”按键的情况；当玩家“按下”按键后，将 KeyDown 的值设置为 true，以此来禁止过渡动画的切换；当玩家“松开”按键时，使用 else 语句将变量 KeyDown 的值设置为 false，让玩家能够再次控制过渡动画的切换。

第 17 到第 39 行代码：使用 if...else if 语句再次对 Input.GetAxisRaw(“Vertical”) 函数的返回值进行判断，当函数返回值大于 0 时，使用“--”运算符让变量 index 的数值自动减 1；当函数返回值小于 0 时，使用“++”运算符让变量 index 的数值自动加 1；这里有一点需要注意，为了避免变量 index 的数值小于变量 MinIndex 或大于变量 MaxIndex 的数值，开发者需要使用 if...else 语句对变量 index 的数值进行判断，当变量 index 的数值小于变量 MinIndex 的数值时就让变量 index 的数值等于变量 MinIndex 的数值，当变量 index 的数值大于变量 MaxIndex 的数值时就让变量 index 的数值等于变量 MaxIndex 的数值。

根据获取的按键输入情况，控制 Button 组件在 3 种过渡动画之间进行切换的代码如代码清单 2 所示。为了方便讲解，这里将该脚本命名为 ButtonAnimationController。

代码清单 2

```
01. private Animator anim;
02. public int Btnindex;
03. private void Start()
04.   {
05.         anim = GetComponent<Animator>();
06.   }
07.  private void Update()
08.   {
09.         if (Btnindex == ButtonController._instance.index)
10.         {
11.             anim.SetBool("Selected", true);
12.             if (Input.GetButtonDown("Submit"))
13.             {
14.                 anim.SetBool("Pressed", true);
15.             }
16.             else if (anim.GetBool("Pressed"))
17.             {
18.                 anim.SetBool("Pressed", false);
19.             }
20.         }
21.         else
22.         {
23.             anim.SetBool("Selected", false);
24.         }
25.   }
```

第 1 到第 6 行代码：开发者需要定义一个 Animator 类型的对象 anim 以及一个 int 类型的变量 Btnindex，其中 anim 对象用于获取 Button 组件上的 Animator Controller，变量 Btnindex 用于存储 Button 组件在 UI 中的摆放顺序；例如 Button 组件在 UI 中的摆放顺序为 1，那么就把变量 Btnindex 的数值设置为 1，并且开发者需要将变量 Btnindex 的访问权限设置为 public，方便人们在 Inspector 窗口中对变量 Btnindex 的数值进行设置；设置了变量 Btnindex 的数值后，还需要在 Start 函数的大括号内使用 GetComponent 函数对 anim 对象进行初始化。

第 9 行和第 23 行代码：在 Update 函数的大括号内使用 if...else 语句控制 Button 组件的动画片段的切换；首先开发者需要在 if 语句中判断 ButtonController 脚本的变量 index 是否和 ButtonAnimationController 脚本的变量 Btnindex 相等，如果相等就控制 Button 组件在“选择动画”和“确认动画”的动画片段之间进行切换，如果不相等就在 else 语句中控制 Button 组件切换到“默认动画”的动画片段。

第 11 到第 19 行代码：当变量 index 和变量 Btnindex 相等时，就使用 if...else if 语句先让 Button 组件过渡到“选择动画”的动画片段，而当玩家按“Enter”键时则让 Button 组件过渡到“确认动画”的动画片段。

9.5 Audio Source 组件——游戏 BGM 和 UI 音效

为了渲染气氛，Unity 3D 提供了用于在游戏里添加各种 BGM 和 UI 音效的 Audio Source 组件（音频源组件，下文统称为 Audio Source 组件）。这里有一点需要注意，Audio Source 组件并不属于 UI 组件，但是它常和 UI 组件一起实现游戏中的音效功能。

9.5.1 播放音效

开发者在向 Project 窗口中导入 BGM 和 UI 音效的音频文件后，将其从 Project 窗口拖曳到 Audio Source 组件的 Inspector 窗口的 AudioClip 属性中，以此添加相应的音频文件。运行游戏后，即可在游戏中听到 BGM 和 UI 音效的声音，如图 9-95 所示。

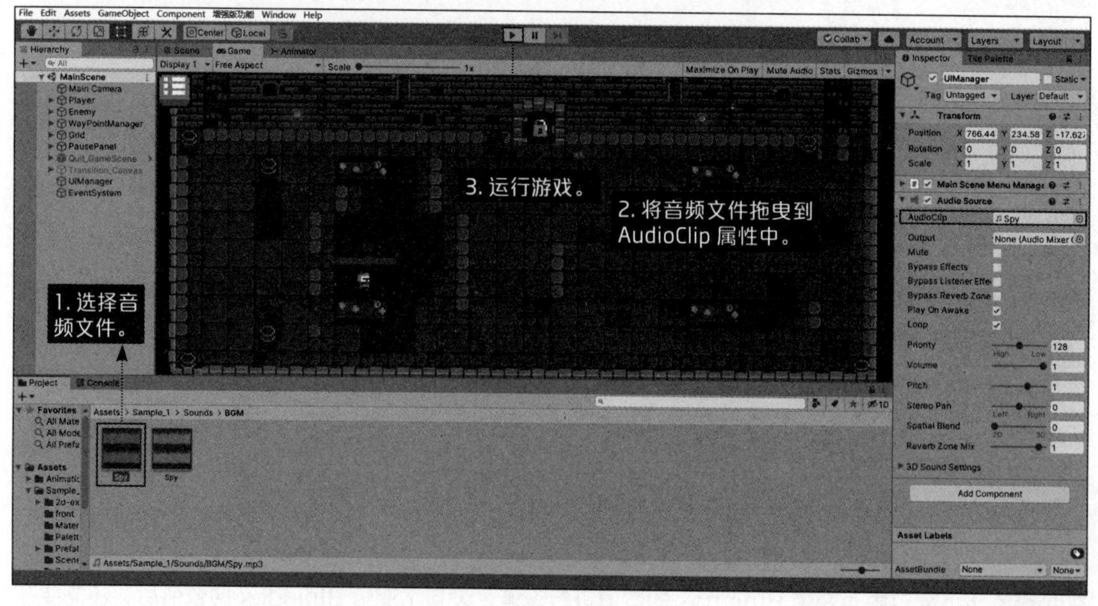

图 9-95

9.5.2 Audio Source 组件和 UI 组件的综合运用

本小节将讲解如何使用 Audio Source 组件和 3 种常用的 UI 组件实现游戏的音效。

1. 实现 Button 组件的音效

在游戏中，Audio Source 组件常用于控制 Button 组件的音效。这里以 9.4 节介绍的 UI 过渡动画为例，讲解如何实现 Button 组件在过渡到不同动画片段时播放的音效。在实现控制 Button 组件的音效前，开发者需要在脚本中编写相应的代码。具体的代码如代码清单 3 所示。

代码清单 3

```
01. public bool Played;
02. public void PlayShot(AudioClip clip)
03. {
04.     if (!Played)
05.     {
06.         GameObject.Find("UIManager").GetComponent<AudioSource>().PlayOneShot(clip);
07.     }
08.     else
09.     {
10.         Played = false;
11.     }
12. }
```

第 1 行代码：定义一个 bool 类型的变量 Played，用于控制音效是否播放。

第 2 行代码：定义一个 PlayShot 函数，并为函数定义一个 AudioClip 类型的参数，用于获取播放音效的音频文件。

第 4 到第 11 行代码：在 PlayShot 函数中使用 if...else 语句控制音效的播放，只有在变量 Played 的值等于 false 时，才可以调用 GameObject.Find 函数获取 Audio Source 组件，并进行音效的播放；播放完毕后，需要在 Button 组件的 ButtonController 脚本中将 Played 的值设置为 true，避免在播放音效的过程中由于玩家按了其他的按键，音效从头开始播放；只有在音效播放完毕后，才将变量 Played 的值设置为 false，以等待玩家下一次按下按键时音效的播放。

编写了控制 UI 音效播放的代码后，为了能让 UI 过渡动画与 UI 音效同步播放，开发者需要在 Button 组件的过渡动画的动画片段下添加动画事件，将 PlayShot 函数设置为动画事件执行的函数。这里以设置“确认动画”的动画片段为例进行讲解，开发者在 Project 窗口中选择“确认动画”的动画片段后，按快捷键“Ctrl+6”调出 Animation 编辑窗口，并在窗口中单击鼠标右键，在弹出的快捷菜单中执行“Add Animation Event”命令添加动画事件，如图 9-96 所示。

添加完毕后选择添加的动画事件，在 Inspector 窗口的 Function 属性中输入控制音效播放的函数名 PlayShot（见图 9-97），实现 UI 过渡动画和 UI 音效的同步播放效果。

2. Slider 组件的运用

Slider 组件通常用于控制 Audio Source 组件的音量大小，玩家可以通过拖曳 Slider 组件的滑块，设置 Slider 组件的填充比例，对 Audio Source 组件的音量大小进行控制。Slider 组件的填充比例越高，Audio Source 组件播放的音量就越大。控制音量大小的代码如代码清单 4 所示。

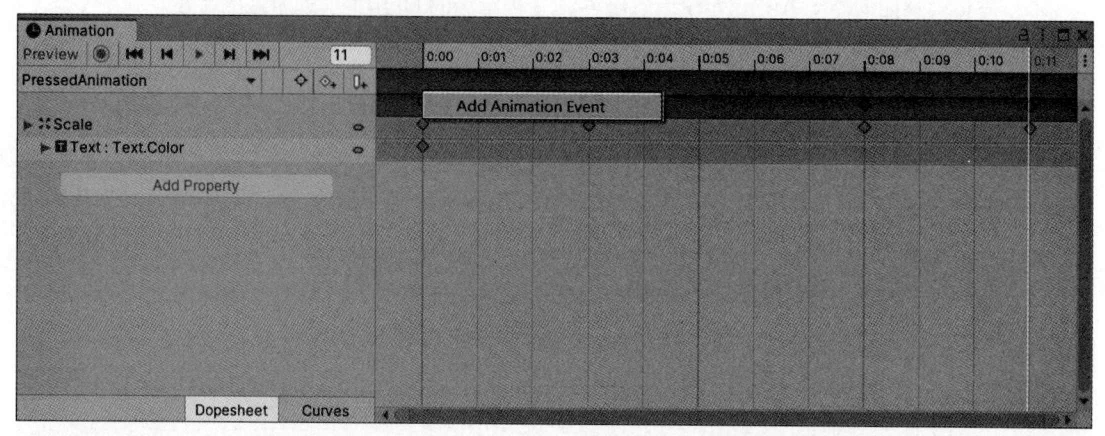

图 9-96

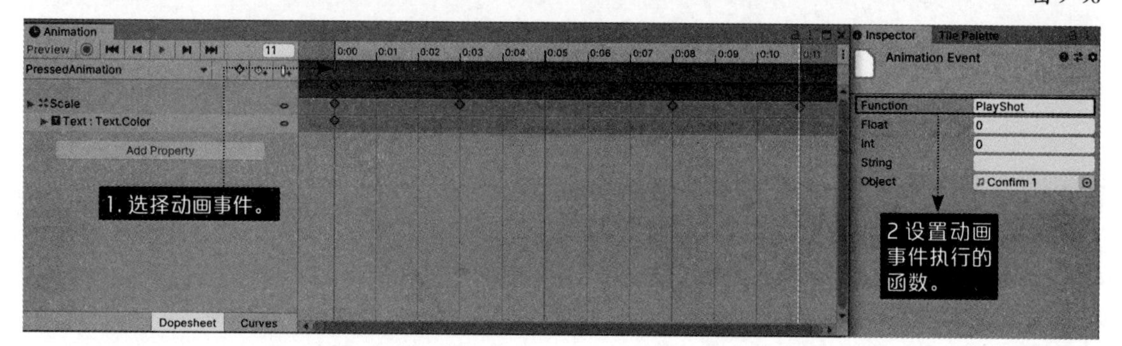

图 9-97

代码清单 4

```
01. public Slider slider;
02. public AudioSource audio;
03.
04. private void Update()
05. {
06.     audio.volume = slider.value;
07. }
```

第 1 到第 2 行代码：分别定义一个 Slider 类型的对象 slider 和一个 AudioSource 类型的对象 audio，用来在脚本中获取 Slider 和 Audio Source 组件；并且为了方便组件的获取，开发者可以将该对象的访问权限设置为 public。

第 4 到第 7 行代码：访问 audio 对象的 volume 变量（用于表示 Audio Source 组件音量大小的变量），并使用 slider 对象的 value 变量（用于表示 Slider 组件填充比例的变量）对其进行赋值；运行游戏后，即可通过拖曳 Slider 组件控制 Audio Source 组件的音量大小。

3. Toggle 组件的运用

Toggle 组件常用于控制 Audio Source 组件开启和关闭静音模式。当 Toggle 组件的“对钩”

图标为显示状态时，表明功能处于开启的状态；当 Toggle 组件的“对钩”图标为隐藏状态时，表明功能处于关闭状态。为此，开发者需要使用脚本对 Toggle 组件进行控制。具体的代码如代码清单 5 所示。

代码清单 5

```
01. public Toggle toggle;
02. public AudioSource audio;
03.
04. private void Update()
05. {
06.     audio.mute = toggle.isOn;
07. }
```

第 1 到第 2 行代码：定义一个 Toggle 类型的对象 toggle，以及一个 AudioSource 类型的对象 audio，用于在脚本中获取游戏对象上的 Toggle 组件和 Audio Source 组件；为了方便获取组件，开发者可以将 toggle 对象和 audio 对象的访问权限设置为 public。

第 4 到第 7 行代码：在 Update 函数中访问 audio 对象的 mute 变量（用于表示 Audio Source 组件是否开启静音模式），并使用 toggle 对象的 isOn 变量对其进行赋值（用于表示 Toggle 组件“对钩”图标当前的状态）；当 Toggle 组件的“对钩”图标处于显示状态时，isOn 变量当前的值为 true，此时 Audio Source 组件开启了静音模式；当“对钩”图标处于隐藏状态时，Audio Source 组件则关闭了静音模式。

9.6 游戏 UI 阶段练习案例——制作角色血槽

本节将运用 Image、Text、Rect Transform 组件，以及 Canvas 游戏对象，制作显示角色生命值的血槽，对本章的知识点进行一个综合运用，如图 9-98 所示。

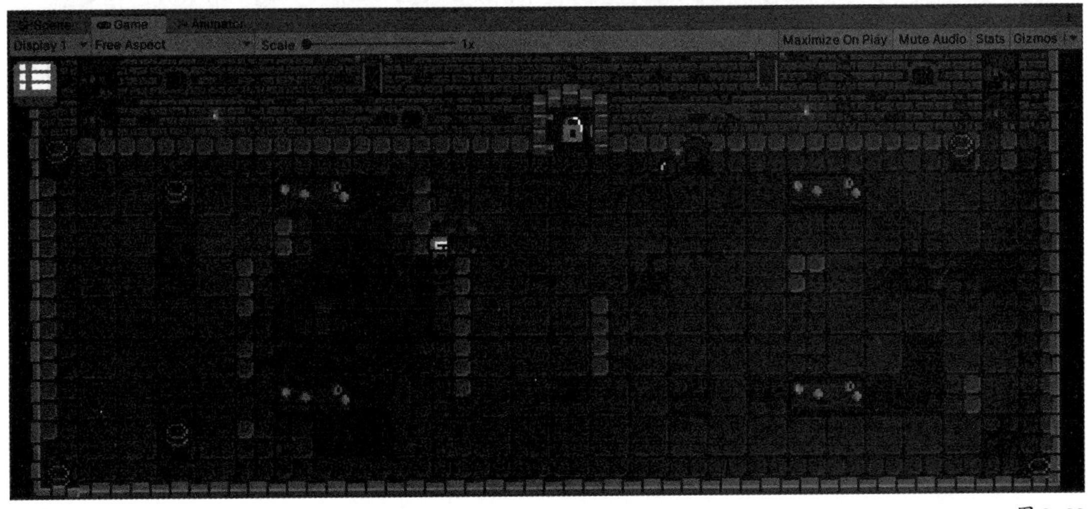

图 9-98

首先，开发者需要选择血槽所属的 Canvas 游戏对象，并将 Canvas 组件的渲染方式设置为 World Space，如图 9-99 所示。把渲染的方式设置为 World Space 后，将血槽的 Canvas 游戏对象设置为角色的子物体，即可实现血槽跟随角色移动效果。

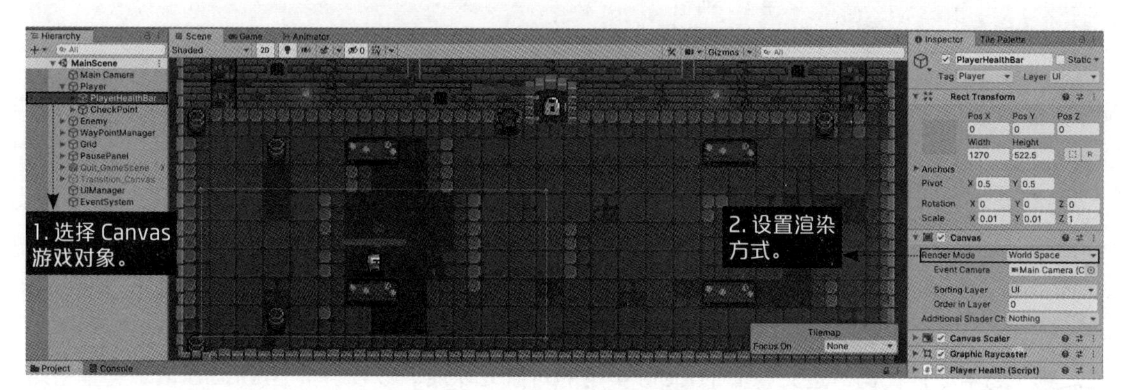

图 9-99

实现血槽跟随角色移动效果后，接下来要实现血槽的更新。血槽处于更新状态时显示的生命值会自动变化，并且还会有“白色”的缓冲效果，如图 9-100 所示。

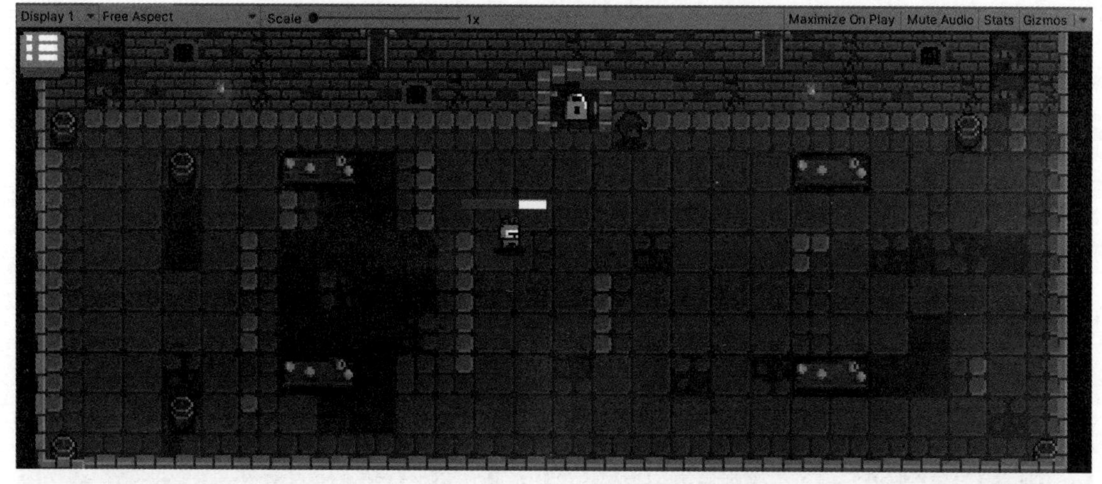

图 9-100

为此，开发者需要将血槽和“白色”缓冲效果的 Image 组件的显示方式设置为 Filled，即 Image 组件以填充的方式显示血槽和“白色”缓冲效果，还需要将填充的方式设置为 Horizontal，让它们以从右向左的方式进行填充，如图 9-101 所示。

为了能让血槽显示在“白色”缓冲效果之上，开发者需要在 Hierarchy 窗口中把“白色”缓冲效果排在血槽之上，其中 HealthBar 为血槽，HealthEffect 为“白色”缓冲效果，如图 9-102 所示。

在设置完血槽和“白色”缓冲效果的显示顺序后，开发者需要在脚本中编写代码对血槽的更新进行控制。具体的代码如代码清单 6 所示。

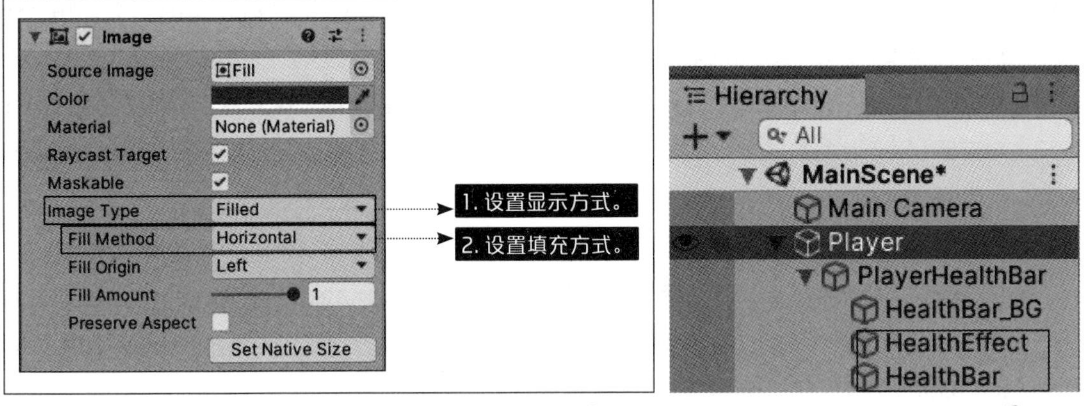

图 9-101　　图 9-102

代码清单 6

```
01. public Image Health_Bar;
02. public Image Health_Effect;
03. public float MaxHp;
04. public float EffectSpeed;
05. public float HP;
06. private void Start()
07. {
08.     HP = MaxHp;
09. }
10. private void Update()
11. {
12.     UpdatePlayerHealth();
13. }
14.
15. private void UpdatePlayerHealth()
16. {
17.     Health_Bar.fillAmount = HP / MaxHp;
18.     if (Health_Effect.fillAmount > Health_Bar.fillAmount)
19.     {
20.         Health_Effect.fillAmount -= Time.deltaTime * EffectSpeed;
21.     }
22.     else
23.     {
24.         Health_Effect.fillAmount = Health_Bar.fillAmount;
25.     }
26. }
```

第 1 到第 5 行代码：定义两个 Image 类型的对象 Health_Bar 和 Health_Effect，以及 3 个

float 类型的变量 MaxHp、Hp 和 EffectSpeed；对象 Health_Bar 和 Health_Effect 分别用于在脚本中获取血槽和“白色”缓冲效果的 Image 组件；变量 MaxHp 和 Hp 分别用于设置角色的最大生命值和当前生命值；变量 EffectSpeed 用于设置生命值的更新速度；定义完毕后，在 Inspector 窗口中对变量 MaxHp 的数值进行设置，之后在 Start 函数的大括号内使用变量 MaxHp 对 Hp 进行赋值。

第 10 到第 13 行代码：定义完毕后，在 Update 函数中调用 UpdatePlayerHealth 函数。

第 15 到第 17 行代码：定义一个用于控制血槽更新的函数 UpdatePlayerHealth，在函数的大括号中，开发者首先需要使用“/”运算符对变量 Hp 和 MaxHp 进行整除运算，并将运算结果赋值给 Health_Bar 对象的 fillAmount 变量，以此控制生命值的更新。

第 18 到第 25 行代码：在 UpdatePlayerHealth 函数中使用 if...else 语句，判断 Health_Effect 对象的 fillAmount 变量是否大于 Health_Bar 对象的 fillAmount 变量，如果是就使用“-=”运算符设置 Health_Effect 对象的 fillAmount 变量的数值，以此实现“白色”缓冲效果的更新；其中 Time.deltaTime*EffectSpeed 表示“白色”缓冲效果更新的速度，并且为了防止“白色”缓冲效果无止境地更新下去，需要在 Health_Effect 对象的 fillAmount 变量小于 Health_Bar 对象的 fillAmount 变量时，在 else 语句中将 Health_Effect 对象当前的 fillAmount 变量赋值给 Health_Bar 对象的 fillAmount 变量，以此停止“白色”缓冲效果的更新。

9.7 本章总结

本章主要讲解了 UGUI 常用的 UI 组件在游戏开发中的实际运用，并结合了 Mecanim 动画系统的 Animation 编辑窗口和用于播放声音的 Audio Source 组件，实现了控制 UI 动画片段的过渡和控制游戏音效 / 音量的效果。至此，有关 Unity 3D 的基础内容已全部讲解完毕，下一章将运用 Tilemap、脚本、3D 数学、物理系统、Mecanim 动画系统、UI 系统等知识，制作一款 2D 平台跳跃游戏。

2D 平台跳跃游戏

学习了前面章节的内容后，开发者应该已经具备了开发游戏的基本能力。为了帮助开发者更好地巩固在前面章节中学到的知识，本章将综合运用 Tilemap、脚本、3D 数学、物理系统、Mecanim 动画系统、UI 系统等核心知识点，制作一款类似《超级马里奥》的 2D 平台跳跃游戏。在游戏中，玩家需要控制角色躲避各种机关和敌人，并尽可能地收集场景中的钻石，以获得更高的分数，最后抵达游戏的终点。

10.1 脚本的命名规范

在编写脚本时，开发者通常会根据实现的功能对脚本进行命名，但这样的命名方式存在一个问题，那就是随着开发进度的不断推进，项目中用于实现不同功能的脚本会越来越多，由于前期缺少一个规范的命名方式，可能会导致脚本名称五花八门，影响开发者管理脚本。为此，本节将引入 Controller、Manager、System 的命名规范。

Controller、Manager、System 分别代表游戏里 3 种负责实现不同功能的脚本，有关它们对脚本功能的详细定义如下。

Controller 代表以实现某项功能为目的，控制一个或多个组件进行协作的脚本。例如制作一个 2D 角色控制器就需要控制 Animator、Rigidbody2D、Capsule Collision 等组件相互协作。

Manager 代表对游戏里具有共同点的对象进行统一控制的脚本，例如 UI 窗口、游戏音效、游戏存档等，并且这些脚本中的变量和函数会提供给其他的脚本自由访问。

System 代表对 Controller 和 Manager 进行统一管理的脚本，并且在通常情况下 System 只在开发 RPG、FPS、AVG（Adventure Game，冒险游戏）等超大型游戏时才会使用，因此本节不会讲解 System 脚本的具体运用，读者只需了解即可。

以上就是有关 Controller、Manager、System 脚本功能的详细定义，开发者需要结合脚本实现的功能和 Controller、Manager、System 脚本功能的定义为脚本命名。例如制作 2D 角色控制器需要各组件的相互配合，因此实现相关功能的脚本应被命名为 TwoDPlayerController。对 UI、游戏音效、游戏存档等游戏里具有共同点的对象进行统一控制，并且在脚本中定义的变量和函数可以自由提供给其他脚本使用，这样的脚本被命名为 Manager，例如 UIManager、AudioManager 和 FileManager。

10.2 制作游戏主菜单界面

本节将讲解如何制作游戏的主菜单界面，玩家可在该界面中完成开始和退出游戏的操作，并且在开始游戏的过程中画面会有一个淡入和淡出的效果。单击“开始游戏”按钮后，画面会被一块逐渐显现出来的“黑幕”持续遮挡一段时间，即淡入的效果；一段时间后“黑幕”会逐渐消去，游戏关卡的场景逐渐显示在画面中，即淡出的效果。此时玩家才可以正式开始游戏，如图 10-1 和图 10-2 所示。

图 10-1

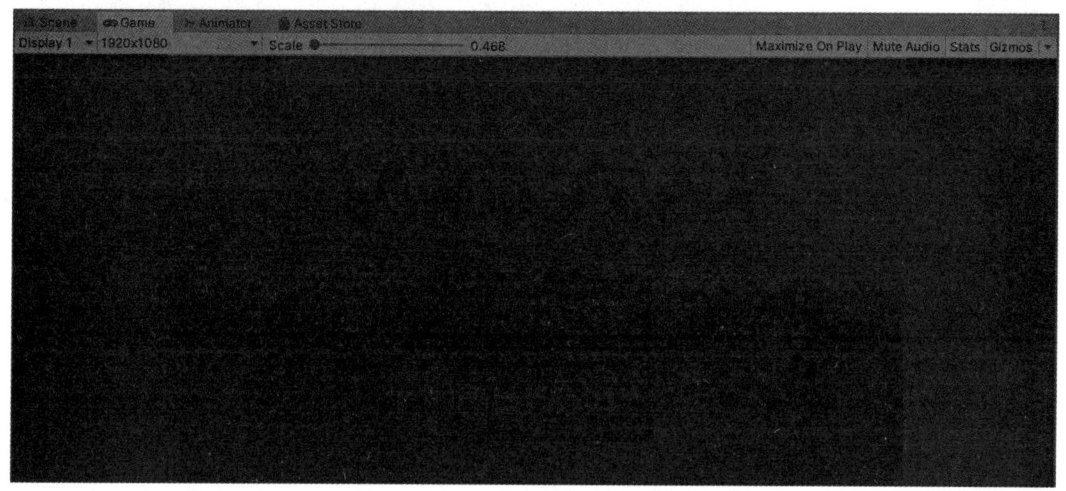

图 10-2

在正式开始制作本章案例前，开发者需要对游戏中显示的分辨率进行设置。由于 Unity 默认会将游戏的分辨率设置成 Free Aspect，在这个分辨率下，游戏画面的显示区域会超出场景区域范围，因此画面的左右两侧显示出多余的“蓝边”，如图 10-3 所示。

图 10-3

为了解决这个问题，开发者需要对游戏画面的分辨率进行设置，目前市面上的游戏所使用的分辨率通常是 1920 像素 ×1080 像素，因此开发者只需将画面的分辨率设置为 1920 像素 ×1080 像素即可，具体操作如下。

在 Game 窗口单击分辨率模块的“下三角”按钮，在弹出的下拉列表中单击⊕按钮，调出用于设置分辨率的 Add 窗口，如图 10-4 所示。

图 10-4

在 Add 窗口中，将 Width&Height 属性的数值设置为 1920 和 1080，单击“OK”按钮即可，如图 10-5 所示。

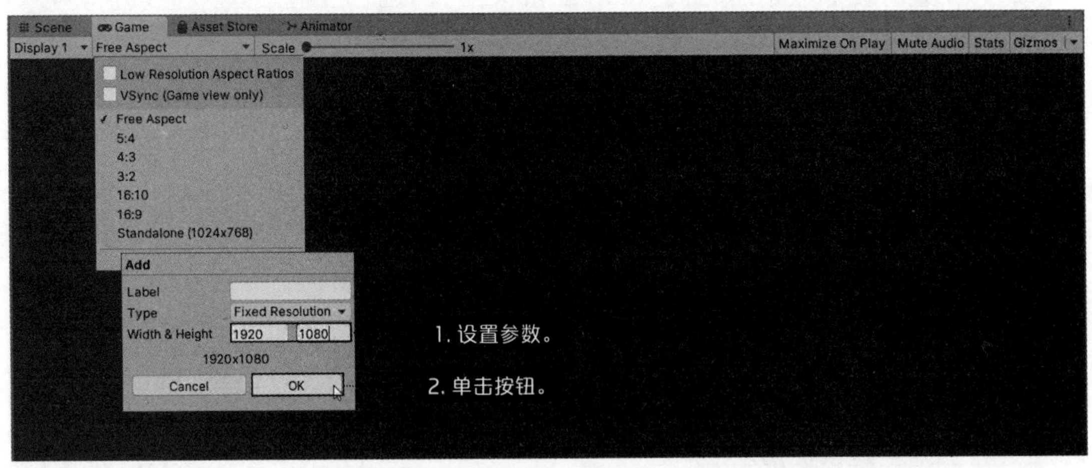

图 10-5

设置完毕后的效果如图 10-6 所示。

在开始制作游戏的主菜单界面前，开发者需要先在 Hierarchy 窗口中创建 5 个 sprite 组件、2 个 Button 组件、1 个 Text 组件。将 1 个 sprite 组件显示的图片设置为配套素材中的图片“back”，作为场景的天空背景；其他 4 个 sprite 组件显示的图片设置为配套素材中的图片“middle”，作为场景的草丛背景。将 2 个 Button 组件显示的图片设置为配套素材中的图片“menu”。Button 组件显示的文字分别设置为“开始游戏”和“退出游戏”，Text 组件显示的文字设置为“丛林大战”。上述组件显示的图片和文字设置完毕后，将它们摆放成图10-1所示的效果。

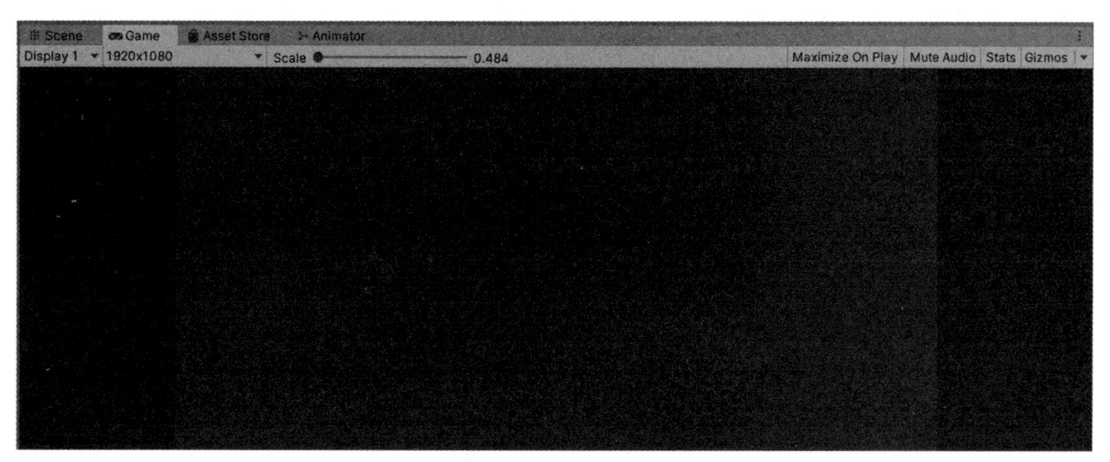

图 10-6

新建一个Image组件，将组件的颜色设置为黑色，效果为图10-2所示的黑幕。设置完毕后，开发者即可在脚本中通过定义FadeIn和FadeOut函数来分别实现画面的淡入和淡出效果。由于淡入和淡出效果是通过控制UI组件实现的，因此开发者需要分别把用于定义FadeIn函数的脚本命名为MainMenuManager，定义FadeOut函数的脚本命名为UIManager。

因为淡入和淡出的效果表现相似度较高，所以这两个函数的编写思路也差不多，两者都是通过设置Image组件的Alpha属性（用于设置图片不透明度的属性）来实现淡入和淡出的效果。FadeIn函数的代码如代码清单1所示。

代码清单1

```
01. private float Alpha;
02. private IEnumerator FadeIn()
03. {
04.     PanelCanvas.sortingOrder = 99;
05.
06.     while (Alpha < 1)
07.      {
08.         Alpha += Time.deltaTime;
09.         Panel.color = new Color(0, 0, 0, Alpha);
10.         yield return new WaitForSeconds(0);
11.       }
12.         SceneManager.LoadScene(1);
13. }
```

第1到第8行代码：开发者需要定义一个float类型的变量Alpha，用于控制Image组件中的Alpha属性的数值，并通过"+="运算符让Alpha属性的数值和Time.deltaTime（用于记录画面刷新频率的变量）进行加法运算，使变量Alpha的数值随时间而增加。

第 9 行代码：通过代码 Panel.color=new Color(0,0,0,Alpha) 设置 Alpha 属性的数值，从而实现淡入的效果。

第 12 行代码：调用 SceneManager.LoadScene 函数，实现黑幕在淡入结束后切换到游戏场景。

提示

切换游戏场景的 SceneManager.LoadScene 函数是一个新的知识点，详细内容会在本节的视频中进行讲解。

FadeOut 函数的代码编写思路和 FadeIn 函数基本相同，不同之处在于，FadeOut 函数是通过使用“-=”运算符让变量 Alpha 和变量 Time.deltaTime 进行减法运算，使变量 Alpha 的数值随时间减小，从而实现淡出的效果。具体的代码如代码清单 2 所示。

代码清单 2

```
01. private float Alpha;
02. private IEnumerator FadeOut()
03. {
04.   Alpha = 1;
05.   while (Alpha > 0)
06.   {
07.       Alpha -= Time.unscaledDeltaTime;
08.       Panel.color = new Color(0, 0, 0, Alpha);
09.        yield return new WaitForSeconds(0);
10.   }
11.    PanelCanvas.sortingOrder = -99;
12. }
```

退出游戏的功能则需要开发者在 MainMenuManager 脚本中编写 QuitGame 函数来实现。根据游戏是否发布，退出游戏的方式可分为在 Unity 3D 编辑环境下退出和在游戏发布后退出两种。

如果游戏处于 Unity 3D 编辑环境下，那么开发者需要将 UnityEditor.EditorApplication.isPlaying 变量的值设置为 false；如果游戏已经发布，则需要调用 Application.Quit 函数来实现退出游戏的功能。具体的代码如代码清单 3 所示。

代码清单 3

```
01. public void QuitGame()
02.     {
03. #if UNITY_EDITOR
04.
05.         UnityEditor.EditorApplication.isPlaying = false;
06. #else
07.         Application.Quit();
08. #endif
```

10.3 场景搭建

在本章的案例中开发者需要使用 Tilemap 来搭建场景。首先开发者需要新建一个 Palette 文件，将配套素材中的图片“tileset-sliced”导入新建的 Palette 文件中，然后使用 Tilemap 的笔刷工具按照图 10-7 显示的效果将场景绘制出来。

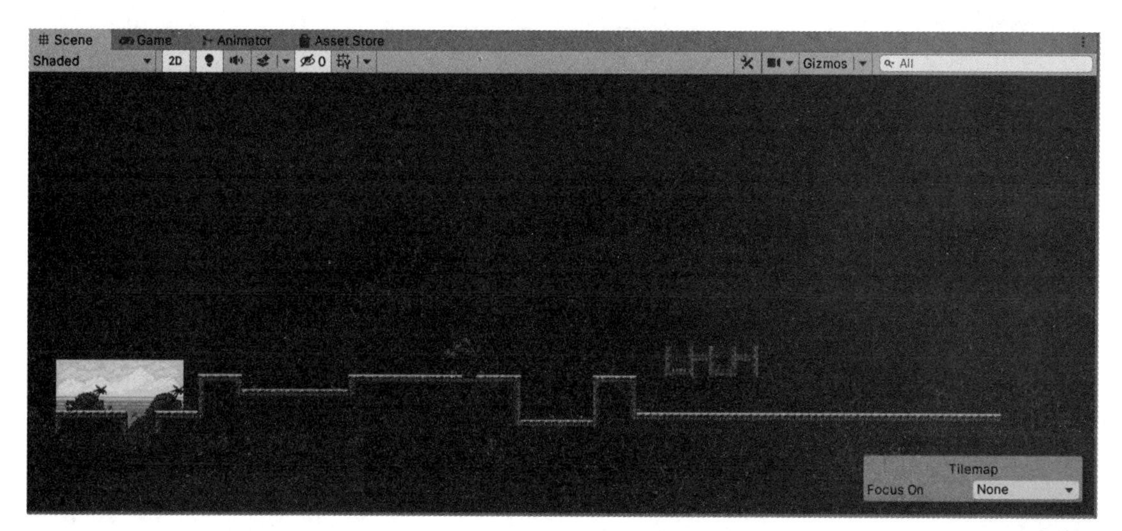

图 10-7

10.4 制作 2D 角色控制器

本节将讲解如何制作 2D 角色控制器。玩家可通过 2D 角色控制器控制角色完成跳跃、奔跑的物理动作，并且角色能够在做出这些物理动作的同时，自动地过渡到相应的动画片段，如图 10-8 所示。

图 10-8

10.4.1 制作角色的动画片段

本小节将讲解如何制作角色“原地待命”“奔跑”“跳跃”“受伤”这 4 种动画片段。由于这些动画片段的制作思路大同小异，因此这里以制作角色原地待命的动画片段为例进行讲解，如图 10-9 所示。首先，开发者需要在 Hierarchy 窗口中选择游戏对象，然后按快捷键“Ctrl+6”调出 Animation 编辑窗口，再从 Project 窗口中选择动画片段更新时会用到的图片素材，并拖曳到 Animation 编辑窗口中，最后在 Samples 文本框中设置动画片段的更新速率。

10.4.2 实现角色的物理动作

本小节将讲解如何实现角色奔跑和跳跃的物理动作。在开始编写实现角色物理动作的代码前，开发者还需要为角色添加用于实现物理动作的 Rigidbody 2D 组件，以及防止角色在做出物理动作时从场景穿过的 Capsule Collider 2D 组件。添加了这两个组件后，开发者即可使用脚本对刚体组件进行控制，让角色实现奔跑和跳跃的物理动作。由于这两个物理动作是通过控制刚体组件来实现的，因此脚本可命名为 TwoDPlayerController。

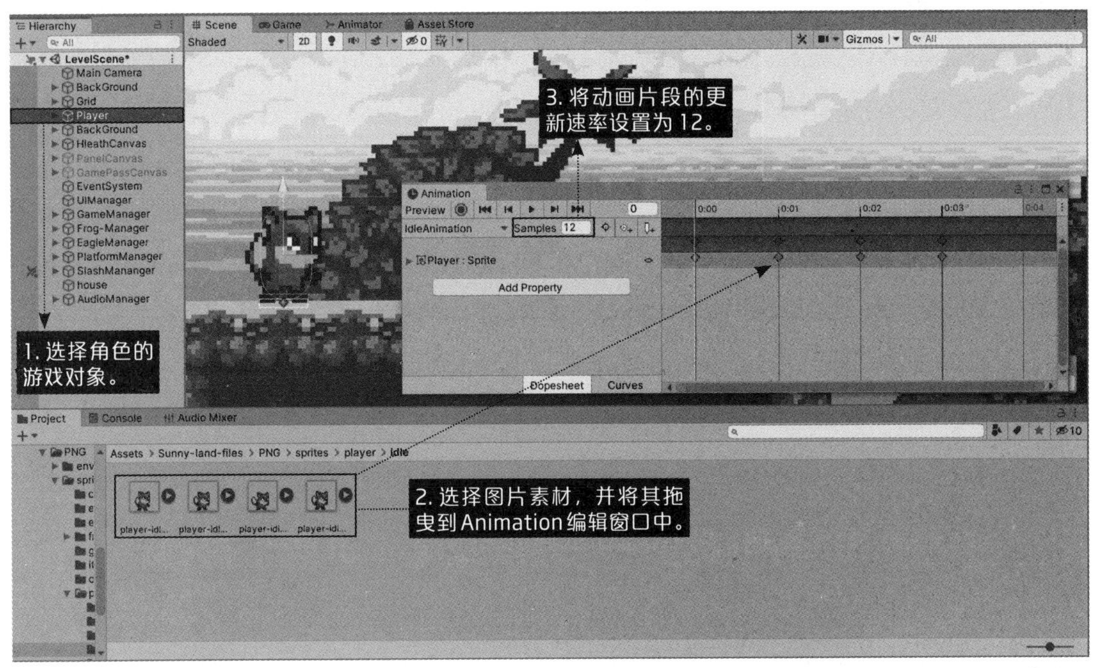

图 10-9

奔跑和跳跃物理动作的实现方法基本相同，即在设置 Vector2 类型对象在不同分量上的数值后，使用变量对刚体组件的 Velocity 属性赋值，从而实现角色的物理动作。不同之处在于两者的判断方式：如果玩家当前按的是“A”键或“D”键，就控制角色做出奔跑的物理动作；如果按的“Space”键，则控制角色做出跳跃的物理动作。这里先对实现角色奔跑的物理动作进行讲解。

在实现角色奔跑的物理动作前，程序需要获取玩家当前的按键输入情况。为此，开发者需要使用 float 类型的变量 moveDir，获取 Input.GetAxisRaw(“Horizontal”) 函数的返回值。当 moveDir 变量存储的返回值为 -1 时，玩家按的是“A”键；返回值为 1 时，按的则是“D”键。具体的代码如代码清单 4 所示。

代码清单 4

```
01. private void Update()
02. {
03.   moveDir = Input.GetAxisRaw("Horizontal");
04. }
```

通过 moveDir 变量获取玩家按键的输入情况后，在 Vector2 对象的 *x* 轴分量的位置，使用 moveDir 变量和控制奔跑速度变量 MoveSpeed 进行乘法运算，然后将 Vector2 对象赋值给刚体组件的 Velocity 属性，即可实现角色奔跑的物理动作。当 moveDir 变量存储的返回值为 -1 时，角色向左奔跑；存储的返回值为 1 时，角色向右奔跑。具体的代码如代码清单 5 所示。

代码清单 5

```
01. private void MoveMethod()
02. {
03.    rig.velocity = new Vector2(moveDir * MoveSpeed, rig.velocity.y);
04. }
```

玩家是否按了“Space”键，决定了角色是否能够做出跳跃的物理动作，因此开发者需要先定义一个 bool 类型的变量 PressJump，并使用 Input.GetButtonDown（“Jump”）函数来判断玩家是否按了“Space”键。如果玩家按了“Space”键，就将控制角色进行跳跃物理动作的 PressJump 变量的值设置为 true，以此控制角色做出跳跃的物理动作。具体的代码如代码清单 6 所示。

代码清单 6

```
01. if (Input.GetButtonDown("Jump"))
02. {
03.     PressJump = true;
04. }
```

当 PressJump 变量的值为 true 时，开发者需要定义一个 JumpMethod 函数，并在函数中对变量 PressJump 的值进行判断。如果变量的值为 true，那么就使用 float 类型的变量 JumpSpeed 在 Vector2 对象的 *y* 轴分量的位置设置跳跃的速度，然后将 Vector2 变量赋值给刚体组件的 Velocity 属性，从而实现角色跳跃的物理动作。具体的代码如代码清单 7 所示。

代码清单 7

```
01. private void JumpMethod()
02. {
03.    if (PressJump)
04.     {
05.         PressJump = false;
06.          rig.velocity = new Vector2(rig.velocity.x, JumpSpeed);
07.      }
08. }
```

在实现角色跳跃的物理动作前，开发者可以在原有的基础上定义一个 int 类型的变量 JumpCount 和一个 bool 类型的变量 IsJumping，用于实现角色二段跳的效果。JumpCount 变量用于存储二段跳的次数，IsJumping 变量用于判断角色是否处在空中。当角色处在空中，并且角色还留有二段跳的次数时，玩家就可以控制角色进行二段跳。

10.4.3 控制角色在不同物理动作下进行动画片段的过渡

本小节将讲解如何让角色在做出物理动作的同时过渡到相应的动画片段。首先，开发者需要在动画状态机（Animator Controller）中建立起动画片段之间的过渡关系，然后通过脚本控制 Animator Controller 来实现动画片段的过渡，如图 10-10 所示。

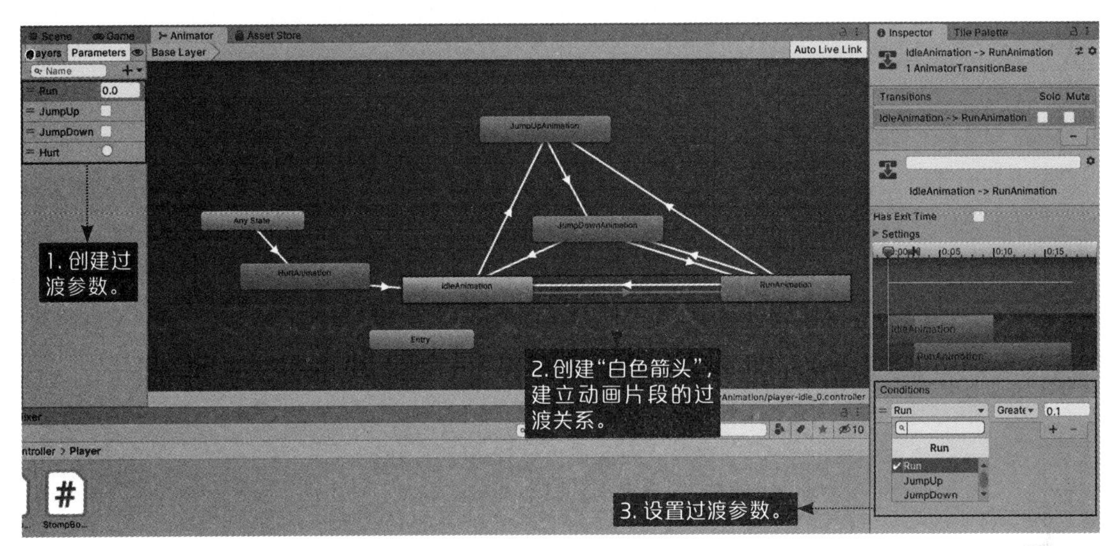

图 10-10

建立动画片段之间的过渡关系后，开发者需要在 TwoDPlayerController 脚本中通过判断角色当前的物理动作，并调用 SetFloat 和 SetBool 函数的方式来控制角色动画片段的过渡。

当角色处于地面时，需要使用 SetFloat 函数控制角色在原地待命和奔跑的动画片段之间进行过渡。当变量 moveDir 的数值不为 0 时，就控制角色过渡到奔跑的动画片段，否则就让角色过渡到原地待命的动画片段。当角色跳跃到空中时，就使用 SetBool 函数控制角色过渡到跳跃的动画片段。具体的代码如代码清单 8 所示。

代码清单 8

```
01. if (IsGround)
02. {
03.     anim.SetBool("JumpUp", false);
04.     anim.SetBool("JumpDown", false);
05.     anim.SetFloat("Run", Mathf.Abs(moveDir));
06. }
07. else
08. {
09.
10. if (rig.velocity.y > 0)
11. {
12.      anim.SetBool("JumpUp", true);
13.      anim.SetBool("JumpDown", false);
14. }
15. else if (rig.velocity.y < 0)
```

```
16. {
17.     anim.SetBool("JumpUp", false);
18.     anim.SetBool("JumpDown", true);
19.  }
```

第 1 行代码：判断角色是否处于地面。

第 5 行代码：如果角色处于地面，就使用 SetFloat 函数控制角色在原地待命和奔跑的动画片段之间进行过渡。

第 10 行代码：判断角色是否跳跃到空中。

第 12 行代码：如果角色处于空中，就使用 SetBool 函数控制角色过渡到跳跃的动画片段。

10.5 相机的跟随

本节将讲解如何通过相机的跟随功能实现画面更新的效果。玩家在控制角色移动时，相机和游戏背景会跟随角色一起位移，让游戏画面能够根据角色当前的位置即时更新，为此开发者需要在脚本中编写一个 CameraFollow 函数。由于相机的跟随是通过控制相机的 Transform 组件来实现的，因此为相机添加的脚本可命名为 CameraController。在脚本中，开发者需要计算相机和角色之间的距离，并将计算结果赋值给 transform.position 变量，以此实现相机跟随角色一起位移的效果。具体的代码如代码清单 9 所示。

代码清单 9

```
01. private void CameraFollow()
02. {
03.     transform.position = new Vector3(TargetPos.position.x,
04. Mathf.Clamp(TargetPos.position.y + OffsetX, MinHeight, MaxHeight) + OffsetY,
-10);
05.
06.     float AmountX = transform.position.x - LastPosX;
07.     float AmountY = transform.position.y - LastPosY;
08.
09.     FarBackGround.position += new Vector3(AmountX, AmountY, 0);
10.     MiddleBackGround.position += new Vector3(AmountX * 0.5f, AmountY, 0);
11.
12.     LastPosX = transform.position.x;
13.     LastPosY = transform.position.y;
14. }
```

10.6 制作场景中的机关

本节将讲解如何制作场景中的机关。在本案例中，场景中的机关分为地刺和砰击器，其中地刺在场景中的效果如图 10-11 所示。

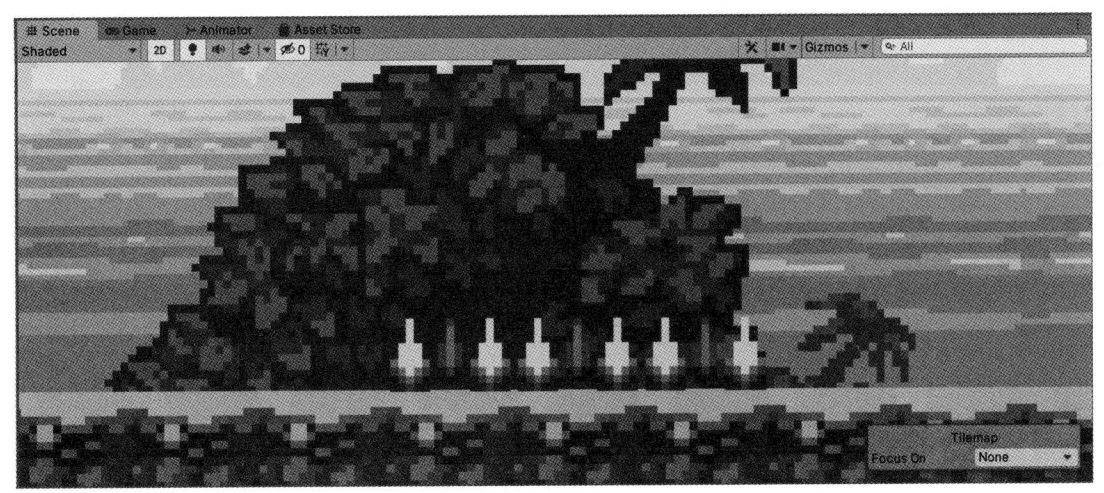

图 10-11

砰击器在场景中的效果如图 10-12 所示。

图 10-12

10.6.1 制作地刺

角色在触碰到放置的地刺后，生命值会减少。在使用脚本制作地刺前，开发者需要将地刺的图片 spikes 从 Project 窗口中拖曳到场景中，并为其添加一个用于检测角色是否触碰到地刺的 Box Collider 2D 组件。在添加 Box Collider 2D 组件后，开发者即可在脚本中通过编写相关的代码来检测角色是否触碰到了地刺。由于该效果是通过控制 Box Collider 2D 组件来实现的，因此脚本可命名为 SpikesController。

如果检测到角色触碰到了地刺，则调用相关的函数控制角色生命值减少。有关减少角色生命值的函数的编写思路会在 10.7 节中讲解，这里暂时使用 Debug.Log 函数以输出一句话的方式来代替。具体的代码如代码清单 10 所示。

代码清单 10

```
01. public void OnTriggerEnter2D(Collider2D other)
02. {
03.     if (other.tag == "Player")
04.     {
05.         Debug.Log("玩家触碰到了地刺，减少了 1 点生命值");
06.     }
07. }
```

第 3 行代码：判断游戏对象的 Tag 是否为 Player。

第 5 行代码：如果游戏对象的 Tag 为 Player，则使用 Debug.Log 函数输出一句话，表示角色受到了伤害。

10.6.2 制作砰击器

砰击器，即角色在进入一定范围后，会自动从高处下落对角色造成伤害的机关，如图 10-13 和图 10-14 所示。

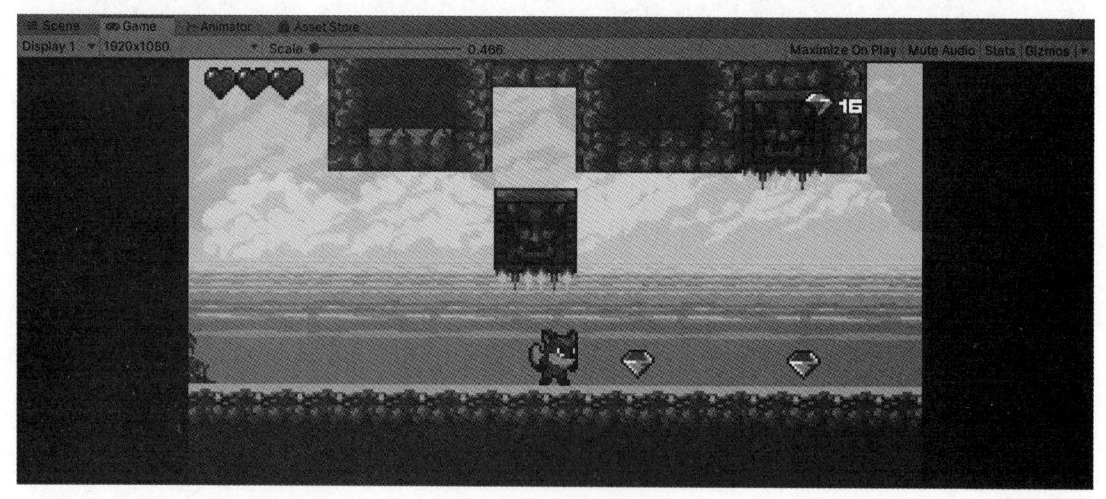

图 10-13

在使用脚本制作砰击器前，开发者需要将砰击器的图片从 Project 窗口中拖曳到场景中，并添加一个用于检测砰击器是否击中角色的 Box Collider 2D 组件。

在为砰击器添加 Box Collider 2D 组件后，开发者即可在脚本中编写相关的代码来实现砰击器从高处下落的效果。由于砰击器效果主要是通过控制 Transform 组件（实现砰击器从高处下落）和 Box Collider 2D 组件（检测砰击器是否击中角色）来实现的，因此脚本可命名为 SlashController。

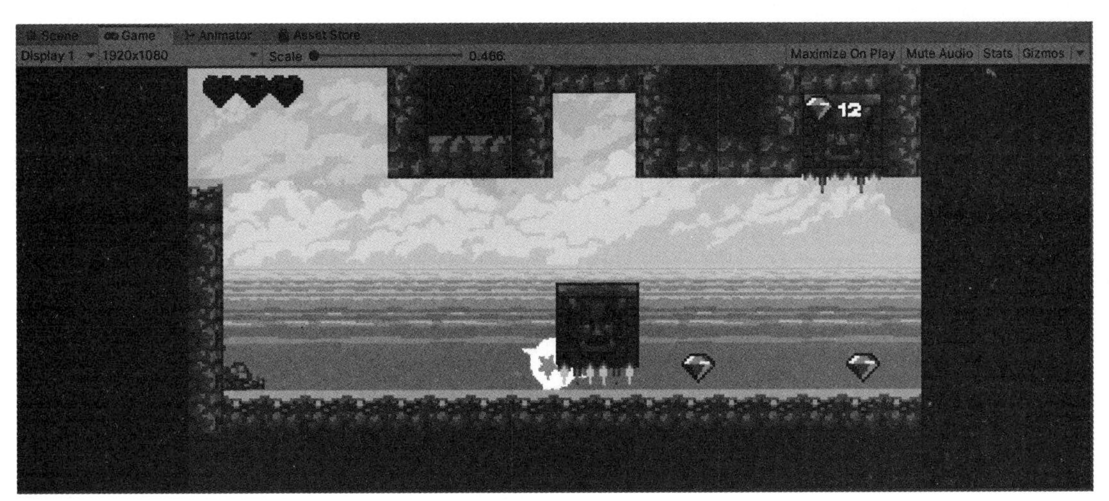

图 10-14

根据上述对砰击器效果的描述，制作砰击器的关键点有“设置位移轨迹”“脚本控制位移”和“计算伤害”3 点，所指代的含义分别如下。

设置位移轨迹是指在场景中设置一个空的游戏对象，让砰击器以这个游戏对象为参照物进行位移，以此实现砰击器从高处下落的效果。

脚本控制位移是指通过编写代码的方式，计算砰击器和游戏对象之间的距离，使位移轨迹“具象化”，让砰击器能够根据位移轨迹进行正常的位移，即实现从高处下落的效果。

计算伤害是指当砰击器下方的尖刺触碰到角色时，就调用相关的函数控制角色的生命值减少。这里暂时使用 Debug.Log 函数以输出一句话的形式代替角色生命值减少的效果。

理解了制作砰击器的关键点后，接下来从“设置位移轨迹”开始讲解。首先，开发者需要在 Hierarchy 窗口中创建一个空的游戏对象，并命名为 CheckPoint。然后将空游戏对象放置在砰击器的下方，作为砰击器下落位移时的参照物，如图 10-15 所示。

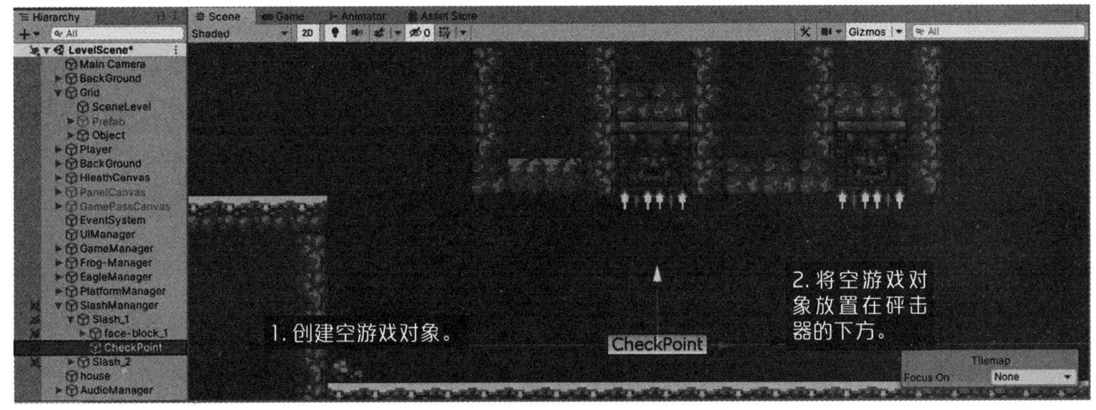

图 10-15

“脚本控制位移”的基本实现思路：在 SlashController 脚本中，判断角色和空游戏对象之间的距离。如果角色和空游戏对象的距离小于 2，就计算砰击器和空游戏对象之间的距离，并将计算结果赋值给变量 transform.position，从而实现砰击器从高处下落的效果。具体的代码如代码清单 11 所示。

代码清单 11

```
01. if (!Slash && !Reset)
02.         {
03.             if (Vector3.Distance(PlayerPos.position, CheckPoint.position) < 2f)
04.             {
05.                 Slash = true;
06.                 WaitCounter = WaitLength;
07.             }
08.         }
09.         if (Slash)
10.         {
11.             transform.position = Vector3.MoveTowards(transform.position, CheckPoint.
position,DownSpeed*Time.deltaTime);
12.             if (Vector3.Distance(transform.position, CheckPoint.position) < 0.1f)
13.             {
14.                 WaitCounter -= Time.deltaTime;
15.             }
16.             if (WaitCounter <= 0)
17.             {
18.                 Reset = true;
19.                 Slash = false;
20.             }
21.         }
22.         if (Reset)
23.         {
24.             transform.position = Vector3.MoveTowards(transform.position, StartPos,
UpSpeed * Time.deltaTime);
25.       if (Vector3.Distance(transform.position, StartPos) <= 0.1f)
26.       {
27.         Reset = false;
28.       }
```

第 1 到第 8 行代码：判断角色和空游戏对象的距离是否小于 2。

第 9 到第 21 行代码：如果角色和空游戏对象的距离小于 2，就控制砰击器进行位移，实现砰击器下落的效果。

“计算伤害”的基本实现思路：在 SlashController 脚本中，判断砰击器是否击中了角色，如果是，则减少角色的生命值，这里暂时以 Debug.Log 函数在 Console 窗口中输出一句话来代替。具体的代码如代码清单 12 所示。

代码清单 12

```
01. public void OnTriggerEnter2D(Collider2D other)
02. {
03.     if (other.tag == "Player")
04.      {
05.          Debug.Log(" 砰击器击中了角色，减少了一点生命值 ");
06.       }
07.  }
```

第 3 行代码：判断游戏对象的 Tag 是否为 Player。

第 5 行代码：如果游戏对象的 Tag 为 Player，则使用 Debug.Log 函数输出一句话，表示角色受到了伤害。

10.7 制作角色的生命值系统

本节将讲解如何制作角色的生命值系统。通过生命值系统，玩家可以实时了解角色当前的健康状态，并以此来规划自己的操作。例如，当角色的生命值相对较高时，玩家的操作可以适当宽松一些，但是如果角色的生命值较低，此时玩家的操作就需要更加谨慎，如图 10-16 和图 10-17 所示。

图 10-16

在使用脚本制作角色的生命值系统前，开发者需要在 Hierarchy 窗口中创建 3 个用于显示角色生命值的 Image 组件，并把 Image 组件显示的图片设置为生命值系统的红心。设置完毕后，将它们设置到游戏画面的左上角。

设置完 Image 组件显示的图片和位置后，开发者即可使用脚本通过编写相关的代码来制作角色的生命值系统。由于生命值系统主要是通过控制 UI 组件这一类组件来实现其功能的，再加上生命值系统所在的场景为可实际进行游戏的场景，因此脚本可命名为 UIManager。

图 10-17

接着在实现角色的生命值系统前，开发者需要在 TwoDPlayerController 脚本中编写一个 KnockBack 函数，实现角色过渡到受伤动画片段。具体的代码如代码清单 13 所示。

代码清单 13

```
01. public void KnockBack()
02. {
03.         KnockBackCounter = KnockBackLength;
04.         rig.velocity = new Vector2(-transform.lossyScale.x * KnockBackForce, KnockBackForce);
05.         anim.SetTrigger("Hurt");
06. }
```

第 3 行代码：存储角色受伤时后退的距离。

第 4 行代码：使用 new 关键字定义一个 Vector2 对象，设置角色受伤时后退的距离。

第 5 行代码：使用 SetTrigger 函数设置 Trigger 类型的过渡参数 Hurt，让角色过渡到受伤的动画片段。

制作角色生命值系统的关键点可分为计算受到的伤害和更新生命值 UI，两者所指代的含义如下。

计算受到的伤害是指计算角色受到的伤害数值，为此开发者需要创建一个名为 HealthController 的脚本，并在脚本中定义一个 int 类型的变量 HP 用于表示角色当前的生命值。当角色触碰到了场景中的机关，又或是受到敌人的攻击时，就使用“--”运算符控制变量 HP 的数值自动减 1，以表示角色在受到伤害后生命值减少。为了方便实现上述功能，相关代码需要写在 TakeDamage 函数中。具体的代码如代码清单 14 所示。

代码清单 14

```
01. public int Hp;
02. public void TakeDamage()
```

```
03.  {
04.      if (invincibleCounter <= 0)
05.       {
06.           Hp--;
07.           if (Hp <= 0)
08.           {
09.               GameManager._instance.PlayerReBorn();
10.           }
11.           invincibleCounter = invincibleLength;
12.            UIManager._instance.UpdateHealth(Hp);
13.           GetComponent<PlayerController>().KnockBack();
14.          sp.color = new Color(sp.color.r, sp.color.g, sp.color.b, 0.5f);
15.        }
16. }
```

第 1 行代码：定义 int 类型的变量 Hp。

第 6 行代码：使用“--”运算符，控制变量的数值自动减 1。

在编写完 TakeDamage 函数后，开发者即可将在制作地刺和砰击器时使用的 Debug.Log 函数换成 TakeDamage 函数，真正地实现角色受伤后生命值减少的功能。由于地刺和砰击器的代码在内容上基本相同，因此这里只展示地刺替换 TakeDamage 函数后的代码。具体的代码如代码清单 15 所示。

代码清单 15

```
01. public void OnTriggerEnter2D(Collider2D other)
02. {
03.     if (other.tag == "Player")
04.     {
05.       other.GetComponent<HealthController>().TakeDamage();
06.     }
07. }
```

更新生命值 UI 是指在 UIManager 脚本中实现角色在受到伤害后，根据变量 Hp 当前的数值对生命值系统的 UI 进行更新。为此，开发者需要在脚本中使用 switch 语句，并在 switch 语句的大括号内通过 case 关键字列举出在不同变量 Hp 数值下，生命值 UI 的更新方式。具体的代码如代码清单 16 所示。

代码清单 16

```
01. public void UpdateHealth(int Hp)
02. {
03.      switch (Hp)
```

```
04.     {
05.         case 6:
06.             Health_1.sprite = HealthFull;
07.             Health_2.sprite = HealthFull;
08.             Health_3.sprite = HealthFull;
09.             break;
10.         case 5:
11.             Health_1.sprite = HealthHalf;
12.             Health_2.sprite = HealthFull;
13.             Health_3.sprite = HealthFull;
14.             break;
15.         case 4:
16.             Health_1.sprite = HealthEmpty;
17.             Health_2.sprite = HealthFull;
18.             Health_3.sprite = HealthFull;
19.             break;
20.         case 3:
21.             Health_1.sprite = HealthEmpty;
22.             Health_2.sprite = HealthHalf;
23.             Health_3.sprite = HealthFull;
24.             break;
25.         case 2:
26.             Health_1.sprite = HealthEmpty;
27.             Health_2.sprite = HealthEmpty;
28.             Health_3.sprite = HealthFull;
29.             break;
30.         case 1:
31.             Health_1.sprite = HealthEmpty;
32.             Health_2.sprite = HealthEmpty;
33.             Health_3.sprite = HealthHalf;
34.             break;
35.         case 0:
36.             Health_1.sprite = HealthEmpty;
37.             Health_2.sprite = HealthEmpty;
38.             Health_3.sprite = HealthEmpty;
39.             break;
40.         default:Debug.Log("不存在该生命值下的方法，请检查是否有误");
41.               break;
42.     }
43. }
```

实现角色的生命值系统后，接下来要实现的是角色掉下悬崖时，控制角色死亡的功能。首先开发者需要新建一个游戏对象“DeadZone”，并为这个游戏对象添加一个 Box Collider 2D 组件，在 Box Collider 2D 组件的参数面板中勾选 Is Trigger 复选框将其设置成一个触发器，修改 Size 属性的 X 数值，对触发器的长度进行设置，让触发器的长度整体超出游戏场景一些，如图 10-18 所示。

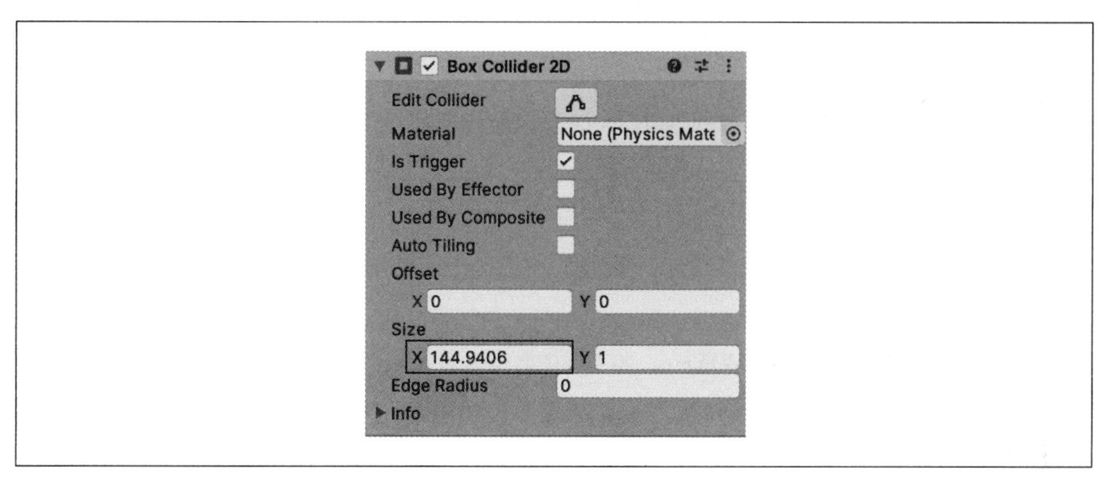

图 10-18

设置完参数的数值后，触发器在场景中的显示效果如图 10-19 所示。

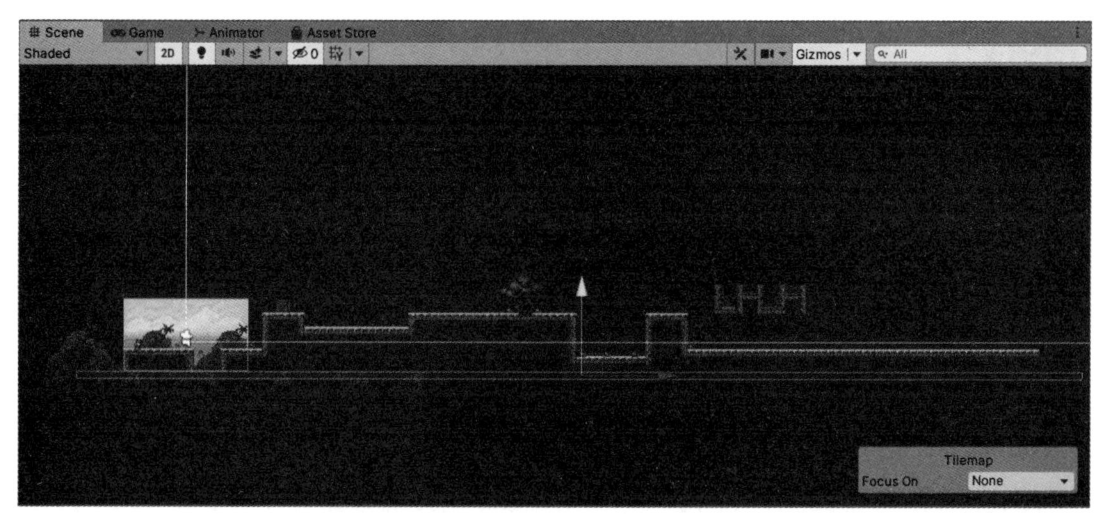

图 10-19

然后开发者需要在 Dead Zone Controller 脚本中编写角色掉落悬崖时控制角色死亡的代码。具体的代码如代码清单 17 所示。

代码清单 17

```
01. private void OnTriggerEnter2D(Collider2D other)
02. {
03.     if (other.tag == "Player")
04.     {
05.         HealthController t = other.GetComponent<HealthController>();
```

```
06.         t.Hp = 0;
07.         UIManager._instance.UpdateHealth(t.Hp);
08.     }
09. }
```

第 1 行代码：在 OnTriggerEnter2D 函数中编写角色死亡的代码，当角色掉落到触发器的检测范围时，OnTriggerEnter2D 函数就会执行大括号中的代码控制角色死亡。

第 3 行代码：判断进入触发器范围的游戏对象的 Tag 是否为“Player”，如果是，那么进入触发器范围的游戏对象就是角色，此时会执行 if 语句中的代码控制角色死亡。

第 5 行代码：定义一个 HealthController 类型的对象 t，使用 GetComponent 函数初始化这个对象。

第6行代码：访问t对象中的变量Hp，将变量的数值设置为0，以此来将角色当前的生命值归零。

第 7 行代码：调用 UpdateHealth 函数，将变量 Hp 作为参数传入函数中，更新游戏场景左上角 UI 显示的生命值。

当角色死亡后，开发者需要使用协程函数编写控制角色复活的代码。具体的代码如代码清单 18 所示。

代码清单 18

```
01. private IEnumerator PlayerReSpawn()
02. {
03.         Player.gameObject.SetActive(false);
04.         yield return new WaitForSeconds(DelayTime);
05.         Player.transform.position = ReSpawnPoint;
06.         Player.gameObject.SetActive(true);
07.         Player.Hp = Player.MaxHp;
08.         UIManager._instance.UpdateHealth(Player.Hp);
09. }
```

第 3 行代码：角色死亡后，先使用 SetActive 函数对角色进行隐藏。

第 4 行代码：在角色被隐藏起来后，使用 yield return new WaitForSeconds 语句先暂停代码的执行，过几秒后再继续执行后续的代码控制角色的复活。

第 5 到第 6 行代码：将角色设置到关卡开始的位置，让角色在关卡开始的位置显示，以此来让角色在关卡开始的位置复活。

第 7 到第 8 行代码：初始化角色的生命值，让角色的生命值 UI 以满血的状态重新显示。

10.8 制作场景中可拾取的物品

本节将讲解如何制作钻石和樱桃等场景中可拾取的物品，并且每种可拾取的物品都具有不同的效果。例如，拾取到钻石时会增加玩家在游戏中获得的分数，拾取到樱桃时则恢复玩家损失的生命值，如图 10-20 和图 10-21 所示。

图 10-20

图 10-21

在使用脚本制作钻石和樱桃这两种可拾取物品前，开发者需要从 Project 窗口中分别将显示钻石和樱桃的图片拖曳到场景中，并为它们都添加用于检测是否和角色发生接触的 Circle Collider 2D 组件，然后在它们的属性面板中将其设置为触发器。在添加了 Circle Collider 2D 组件后，开发者即可使用脚本通过编写相关的代码来制作钻石和樱桃。由于两者主要是通过控制 Circle Collider 2D 组件来实现自身效果的，因此控制钻石的脚本可命名为 GemController，控制樱桃的脚本可命名为 CherryController。

介绍完两种可拾取物品所需的组件和脚本的命名方式后，接下来将对制作可拾取物品中的钻石进行讲解。制作钻石的关键点为钻石与角色的碰撞检测以及更新游戏分数。其中钻石与角色的碰撞检测是指判断角色是否拾取到了钻石，如果是，则销毁场景中显示钻石的图片，并生成相应的特效和更新记录玩家分数的变量 Score 的数值。具体的代码如代码清单 19 所示。

代码清单 19

```
01. private void OnTriggerEnter2D(Collider2D other)
02. {
03.     if (other.tag == "Player")
04.     {
05.         Instantiate(ItemEffect, transform.position, Quaternion.identity);
06.         AudioManager._instance.PlaySFX(0);
07.         UIManager._instance.Score++;
08.         Destroy(gameObject);
09.     }
10. }
```

第 3 行代码：判断玩家是否拾取到钻石。

第 5 到第 8 行代码：在玩家拾取到钻石后，销毁钻石的图片，并生成相应的特效，同时更新玩家的分数。

更新游戏分数是指在更新变量 Score 的数值后，在 UIManager 脚本中控制用于显示分数的 UI 窗口同步更新玩家获得的分数。具体的代码如代码清单 20 所示。

代码清单 20

```
01. public Text ScoreText;
02. private void Update()
03. {
04.     ScoreText.text = Score.ToString();
05. }
```

第 1 行代码：创建一个 Text 类型的变量 ScoreText，用于获取更新分数的 Text 组件。

第 2 到第 5 行代码：访问变量 ScoreText 的 text 属性，并使用变量 Score 对其进行赋值，以实现更新玩家分数的效果。

制作樱桃的关键点为樱桃和角色之间的碰撞检测以及恢复角色的生命值。樱桃和角色之间的碰撞检测是指判断角色是否拾取到了樱桃，如果是，则销毁樱桃在场景中显示的图片，并生成相应的特效。恢复角色的生命值则是指角色在拾取到樱桃后恢复角色的生命值。两者在 CherryController 脚本中的代码如代码清单 21 所示。

代码清单 21

```
01. private void OnTriggerEnter2D(Collider2D other)
02. {
03.     if (other.tag == "Player")
04.     {
05.         HealthController a = other.GetComponent<HealthController>();
```

```
06.         a.Hp++;
07.         UIManager._instance.UpdateHealth(a.Hp);
08.          AudioManager._instance.PlaySFX(4);
09.          Instantiate(ItemEffect, transform.position, Quaternion.identity);
10.          Destroy(gameObject);
11.     }
12. }
```

10.9 制作场景中敌人的 AI 系统

为了增加游戏的挑战性，开发者需要在场景中适当地添加敌人，因此本节将讲解如何制作敌人的 AI 系统。在本案例中，场景中的敌人的类型有青蛙和老鹰两种，如图 10-22 和图 10-23 所示。

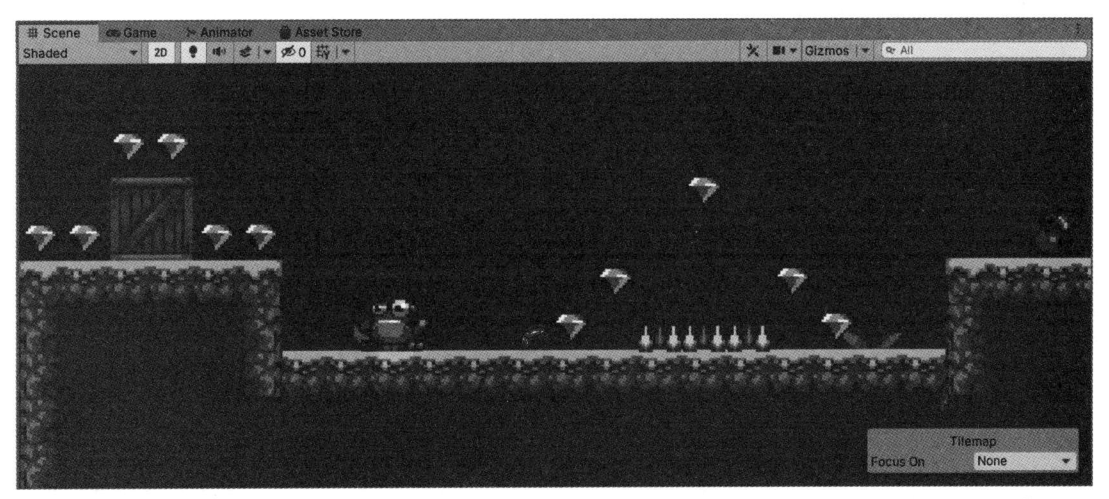

图 10-22

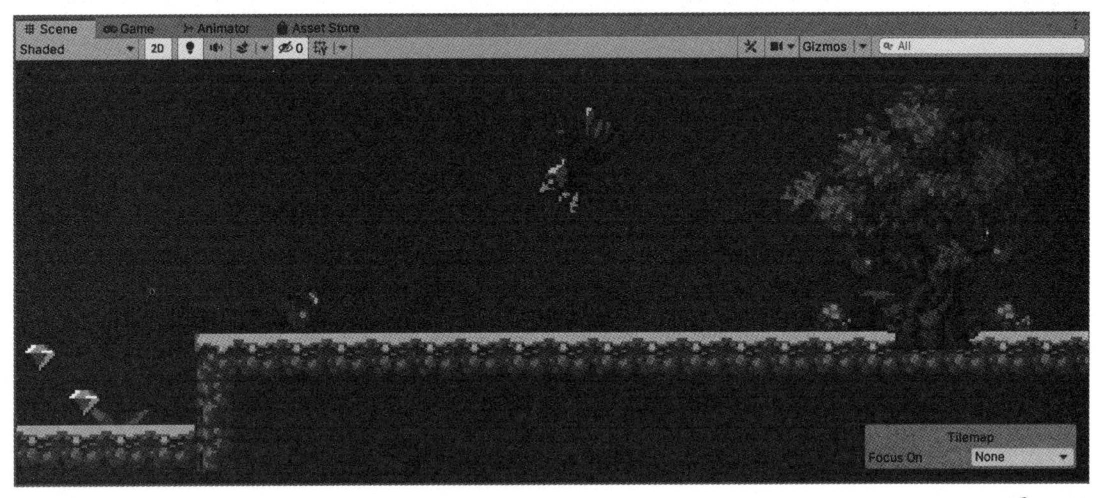

图 10-23

10.9.1 制作青蛙的 AI 系统

本小节将讲解如何制作青蛙的 AI 系统。为了方便理解，这里先从青蛙在场景中的表现效果开始讲解。在本案例中，青蛙会在场景中的两个固定位置，以跳跃的方式进行往返位移，如图 10-24 和图 10-25 所示。

在使用脚本制作青蛙的 AI 系统前，开发者需要从 Project 窗口中把显示青蛙的图片拖曳到场景中，并制作好青蛙原地待命和跳跃的动画片段，制作方法和 10.4 节中制作角色原地待命、奔跑和跳跃的动画片段的方法相似。制作完毕后，开发者还需要添加用于防止青蛙在位移时从场景中穿过的 Boxer Collider 2D 组件。

在此之后，开发者即可使用脚本编写相关的代码来制作青蛙的 AI 系统。由于青蛙 AI 系统的功能主要是通过控制 Transform 组件（控制青蛙的位移）实现的，因此青蛙的 AI 系统的脚本可命名为 FrogController。

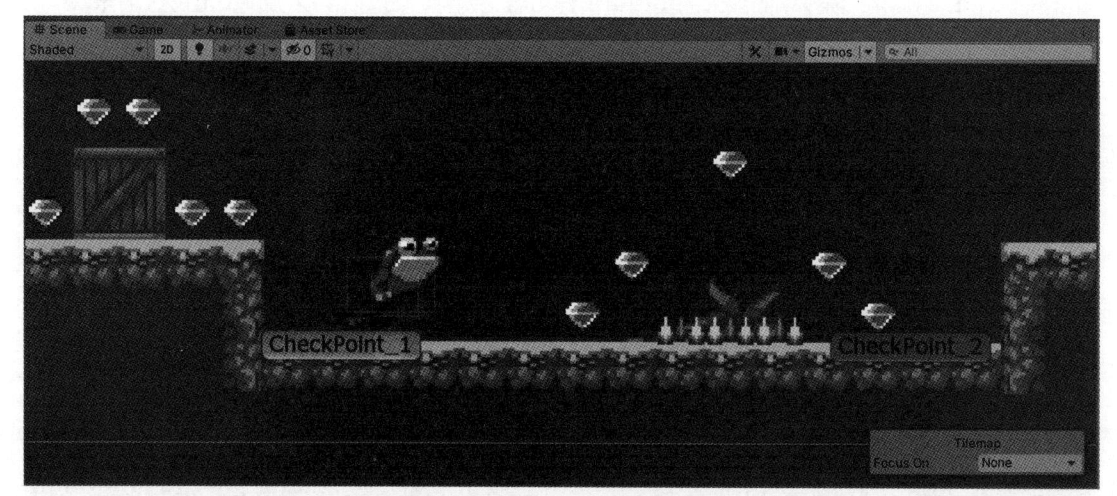

图 10-24

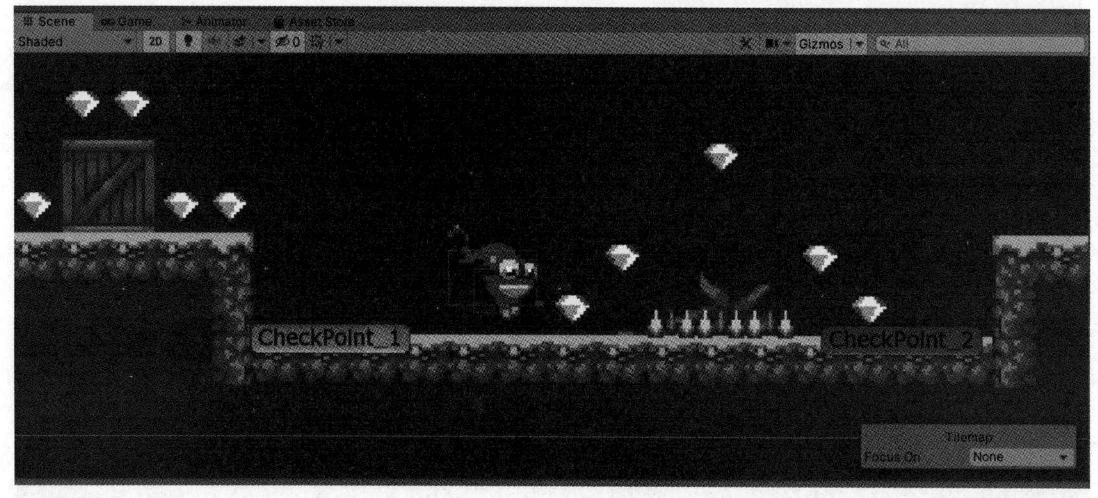

图 10-25

根据上述青蛙的表现效果，制作青蛙的 AI 系统的关键点为控制场景的位移和控制动画片段的位移。控制场景的位移是指控制青蛙在场景中固定的两个位置进行往返位移，开发者需要在脚本中判断青蛙和位移点之间的距离，当青蛙和位移点之间的距离小于 0.1 时，让青蛙向另一个位移点进行位移。具体的代码如代码清单 22 所示。

代码清单 22

```
01. if (Vector3.Distance(transform.position, WayPoint[0].position) < 0.1f)
02.  {
03.    CurrentMovePoint = WayPoint[1];
04.    transform.localScale = new Vector3(-1, 1, 1);
05.  }
06. else if (Vector3.Distance(transform.position, WayPoint[1].position) < 0.1f)
07. {
08.       CurrentMovePoint = WayPoint[0];
09.       transform.localScale = new Vector3(1, 1, 1);
10. }
```

第 1 到第 5 行代码：判断青蛙和位移点之间的距离，如果距离大于 0.1 就控制青蛙向当前的位移点进行位移。

第 6 到第 10 行代码：如果距离小于 0.1，就让青蛙向另一个位移点进行位移。

控制动画片段的位移是指通过设置青蛙的跳跃动画片段，让青蛙能够真正具有上下跳跃的能力，而不是让跳跃动画片段只停留在“纸面”上。在播放跳跃动画片段时，青蛙不但要摆出跳跃动画片段的姿势，而且要做出上下跳跃的物理动作。青蛙跳跃动画片段的制作方法和角色的动画片段的制作方法相似，这里不再进行重复讲解，详细操作可观看本案例的详细操作视频。这里有一点需要注意，在制作跳跃动画片段时，开发者不仅需要向 Animation 编辑窗口中添加用于更新跳跃动画片段的图片，还需要设置 Transform 组件的 *y* 轴分量的数值，如图 10-26 所示。

图 10-26

10.9.2 制作老鹰的 AI 系统

本小节将讲解如何制作老鹰的 AI 系统。为了方便理解，这里会先从老鹰在场景中的表现效果开始讲解。在本案例中，老鹰会在场景中的两个固定位置之间进行往返位移，并且当角色进入老鹰的攻击范围时，老鹰会向角色所在的位置进行位移，同时对角色发起攻击，如图 10-27 和图 10-28 所示。

首先，开发者需要从 Project 窗口中把显示老鹰的图片拖曳到场景中，并制作好老鹰飞行的动画片段。制作完成后，开发者还需要添加用于防止老鹰在位移的过程中从场景中穿过的 Circle Collider 2D 组件。

在此之后，开发者即可使用脚本编写相关的代码来制作老鹰的 AI 系统。由于老鹰 AI 系统的功能主要是通过控制 Transform 组件（控制老鹰的位移）来实现的，因此老鹰 AI 系统的脚本可命名为 EagleController。

根据老鹰的表现效果，老鹰 AI 系统的制作思路的关键点为控制场景的位移和控制攻击的位移。控制场景的位移是指控制老鹰在场景固定的两个位置进行往返位移，当老鹰和位移点之间的距离小于 0.1 时，就让老鹰向另一个位移点进行位移。具体的代码如代码清单 23 所示。

图 10-27

图 10-28

控制攻击的位移是指角色在进入老鹰的攻击范围后，控制老鹰向角色所在位置进行位移，并对角色发起攻击，如果角色没有进入攻击的范围，则让老鹰向原来的位移点进行位移。为此，开发者需要在脚本中判断老鹰和角色之间的距离，当距离小于一定的数值时就控制老鹰向角色所在的位置进行位移。具体的代码如代码清单 23 所示。

代码清单 23

```
01. if (Vector3.Distance(transform.position, PlayerPos.position)>AttackArea)
02.             {
03.                 TargetPos = Vector3.zero;
04.                 if (Vector3.Distance(transform.position, WayPoint[index].position) < 0.1f)
05.                 {
06.                     index++;
07.                     if (index >= WayPoint.Length)
08.                     {
09.                         index = 0;
10.                     }
11.                 }
12.                 if (Vector3.Distance(transform.position, WayPoint[0].position) < 0.1f)
13.                 {
14.                     transform.localScale = new Vector3(-1, 1, 1);
15.                 }
16.                 else if (Vector3.Distance(transform.position, WayPoint[1].position)
< 0.1f)
17.                 {
18.                     transform.localScale = new Vector3(1, 1, 1);
19.                 }
20.                 transform.position = Vector3.MoveTowards(transform.position, WayPoint
[index].position, MoveSpeed * Time.deltaTime);
21.             }
22.             else
23.             {
24.
25.                 if (TargetPos == Vector3.zero)
26.                 {
27.                     TargetPos = PlayerPos.position;
28.                 }
29.                 if (Vector3.Distance(transform.position, TargetPos) <= 0.1f)
30.                 {
31.                     AttackCounter = AttackLength;
32.                     TargetPos = Vector3.zero;
33.                 }
```

```
34.                    transform.position = Vector3.MoveTowards(transform.position,
TargetPos, Time.deltaTime * MoveSpeed);
35.           }
```

第 1 行代码：判断角色是否进入了老鹰的攻击范围。

第 2 到第 21 行代码：如果角色没有进入老鹰的攻击范围，则老鹰沿原来的位移点位移。

第 22 到第 35 行代码：如果角色进入了老鹰的攻击范围，则控制老鹰向角色所在的位置进行位移。

10.10 制作角色和敌人的伤害系统

在制作出 2D 角色控制器和敌人的 AI 系统后，接下来将讲解如何制作角色和敌人的伤害系统，让一方能够对另一方造成伤害，如图 10-29 和图 10-30 所示。

图 10-29

图 10-30

10.10.1 制作角色的伤害系统

本小节将讲解如何制作角色的伤害系统。为了方便理解，这里会先讲解角色伤害系统在游戏中的表现效果。当角色跳跃到空中，如果敌人正好位于角色的正下方，则判定角色对敌人造成了伤害。并且在这之后，角色会在当前位置向上位移一段距离，实现类似游戏《超级马里奥》中，马里奥在对敌人造成伤害后会向上位移一段距离的“踩怪”效果，如图10-31所示。

介绍完角色的伤害系统的表现效果后，接下来将讲解角色伤害系统的制作思路。制作该系统的关键点为角色和敌人的碰撞检测和造成伤害后的运动特效。角色和敌人的碰撞检测是指判断角色是否踩到了敌人，如果是，则对敌人造成伤害，并生成伤害特效。为此开发者需要先在角色的Animator窗口使用配套素材中的伤害特效图片“item-feedback-1”至“item-feedback-4”制作伤害特效的动画片段，制作方法和制作角色的动画片段类似。然后在角色的脚部设置一个Box Collider 2D组件，并在Box Collider 2D的属性面板中将其设置成一个触发器，最后才在脚本中对触发器进行控制。由于该脚本的功能主要是对触发器进行控制，因此脚本可命名为StompBoxController。

图 10-31

开发者需要在StompBoxController脚本中判断角色是否踩到了敌人，如果是，则调用SetActive函数隐藏在场景中显示的敌人的图片，表示敌人受到了伤害。具体的代码如代码清单 24 所示。

代码清单 24

```
01. private void OnTriggerEnter2D(Collider2D other)
02. {
03.     if (other.tag == "Enemy")
04.     {
05.   Instantiate(DeadEffect, transform.position, Quaternion.identity);
06.         other.transform.parent.gameObject.SetActive(false);
07.     }
08. }
```

第 3 行代码：判断角色是否踩到了敌人。

第 5 行代码：调用 Instantiate 函数生成伤害特效。

第 6 行代码：调用 SetActive 函数，隐藏在场景中显示的敌人的图片。

造成伤害后的运动特效是指实现角色在对敌人造成伤害后，向上位移一小段的效果。为此，开发者需要在判断角色踩到敌人时，获取角色身上的刚体组件，并对刚体组件的 velocity 变量赋值，从而实现造成伤害的运动特效。具体的代码如代码清单 25 所示。

代码清单 25

```
01. private void OnTriggerEnter2D(Collider2D other)
02.  {
03.     if (other.tag == "Enemy")
04.     {
05.         Rigidbody2D rig = GetComponentInParent<Rigidbody2D>();
06.         rig.velocity = new Vector2(rig.velocity.x, JumpSpeed);
```

```
07.            Instantiate(DeadEffect, transform.position, Quaternion.identity);
08.            AudioManager._instance.PlaySFX(1);
09.            other.transform.parent.gameObject.SetActive(false);
10.        }
11.    }
```

第5到第6行代码：获取角色身上的刚体组件，并设置刚体组件 velocity 变量的数值。

10.10.2 制作敌人的伤害系统

本小节将讲解如何制作敌人的伤害系统。在本案例中，青蛙和老鹰的伤害系统大同小异，即在两者的身上设置一个用于检测是否和角色发生接触的触发器，并使用脚本对触发器进行控制，当角色和敌人发生接触时就调用 TakeDamage 函数对角色造成伤害。本小节将以制作青蛙的伤害系统为例进行讲解。由于敌人的伤害系统的功能主要是通过控制触发器来实现的，所以脚本可命名为 DamageController。当角色和敌人发生接触时，则调用在 HealthController 脚本中定义的 TakeDamage 函数对角色造成伤害。具体的代码如代码清单26所示。

代码清单 26

```
01. public void OnTriggerEnter2D(Collider2D other)
02. {
03.     if (other.tag == "Player")
04.     {
05.         other.GetComponent<HealthController>().TakeDamage();
06.     }
07. }
```

10.11 制作移动平台

本节将讲解如何制作场景中的移动平台。移动平台会沿着开发者在场景中预先设置的运动轨迹进行位移，角色能够借助这些移动平台去场景中的一些特殊的地方。例如，有的钻石所在的位置太高，角色需要通过搭乘移动平台来抵达钻石所在的位置，如图10-32和图10-33所示。

在使用脚本制作移动平台前，开发者需要从 Project 窗口中将显示移动平台的图片“platform-long”拖曳到场景中，并且为了防止角色站在平台上时会穿过平台掉落下去，开发者还需要为移动平台添加一个 Box Collider 2D 组件。

在为移动平台添加了 Box Collider 2D 组件后，开发者即可使用脚本编写相关的代码来制作移动平台。由于移动平台效果主要是通过控制 transform 组件来实现的，因此脚本可以命名为 PlatformController。根据移动平台的表现效果，移动平台制作的关键点为设置位移点和脚本控制。

设置位移点是指在场景中创建几个空游戏对象作为移动平台的位移点，如图 10-34 所示。

图 10-32

图 10-33

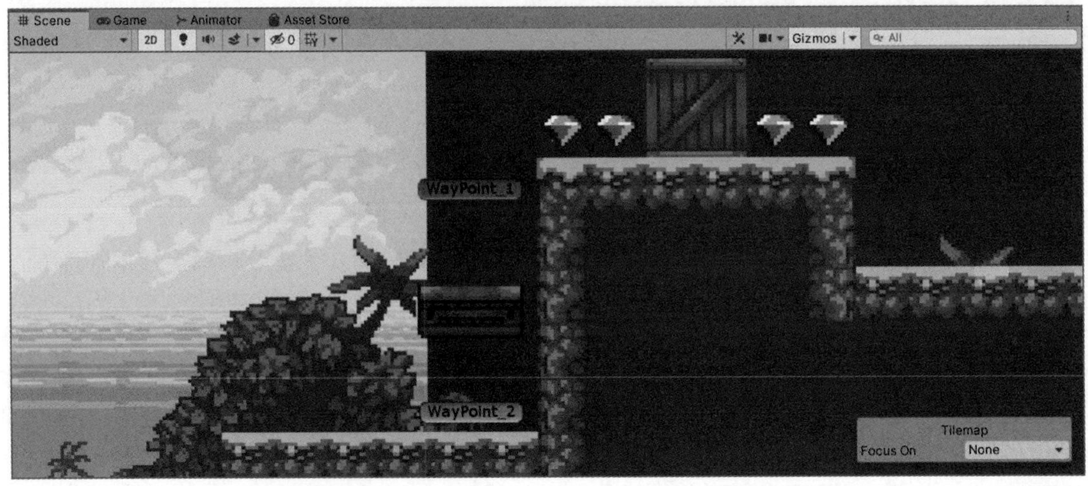

图 10-34

脚本控制是指在 PlatformController 脚本中，控制移动平台沿着位移点之间的连线进行位移，并且在位移平台与位移点的距离小于 0.1 时，就让位移平台向另一个位移点进行位移。具体的代码如代码清单 27 所示。

代码清单 27

```
01. private void Update()
02. {
03.     if (Vector3.Distance(transform.position, WayPoint[index].position) < 0.1f)
04.     {
05.         index++;
06.         if (index >= WayPoint.Length)
07.         {
08.             index = 0;
09.         }
10.     }
11.     transform.position = Vector3.MoveTowards(transform.position, WayPoint[index].
position,Speed*Time.deltaTime);
12. }
```

第 3 行代码：判断移动平台和位移点的距离。

第 11 行代码：控制移动平台沿位移点之间的连线进行位移。

10.12 制作游戏的音效

本节将讲解如何制作游戏的音效，即玩家在操控角色与场景中的游戏对象进行互动时播放的音效，例如拾取钻石、对敌人造成伤害和角色跳跃时的音效。

在开始制作游戏的音效前，开发者需要在 Hierarchy 和 Project 窗口中分别创建一个空游戏对象和一个用于控制音效播放的脚本，并在创建完毕后将脚本添加到空游戏对象上。由于脚本是通过控制音效来实现游戏效果的，因此脚本可命名为 AudioManager。

根据上述的效果，游戏音效制作的关键点为添加音频文件和控制音效播放的时机。添加音频文件是指在 AudioManager 脚本中创建相应的数组来获取音效的音频文件。具体的代码如代码清单 28 所示。

代码清单 28

```
01. public AudioClip[] clips;
```

控制音效播放的时机是指在 AudioManager 脚本中编写一个 PlaySFX 函数，用于控制音效的播放时机。为此，开发者需要在函数中定义一个 int 类型的参数 index，用于获取音效在数组中的序号，并在获取到序号后，根据参数中存储的数值获取数组中存储的相应音效，最后再使用 Play 函数播放该音效。具体的代码如代码清单 29 所示。

代码清单 29

```
01. public void PlaySFX(int index)
02. {
03.     EffectAudioManager.clip = clips[index];
04.     EffectAudioManager.Play();
05. }
```

编写了 PlaySFX 函数后，开发者只需在相应的脚本中对 PlaySFX 函数进行调用即可。例如需要实现角色拾取到钻石的音效，则可以在判断玩家是否拾取到钻石的 GemController 脚本中调用 PlaySFX 函数。具体的代码如代码清单 30 所示。

代码清单 30

```
01. private void OnTriggerEnter2D(Collider2D other)
02. {
03.     if (other.tag == "Player")
04.     {
05.         Instantiate(ItemEffect, transform.position, Quaternion.identity);
06.         AudioManager._instance.PlaySFX(0);
07.         UIManager._instance.Score++;
08.         Destroy(gameObject);
09.     }
10. }
```

第 6 行代码：定义 PlaySFX 函数。

10.13 制作游戏的终点

本节将讲解如何制作游戏的终点。角色抵达关卡的终点后，会有一段文字提示玩家通关成功，此时玩家不能对角色进行操作，角色将自动跑过终点，直到从画面的显示范围中消失，接着画面会自动返回游戏的主菜单界面，如图 10-35 所示。

在使用脚本制作游戏的终点前，开发者需要先从 Project 窗口将房屋的图片“house”拖到场景中用来设置终点，在 Hierarchy 窗口中创建一个 Text 组件，并将 Text 组件显示的文字按照图 10-35 所示的显示效果进行设置。设置完通关提示的文字后，开发者还需在终点的小屋处设置一个触发器，用于检测角色是否抵达终点。由于判断角色是否抵达终点这项功能决定了玩家是否通关，控制的是游戏是否开始或结束这一类事件，因此脚本可命名为 GameManager；而控制小屋处的触发器检测角色是否抵达终点的脚本，则命名为 FinishLineController。

图 10-35

根据上述的效果描述，游戏终点制作的关键点为触发检测、角色的自动位移和场景的切换。触发检测是指判断角色是否抵达了终点，为此开发者需要在终点小屋的位置设置一个触发器，检测角色是否抵达终点，还需要在 GameManager 脚本中定义一个 bool 类型的变量 GameComplete，用于控制角色抵达终点后显示文字。具体的代码如代码清单 31 所示。

代码清单 31

```
01. public bool GameComplete;
```

为 GameManager 脚本设置了变量 GameComplete 后，开发者需要在 FinishLineController 脚本中对角色是否已抵达终点处的小屋进行判断。如果是，则将变量 GameComplete 的值设置为 true。具体的代码如代码清单 32 所示。

代码清单 32

```
01. private void OnTriggerEnter2D(Collider2D other)
02. {
03.     if (other.tag == "Player")
04.     {
05.         GameManager._instance.GameComplete = true;
06.     }
07. }
```

当变量 GameComplete 的值为 true 时，在 UIManager 脚本中调用 SetActive 函数控制提示文字的显示。具体的代码如代码清单 33 所示。

代码清单 33

```
01. if (GameManager._instance.GameComplete)
02. {
```

```
03.     PassText.SetActive(true);
04. }
```

角色的自动位移是指当角色抵达终点，即变量 GameComplete 的值为 true 时，让角色自动进行位移，直到越过终点，从画面的显示范围中消失。

为此，开发者需要在 TwoDPlayerController 脚本中对变量 GameComplete 的值是否为 true 进行判断。如果是，则让角色进行自动位移，并禁用玩家对角色的操作；如果不是，则继续允许玩家对角色的操作。具体的代码如代码清单 34 所示。

代码清单 34

```
01. private void MoveMethod()
02. {
03.     if (!GameManager._instance.GameComplete)
04.     {
05.         rig.velocity = new Vector2(moveDir * MoveSpeed, rig.velocity.y);
06.     }
07.     else
08.     {
09.         rig.velocity = new Vector2(MoveSpeed, rig.velocity.y);
10.     }
11. }
```

场景的切换是指当角色越过终点后，当前场景将返回游戏的上一个场景，即游戏的主菜单界面。

为此，开发者需要在 UIManager 脚本中对变量 GameComplete 的值是否为 true 进行判断。如果是，则初始化变量 waitCounter（用于记录角色抵达终点时所经过的时间）的数值，并在初始化完毕后，调用“-=”运算符让变量 waitCounter 和变量 Time.deltaTime 进行减法运算，使变量 waitCounter 的数值随时间的流逝而减小。当变量 waitCounter 小于一定数值时，就调用 FadeIn 函数让画面返回游戏的主菜单界面。具体的代码如代码清单 35 所示。

代码清单 35

```
01. if (GameManager._instance.GameComplete)
02.  {
03.         PassText.SetActive(true);
04.         if (waitCounter<=0)
05.         {
06.             waitCounter = waitLength;
07.         }
08.  }
09.       if (waitCounter > 0)
10.       {
```

```
11.         waitCounter -= Time.deltaTime;
12.         if (waitCounter <= 0)
13.         {
14.             StartCoroutine(FadeIn());
15.         }
16.     }
```

第 1 行代码：判断变量 GameComplete 的值。

第 6 行代码：初始化变量 waitCounter 的数值。

第 11 到第 15 行代码：使用“-=”运算符进行减法运算，当变量 waitCounter 的数值小于或等于 0 时，就调用 FadeIn 函数。

10.14 本章总结

本章通过讲解如何制作一款 2D 平台跳跃游戏，对 UI 系统、物理系统、3D 数学、Mecanim 动画系统等游戏开发常用的知识进行了综合运用，对前面所学的知识进行了巩固和总结，并向读者介绍了制作一款 2D 平台跳跃游戏的基本流程。

如果读者想要进一步提高游戏的完成度，可以继续学习“行为树”“常用的游戏设计模式”和“基本的关卡设计理念”等知识，基本内容如下。

行为树：Unity 3D 中一款用于制作游戏 AI 的素材包，开发者可利用包中的素材制作出反应更加灵敏的 AI。

常用的游戏设计模式：为了能够让代码更加简洁易读、利于维护，开发者需要掌握几种常用的游戏设计模式，例如观察者模式、访问者模式、外观模式等。

基本的关卡设计理念：为了确保游戏的可玩性，让游戏能够有足够的乐趣吸引玩家，开发者需要适当地掌握一些关卡设计理念，例如角色和敌人基本数值的分配、场景机关的设计、通关奖励的设置等。

游戏发布

游戏制作完成后，为了获得最大限度的收益，开发者通常会把游戏发布到不同的平台上，生成游戏在相应平台运行时所需的执行文件和安装包，并将游戏的执行文件和安装包上传到这些平台的应用商店，即可供玩家在应用商店中进行购买并下载。目前的主流游戏平台有 Windows、macOS、Android、iOS、WebGL 等，本章将会讲解如何把制作完成的游戏发布到这些平台。

11.1 游戏发布前的准备工作

开发者在将游戏发布到不同平台前，需要下载发布平台的安装包，并设置游戏名称和游戏开发商，做好相应的准备工作。本节将会对这些准备工作的具体操作流程进行详细的讲解。

11.1.1 下载发布平台的安装包

在把游戏发布到不同的平台前，开发者需要在 Unity Hub 界面单击“安装”按钮，进入安装界面，然后下载相应平台的安装包并安装，如图 11-1 所示。

图 11-1

进入安装界面后，选择已安装的 Unity 3D，并单击右上角的 ⋮ 按钮，在弹出的下拉列表中选择“添加模块”选项，如图 11-2 和图 11-3 所示。

进入添加模块界面后，在界面中根据游戏发布的目标平台勾选相应的安装包，选择完成后单击

“下一步”按钮下载，如图 11-4 所示。下载完成后，Unity 3D 会自动安装。

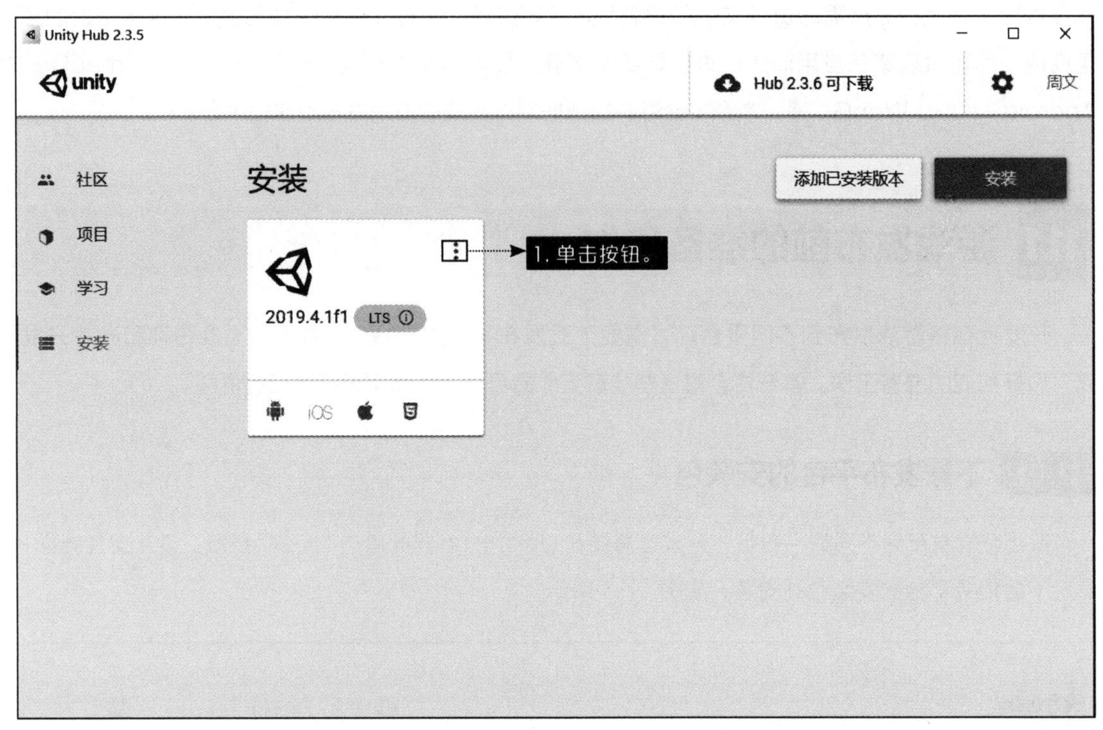

图 11-2

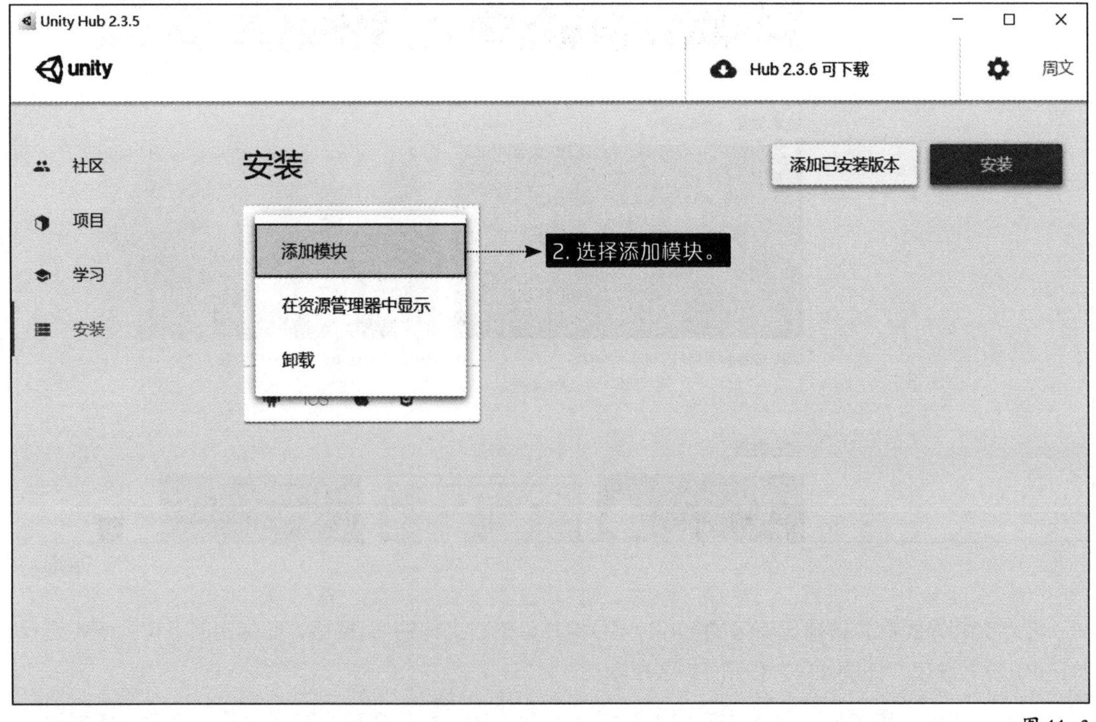

图 11-3

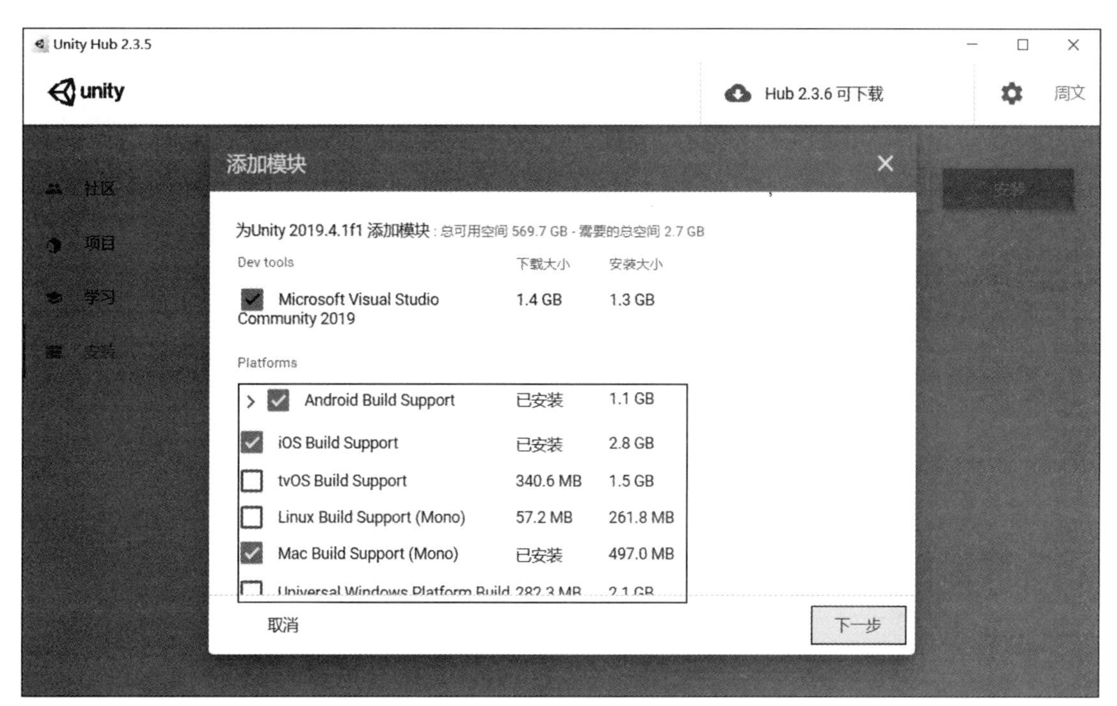

图 11-4

11.1.2 游戏发布的基本参数设置

为了明确游戏的版权归属，开发者可以在 Unity 3D 的菜单栏中执行“File>Build Settings”命令，调出 Build Settings 对话框，然后单击对话框左下角的“Player Settings”按钮切换到 Project Settings 窗口，如图 11-5 所示。在 Project Settings 窗口中开发者可以设置游戏的开发商、游戏的名称和游戏版本，并且还可以对游戏的应用图标和启动画面的图片等游戏发布的基本参数进行设置。本小节将会详细讲解这些参数的设置方法。

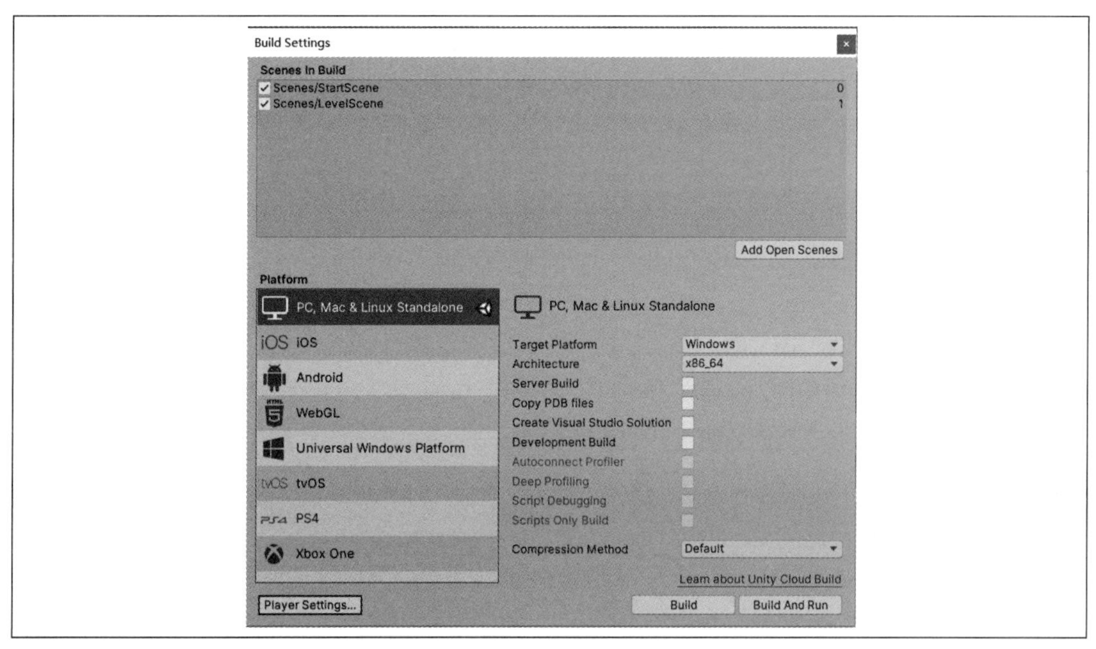

图 11-5

1. 设置开发商、游戏的名称和游戏版本

开发者可在 Project Settings 窗口的 Company Name、Product Name 和 Version 文本框中分别设置开发商、游戏的名称和游戏版本，如图 11-6 所示。

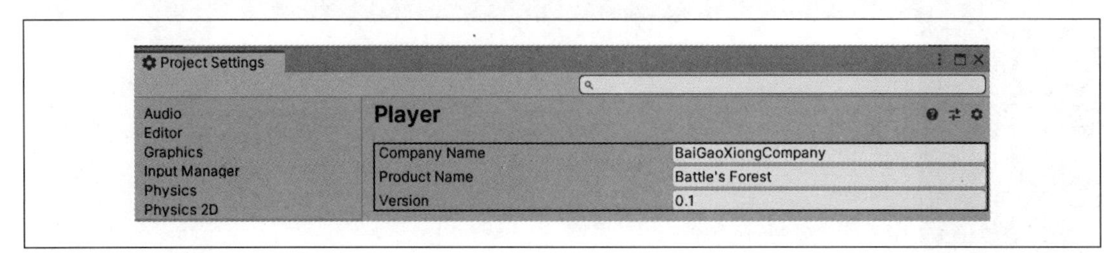

图 11-6

2. 设置游戏专属应用图标和启动画面

在 Project Settings 窗口中，开发者可以设置游戏在相应发布平台的专属应用图标和启动画面。单击 Cursor Hotspot 属性下的图标，可以选择发布的平台，如图 11-7 所示。

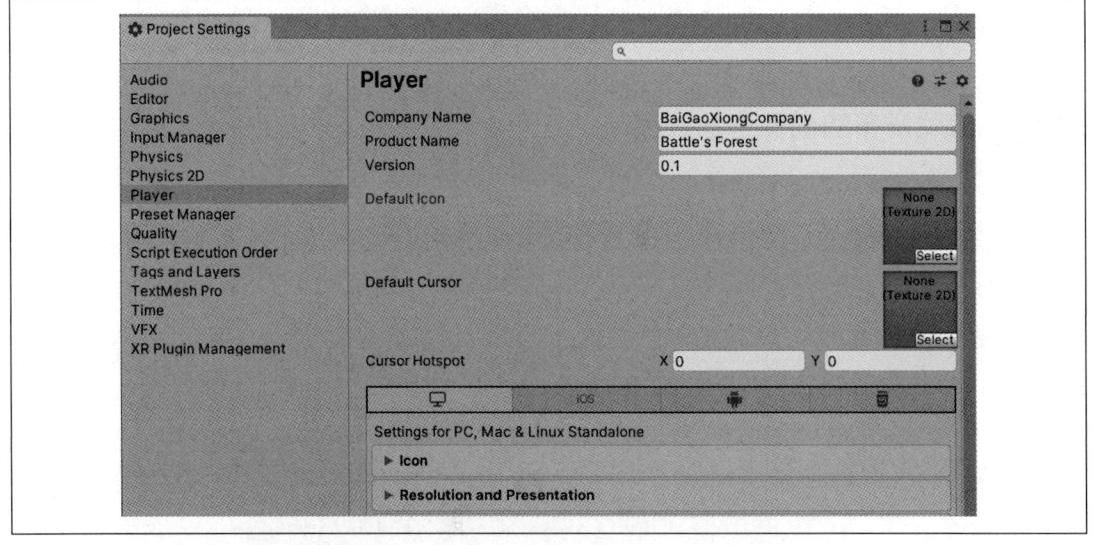

图 11-7

选择相应的平台后，开发者可以在 Default Icon 和 Logos 属性中单击“Select”按钮，并在 Select Texture 2D 窗口中设置游戏专属应用图标和启动画面的图片。图 11-8 所示为设置游戏专属应用图标的操作步骤。

在设置游戏启动画面的图片时，开发者需要先在 Logos 属性下单击“+”按钮，创建一个“空位”用于添加启动画面的图片。然后在创建的“空位”下单击“Select”按钮，并在弹出的 Select Sprite 窗口中设置游戏启动画面的图片，如图 11-9 所示。

提示

除了单击“Select”按钮进行设置外，开发者还可以从 Project 窗口中向 Default Icon 和 Logos 属性中拖曳相应的图片，来设置游戏的专属应用图标和启动画面的图片。

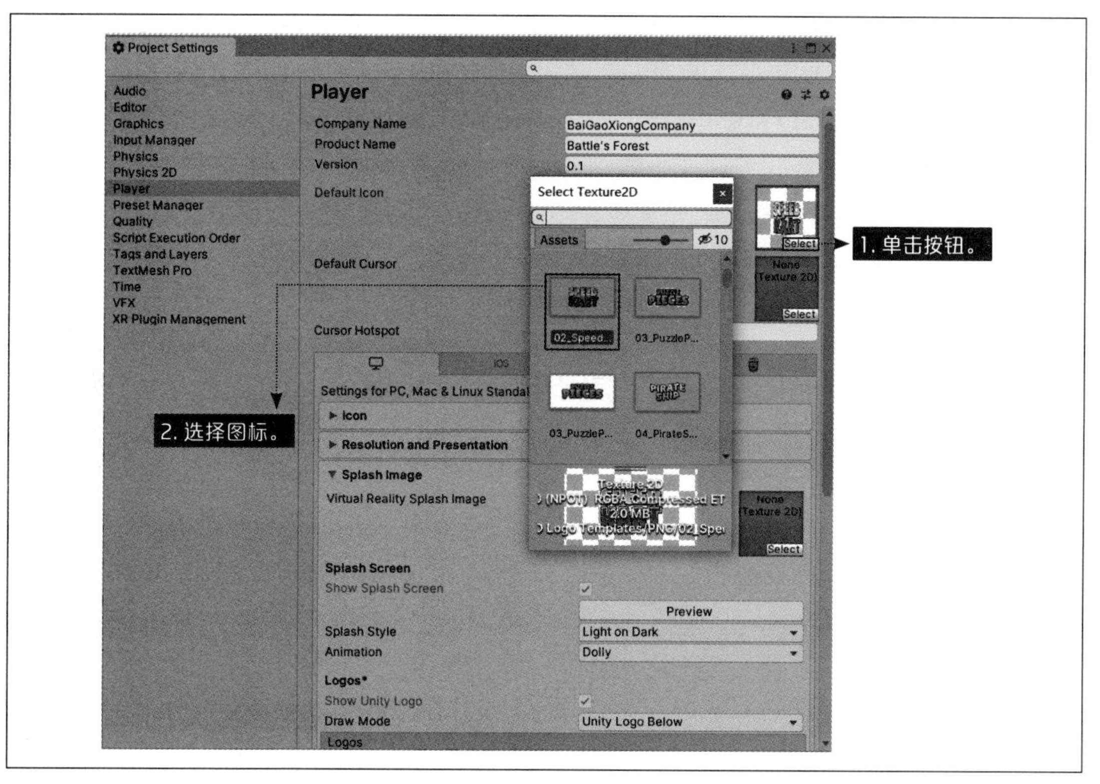
Project Settings
Audio
Editor
Graphics
Input Manager
Physics
Physics 2D
Player
Preset Manager
Quality
Script Execution Order
Tags and Layers
TextMesh Pro
Time
VFX
XR Plugin Management
Player
Company Name
BaiGaoXiongCompany
Product Name
Battle's Forest
Version
0.1
Default Icon
Default Cursor
Cursor Hotspot
Select Texture2D
Assets
02_Speed...
03_PuzzleP...
04_PirateS...
Settings for PC, Mac & Linux Standal
Icon
Resolution and Presentation
Splash Image
Virtual Reality Splash Image
Splash Screen
Show Splash Screen
Preview
Splash Style
Light on Dark
Animation
Dolly
Logos*
Show Unity Logo
Draw Mode
Unity Logo Below
Logos
1. 单击按钮。
2. 选择图标。

图 11-8

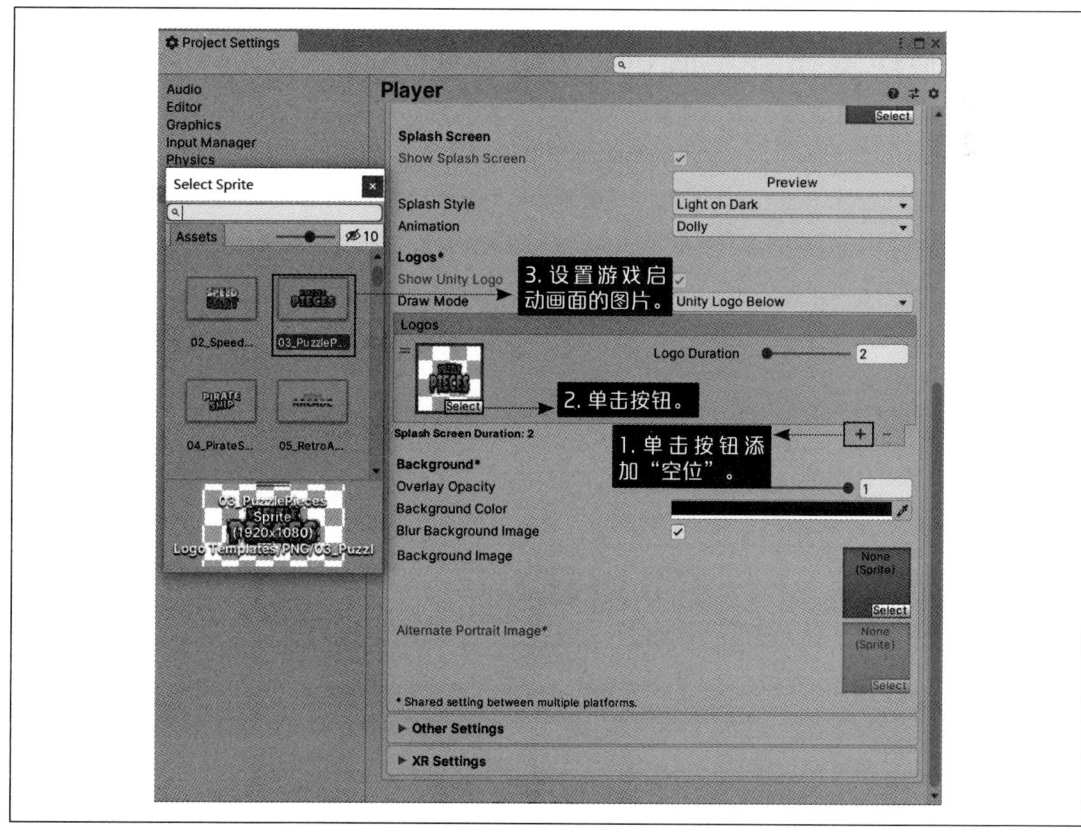
Project Settings
Audio
Editor
Graphics
Input Manager
Physics
Player
Select Sprite
Assets
02_Speed...
03_PuzzleP...
04_PirateS...
05_RetroA...
Splash Screen
Show Splash Screen
Preview
Splash Style
Light on Dark
Animation
Dolly
Logos*
Show Unity Logo
Draw Mode
Unity Logo Below
Logos
Logo Duration
Splash Screen Duration: 2
Background*
Overlay Opacity
Background Color
Blur Background Image
Background Image
Alternate Portrait Image*
* Shared setting between multiple platforms.
Other Settings
XR Settings
3. 设置游戏启动画面的图片。
2. 单击按钮。
1. 单击按钮添加“空位”。

图 11-9

设置完毕后，开发者需要将游戏发布到不同的平台，生成游戏在相应平台的执行文件和安装包后，才能查看游戏的专属应用图标和启动画面。例如游戏的发布平台为 Android，那么开发者就需要将游戏上传到 Android 手机 / 平板电脑后，才可以进行查看，这里以 Windows 平台为例进行讲解。

开发者将游戏发布到 Windows 平台后，在游戏发布后的存储路径下的“.exe 文件”显示的图标就是开发者在 Unity 3D 设置的游戏专属应用图标，如图 11-10 所示。

双击“.exe 文件”，运行游戏，即可查看游戏的启动画面，如图 11-11 所示。

图 11-10

图 11-11

11.2 将游戏发布到不同的平台

下载了相应平台的安装包后，开发者需要按照各场景在游戏中的切换顺序，打开相应的场景文件，并单击“Add Open Scenes”按钮将场景添加到 Scene In Build 属性中，如图 11-12 所示。

按照场景在游戏中切换的先后顺序打开相应的场景文件并进行添加后，开发者需要对游戏的发布平台进行选择，然后在 Build Settings 对话框中单击“Switch Platform”按钮，切换到相应的平台，如图 11-13 所示。

提示

除了可以通过单击“Add Open Scenes”按钮添加场景外，开发者还可以通过拖曳的方式，从 Project 窗口中选择场景文件，并按场景在游戏中切换的先后顺序，将场景文件拖曳到 Scenes In Build 属性中，对场景进行添加。

单击“Build”按钮，选择游戏发布后的存储路径，即可在相应的存储路径中生成游戏在相应平台的执行文件和安装包，如图 11-14 和图 11-15 所示。

提示

无论开发者把游戏发布到哪个平台，游戏的工程文件的存储路径和游戏发布的存储路径中都不能有中文字符，否则在发布的过程中 Unity 3D 会报错。

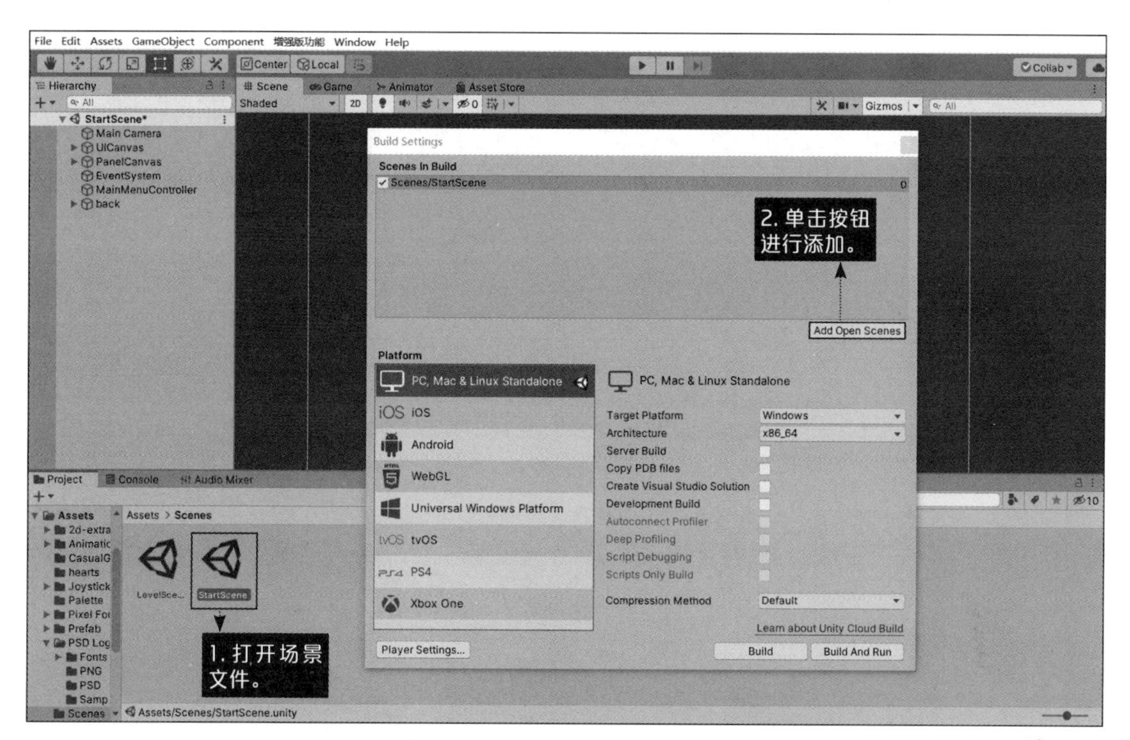
2. 单击按钮进行添加。
1. 打开场景文件。
Build Settings
Scenes In Build
Scenes/StartScene
Add Open Scenes
Platform
PC, Mac & Linux Standalone
iOS
Android
WebGL
Universal Windows Platform
tvOS
PS4
Xbox One
Target Platform
Windows
Architecture
x86_64
Server Build
Copy PDB files
Create Visual Studio Solution
Development Build
Autoconnect Profiler
Deep Profiling
Script Debugging
Scripts Only Build
Compression Method
Default
Learn about Unity Cloud Build
Player Settings...
Build
Build And Run

图 11-12

Build Settings
Scenes In Build
Scenes/StartScene
Scenes/LevelScene
1. 选择发布的平台。
Add Open Scenes
Platform
PC, Mac & Linux Standalone
iOS
Android
WebGL
Universal Windows Platform
tvOS
PS4
Xbox One
Android
Texture Compression
Don't override
ETC2 fallback
32-bit
Export Project
Symlink Sources
Build App Bundle (Google Play
Create symbols.zip
Run Device
Default device
Refresh
Development Build
Autoconnect Profiler
Deep Profiling
Script Debugging
Scripts Only Build
Patch
Patch And Run
Compression Method
LZ4
Learn about Unity Cloud Build
Player Settings...
2. 切换游戏的发布平台。
Switch Platform
Build And Run

图 11-13

Build Settings
Scenes In Build
Scenes/StartScene
Scenes/LevelScene
Add Open Scenes
Platform
PC, Mac & Linux Standalone
iOS
Android
WebGL
Universal Windows Platform
tvOS
PS4
Xbox One
PC, Mac & Linux Standalone
Target Platform
Windows
Architecture
x86_64
Server Build
Copy PDB files
Create Visual Studio Solution
Development Build
Autoconnect Profiler
Deep Profiling
Script Debugging
Scripts Only Build
Compression Method
Default
Learn about Unity Cloud Build
Player Settings...
单击按钮发布游戏。
Build
Build And Run

图 11-14

File Edit Assets GameObject Component 增强版功能 Window Help
Build Windows
此电脑 > DATA (D:) > GameRleaae >
搜索"GameRleaae"
组织
新建文件夹
此电脑
3D 对象
视频
图片
文档
下载
音乐
桌面
Windows (C:)
DATA (D:)
RECOVERY (E:)
网络
名称
修改日期
类型
大小
Android 2020/6/30 17:12 文件夹
Cheapter 12 Two D Platform Game 2020/7/1 11:07 文件夹
IOS 2020/6/30 18:15 文件夹
MAC 2020/6/30 18:06 文件夹
WebGl 2020/6/30 17:47 文件夹
Windows 2020/7/1 11:12 文件夹
选择存储游戏的文件夹，设置游戏的存储路径。
文件夹:
Windows
选择文件夹
取消

图 11-15

以上讲解的内容为游戏发布的大体流程，下面将会以这个流程为基础，讲解如何把游戏发布到不同的平台。

11.2.1 发布到 Windows 和 macOS 平台

在 Unity 3D 中，Windows 和 macOS（或 Mac）平台的发布合并在“PC，Mac & Linux Standalone”中。开发者如果准备将游戏发布到 Windows 或 macOS 平台，就需要将发布平台切换到“PC，Mac & Linux Standalone”，并单击 Target Platform 属性右侧的“下三角”按钮，在展开的下拉列表中选择游戏具体的发布平台，决定游戏是发布到 Windows 还是 macOS 平台，如图 11-16 所示。

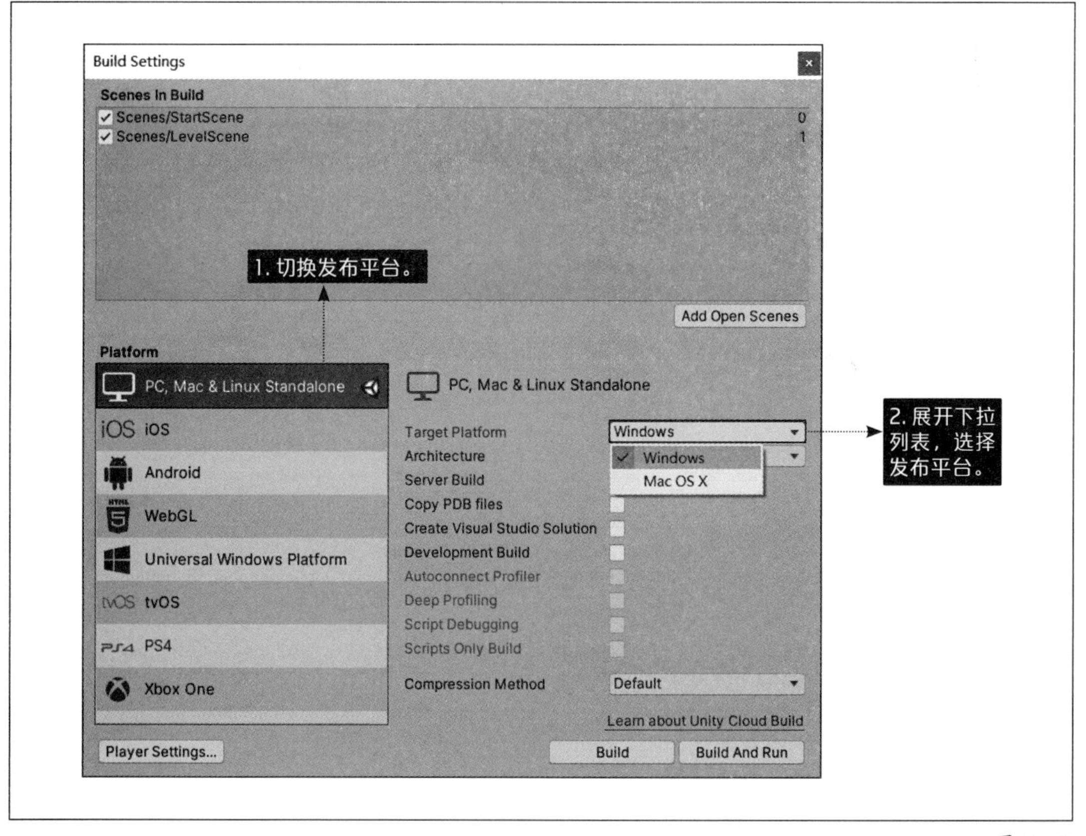

图 11-16

在将游戏发布到 Windows 或 macOS 平台后，开发者在游戏的存储路径中打开相应平台的可执行文件即可运行游戏。Windows 平台的可执行文件扩展名为“.exe”，macOS 平台的可执行文件扩展名为“.app”，如图 11-17 和图 11-18 所示。

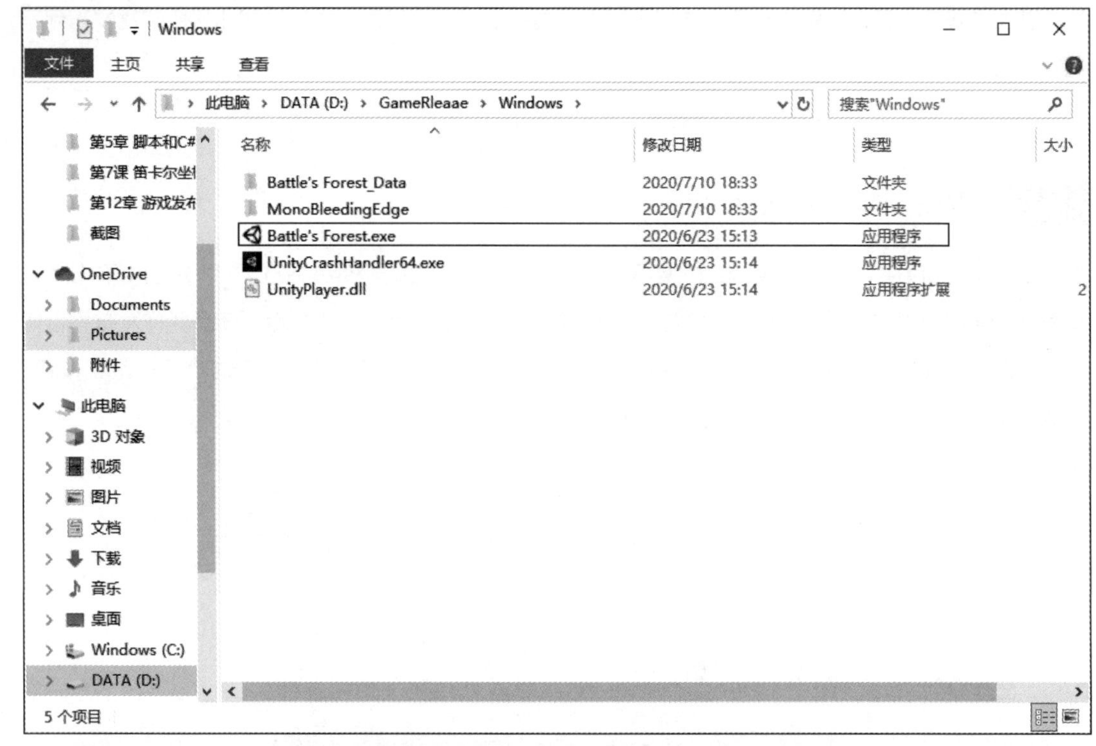

图 11-17

图 11-18

11.2.2 发布到 Android 平台

下面将游戏的发布平台切换为 Android，然后在 Build Settings 对话框中单击“Build”按钮，并选择游戏发布后的存储路径，即可将游戏发布到 Android 平台。在游戏发布完成后，Unity 3D

会在游戏发布后的存储路径中生成一个 Android 平台的游戏安装包，开发者只需把安装包发送到 Android 设备上即可进行游戏的安装，Android 平台的可执行文件扩展名为“.apk”，如图 11-19 所示。

图 11-19

11.2.3 发布到 iOS 平台

由于将游戏发布到 iOS 平台需要使用苹果设备专用的编辑器 Xcode 对发布的游戏进行设置，因此开发者必须使用 Mac 设备，才能将游戏发布到 iOS 平台。为此，开发者需要先进入 Xcode 的官网，单击下载按钮，下载最新版本的 Xcode，如图 11-20 所示。

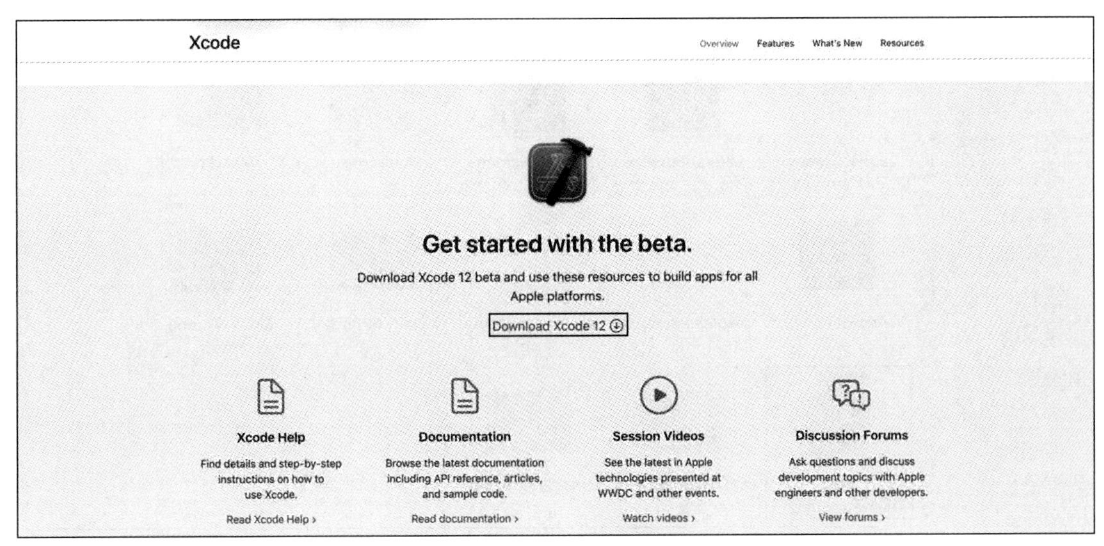

图 11-20

下载并安装 Xcode 后，在 Mac 设备上运行 Unity 3D，并在 Unity 3D 菜单栏中执行“File>Build Settings”命令，调出 Build Settings 对话框，再将发布的平台切换为 iOS，切换的方式和在 Windows 平台上切换的方式一致，如图 11-21 和图 11-22 所示。

图 11-21

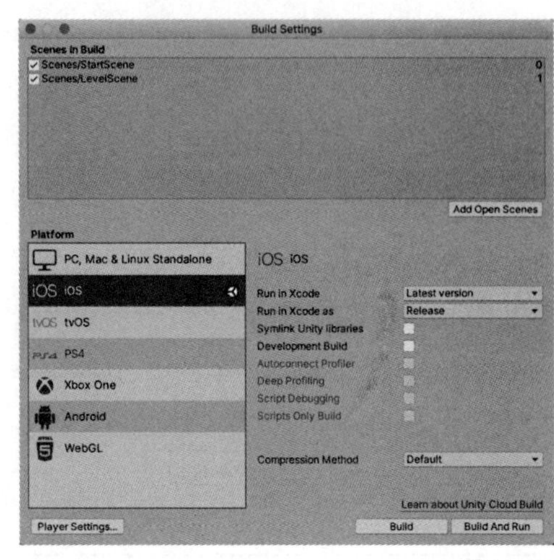

图 11-22

将发布的平台切换到 iOS 后，单击 Build Settings 对话框中的“Build”按钮，选择游戏的存储路径并对游戏进行发布。开发者在单击“Build”按钮并选择游戏发布的存储路径后，Unity 3D 会在相应的存储路径下生成和游戏运行相关的文件，开发者需要双击 Unity-iPhone.xcodeproj 文件，默认使用 Xcode 来打开这个文件，如图 11-23 所示。

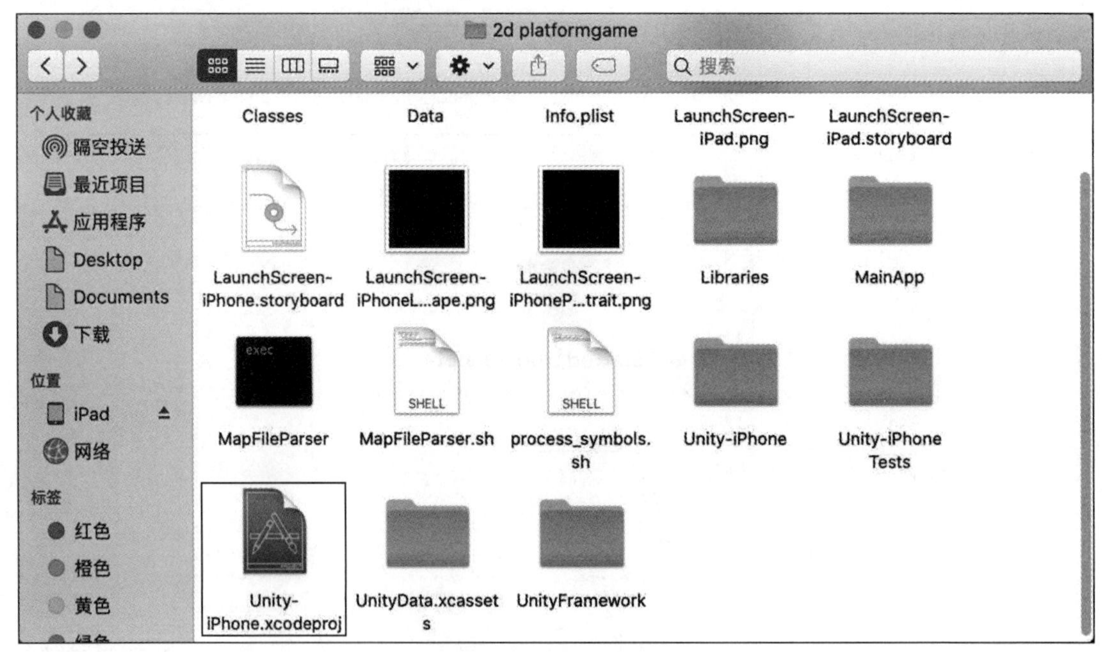

图 11-23

如果开发者是第一次使用 Xcode，打开 Unity-iPhone.xcodeproj 文件时，则需要先登录自己的苹果账号。为此开发者需要在 Mac 系统界面左上角的菜单栏中执行“Xcode>Preferences”命令，调出用于添加苹果账号的 Accounts 对话框，如图 11-24 所示。

单击 Accounts 对话框左下角的“+”按钮，在弹出的对话框中选择“Apple ID”选项，单击“Continue”按钮，调出登录对话框，如图 11-25 所示。

在登录对话框中，输入苹果账号和密码，单击“Next”按钮进行登录，如图 11-26 所示。

打开 Unity-iPhone.xcodeproj 文件后，在 Xcode 界面的左侧选择“Unity-iPhone”文件，对游戏名称、游戏开发商、游戏版本编号、发布平台和最低支持的 iOS 版本进行设置，如图 11-27 所示。

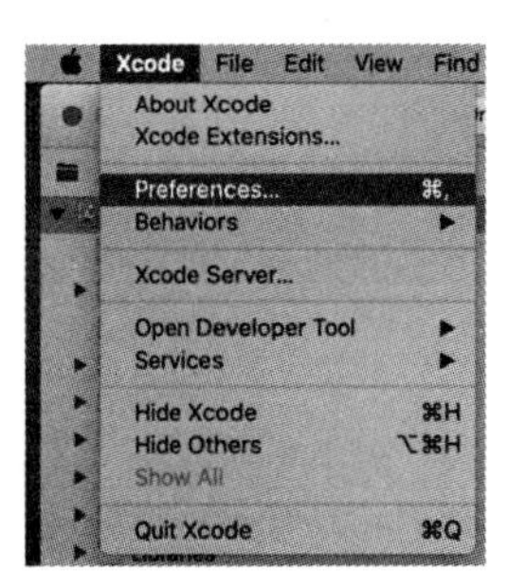

图 11-24

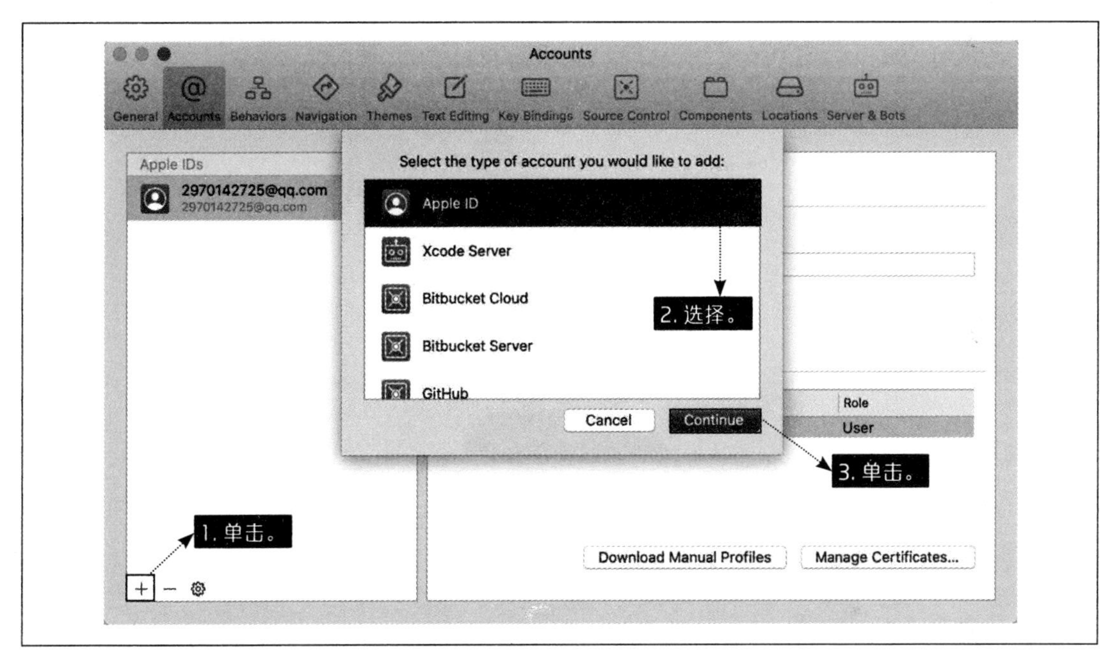

图 11-25

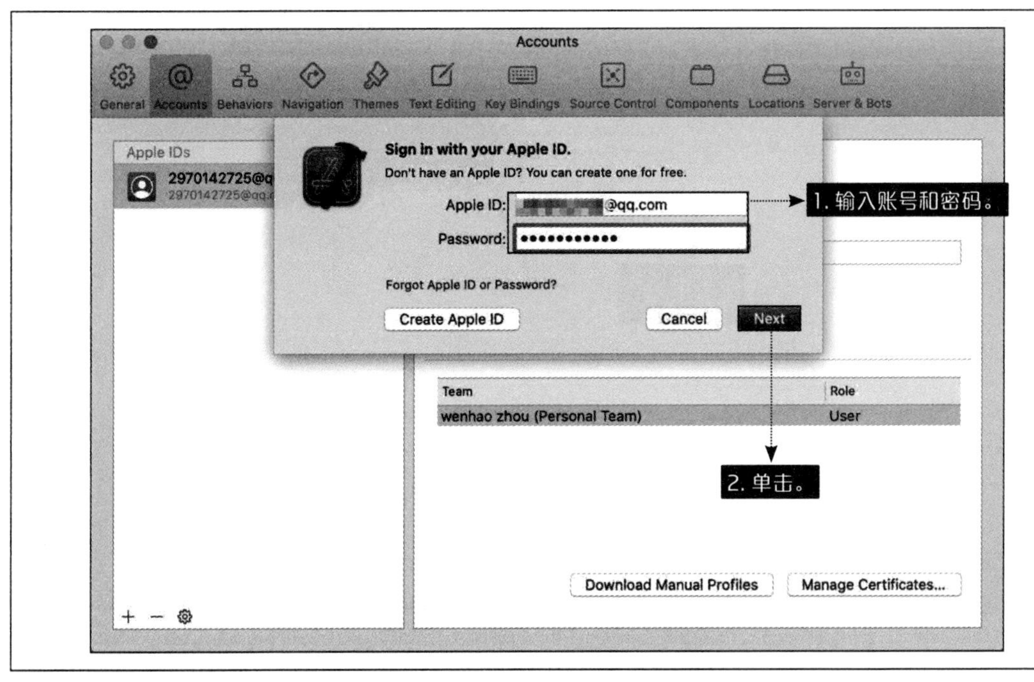

图 11-26

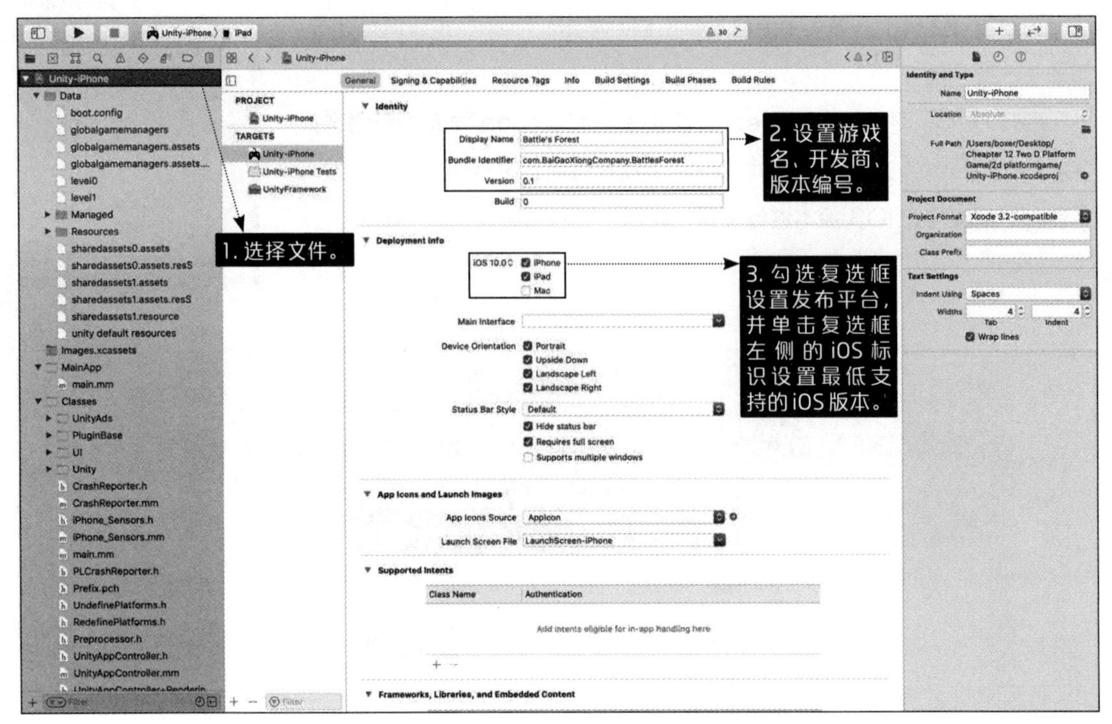

图 11-27

设置完毕后，在 Xcode 界面正上方的菜单栏中单击“Signing&Capabilities”按钮，切换到 Signing&Capabilities 界面，然后勾选 Automatically manage signing 复选框，并登录苹果账号，对游戏的发布进行认证，如图 11-28 所示。

图 11-28

开发者在对游戏的发布进行认证后，需要使用数据线连接 iPad/iPhone 和当前用来发布游戏的 Mac 设备。连接成功后，单击 Xcode 界面左上角的 ▶ 按钮，将游戏发布并安装到连接的 iPad/iPhone 中。

这里有一点需要注意，如果开发者在 iPad/iPhone 中安装了由自己开发的第三方应用，那么就需要在 iPad/iPhone 的设置中将自己的苹果账号添加为可信任，然后才可以运行这些应用。

打开应用设置，单击“通用”按钮，在通用设置界面选择“设备管理”，进入添加信任开发者的界面，如图 11-29 所示。

在设备管理界面会列出第三方应用的开发者的苹果账号，如图 11-30 所示，单击开发者账号进入添加信任账号的界面。

图 11-29

进入添加信任账号的界面后，开发者只需单击“Apple Development”按钮，将自己的苹果账号设置为可信任即可，如图 11-31 所示。

图 11-30

图 11-31

11.2.4 发布到 WebGL 平台

WebGL，即网页端平台。开发者在将发布平台切换为 WebGL 后，即可将游戏发布到 WebGL 平台。开发者在 Build Settings 对话框中单击“Build”按钮并选择游戏发布的存储路径后，Unity 3D 会在游戏的存储路径中生成一个 HTML 文件（扩展名为“.html”），如图 11-32 所示。开发者双击打开这个文件后，就能在网页端平台上运行游戏。

图 11-32

这里需要注意的是，当前发布的游戏只能在本地网页端上运行，如果开发者希望自己的游戏能够在游戏网站的网页端运行，则需要将游戏的 HTML 文件上传到该网站的服务器中，这里只讲解如何在本地网页端运行。目前支持游戏在本地网页端平台运行的浏览器为火狐浏览器。开发者需要下载并安装火狐浏览器，在浏览器正上方的网址栏中输入“about:config”命令，进入浏览器的高级设置界面，如图 11-33 所示。

图 11-33

进入高级设置界面后，在该界面正上方的搜索栏中搜索参数“Privacy.file_unique_origin”，然后单击⇌按钮，将参数的值设置为 false，如图 11-34 所示。

图 11-34

11.3 本章总结

本章主要讲解了如何把制作完成的游戏发布到不同的平台，以及如何生成相应平台的可执行文件和安装包。开发者需要权衡不同平台的用户基数和用户设备硬件的平均配置问题，为游戏选择合适的发布平台。